クリスティン・E・グドーフ
ジェイムズ・E・ハッチンソン
Christine E. Gudorf + James E. Huchingson
千代美樹｜訳

自然への介入はどこまで許されるか

事例で学ぶ環境倫理

Boundaries
A Casebook in Environmental Ethics

はじめに

環境倫理とはそもそも何だろうか？――そんな素朴な議論から本書は生まれた。今日、倫理学のほぼすべての分野が環境倫理について考えることを迫られている。また環境倫理学という分野自体も、倫理学のほぼすべての分野と関わる必要に迫られている。公共政策についての議論に、今や環境問題はつきものだ。官庁で、会社の会議室で、そして農民たちのあいだで、環境規制や環境倫理の議論が行なわれていると聞いても、それほど驚く人はいないだろう。新聞、ラジオ、テレビには、その手のニュースがあふれているからだ。また、環境倫理に対する意識が個人のレベルにまで広がっていると聞いても、誰も驚きはしない。個人がリサイクルに取り組み、ごみの削減に努め、洗濯機、トイレ、シャワーなどを節水型のものにし、燃費のよい車を選ぼうとするのは、もはや少しも珍しいことではない。動物の毛皮を身につけず、動物実験によって開発された製品を拒み、肉食をしないという人も大勢いる。環境に配慮するこうした姿勢は、一般市民のあいだにも、学生のあいだにも、ごくふつうに見られるようになってきた。

過去の環境倫理問題の事例集のなかには、リサ・H・ニュートンとキャサリン・K・ディリンガムの共著『分水界——環境倫理の標準的事例 *Watersheds: Classic Cases in Environmental Ethics*』のように、公共の環境政策と企業倫理とを強く結びつけたものがあった。こうした事例集が扱っていたのはおもに、チェルノブイリやボパール、ラブカナル、エクソン・ヴァルデズのように、メディアに大きく取り上げられた問題である。しかし、今では技術の進歩によって、人間生活のこれまでとは別の側面も環境倫理の問題と無縁ではなくなり、倫理学の各分野を隔てていた壁が崩れ去った。今日の進んだ技術のもとで、人は動物を臓器移植のドナーにすることを考え、化学処理を施した柵を使ってサンゴ礁を再生させ、遺伝子を組み換えた作物をつくり、手つかずの自然を科学の力で「復元」させるようになった。こうした変化によって新たに提示された問いがふたつある。ひとつは、人間は環境を概念的に解釈する主体であるだけでなく環境の一部であるのか、という問い、もうひとつは、人間はどこまで環境に介入してよいのか、という問いである。

とはいえ、本書で扱うすべての事例が、技術の問題を中心に扱っているわけではない。たとえば、狩猟をめぐる論争は、確かに銃や弓の威力や精度が向上したことと関係してはいる。銃や弓の進歩のせいで、かつては人間と動物との競い合いだった狩猟が、人間による動物の大量殺戮に変わってしまったと批判する人もいるほどだ。けれども、この論争の中心にあるのは、技術の問題というよりは、人間が人間性や文明をどう認識するべきかという、新しい、発展途上のテーマである。今日、私たちが狩猟を見直す必要に迫られている最大の原因は、新しい狩猟技術ではなく、もっと別の新しい技術——あまりにも多くの人びとを、身近な動物といえばペットだけという都会人に変えてしまった技術――である。

本書のタイトルを「*Boundaries*（境界）」としたのは、これから紹介する事例には、三種類の境界が関わっていると考えるからだ。ひとつは、倫理学の各分野の境界である。この境界ともっとも関連が深いのは、異種移植の事例（第13章）だ。異種移植は環境倫理だけでなく医療倫理や生命倫理にも大きく関わっている。また、遺伝子組み換え作物の倫理問題（第11章）は、もともとは企業倫理の問題だった。再野生化の問題（第10章）もごく最近までは企業の問題だった。以前は、破壊された自然を回復させる責任が企業にあるかどうかが争点だったからである。

ふたつめの境界は、人間と人間を取り巻く世界とのあいだの境界である。人間は自分たちを環境の一部とみなすべきなのか、それとも、環境を観念的に解釈し、それを管理する主体であると考えるべきなのか。これは言うまでもなく環境倫理のきわめて重要な問題なので、いくつもの事例のなかでさまざまなかたちで提示するようにした。人間はほかの種《しゅ》やほかの種の個体の要求に、そして、多様な種の生息環境に、どの程度対立する要求を出してよいものなのだろうか？　人間は単に自然のなかにいるだけなのだろうか、それとも、人間自体も自然なのだろうか？

三つめの境界は、環境の現実の姿と、あるべき姿との境界である。環境を「維持する」とはどういうことなのだろう？　自然が動的なものだとすれば、自然が今後どのような姿をとるべきかについて、人はどうやって知ることができるのだろう？　中国の砂漠化の例（第9章）で言えば、砂漠のどこまでが自然の力でつくられ、どこまでが人間による自然の誤用や乱用によってつくられたのかを、どうやって知ればいいのだろう？　今後の健全な対策を立てようにも、たいていはそのためのデータが不足している。環境を人間の手が大きく加わる以前の状態に回復させようしても、そうするための歴史的なデータが不足しているのである。ただし、これは環境を人間の影響が加わる以前の状態に戻すことが環境保護の正しいあり方であると仮定しての話だ。自然は静止していないだけでなく、今後どう変化していくのかもわからない。人間が自然の一部であるなら、自然に人間の影響が加わることも「自然」かもしれない。それでも、人間が自然や環境に与える影響が「自然」なのであれば、それはよい影響だと言い切れるわけでもない。人間という環境の一部が、残りの環境を破壊する可能性もある。したがって、人間が環境の一部であると理解するなら、人間が人間以外の環境に与える影響を制限し、環境を持続可能にする努力をしなければならない。いずれにしても大きな問題は、私たちには自然が変化していく（たとえば、動物の個体数のバランスが変化していく）方向と速度を見積もるための歴史的なデータが――人間による過去数世紀分の破壊的な影響くらいは特定できるとしても――不足していることである。

環境保護の本来の目的が環境の「保護」であることを忘れ、「持続可能性」だけに注目することもできる。それでも、この世界のさまざまな側面についてのデータがあまりにも不足しているために、何が持続可能であるかを予測するのもきわめて難しい。持続可能性の原則にしたがって、たとえば化石燃料に頼るのをやめるなど、特定の技術の使用を廃止することはできる。けれども、持続可能性の原則は、めざすべき人口がどれだけかを教えてはくれない。たとえば、地球の持続可能な人口収容力は、一流の科学者たちが、二〇億から三〇〇億までのさまざまな数値に見積もっている。ということは、現在の世界人口を六〇億とすれば、六六パーセント減らさなければならないとも、五倍に増やしてよいとも言えることになる。要するに境界線は謎に包まれているのである。

それでも、境界線を引く試みをあきらめるべきではない、と著者たちは考える。本書が扱う疑問は、考えなくてはならない疑問である。事例を見ることの意味は、事例が私たちを、暫定的な境界線を引くように導いてくれるからである。もちろん、今の段階ではまだ、暫定的な線でさえ引くには早すぎる分野もある。しかし、そうした分野についても、将来そのなかへ境界線を引くことを想定した「境界領域」を決めることはできる。

これから事例を通して、環境のなかでの人間の位置づけを考える社会的プロジェクトに擬似参加してみよう。その体験を通して環境に対する理解が深まれば、これから公共政策を考えるうえでの、そして個人の生き方を決めるうえでの、さらには環境を持続させる何らかの仕事をするうえでの指針ができるだろう。この体験は、学生にとっては前例のない刺激的な機会となり、教師にとっては大きな責任を伴う興味深い仕事となるだろう。

＊訳註――本書の事例は教材として創作したものであり、すべて現実の環境問題を扱っていますが、登場する人物名、一部の団体名や地名は架空のものです。

第一部　生態系の維持と管理

自然への介入はどこまで許されるか——事例で学ぶ環境倫理

第1章　環境倫理学の理論

哲学者のホームズ・ロールストン三世は、環境倫理学について重要な指摘をしている。「環境倫理学は従来の倫理学を限界点まで広げた。……（環境倫理学は）理論的にも応用的にも急進的な最前線に立つ」。[*1] ロールストンのいう「従来の倫理学」とは、人間だけに適用できる人間中心主義の倫理体系のことだ。しかし環境倫理学は人間以外のものも扱わなければならない。環境倫理学は道徳的配慮の対象を人間だけでなく、ほかの哺乳動物やもっと下等な動物や植物、さらには生態系全体にまで広げようとしている。

従来の人間中心主義の道徳理論は、人間生活の枠を越えた問題を扱うためのものではない。そうした理論の枠を広げて人間以外のものを扱うことも、扱う範囲を「高等な」動物までに限るのであれば、できなくはない。なぜなら、高等な動物は重要な性質や道徳に関係する性質が人間と共通しているからだ。しかし、従来の道徳理論を植物や生態系にまで当てはめようとするのには無理がある。科学や技術の進歩によって、解決すべき新しい状況が生まれたとしても、従来の倫理学の境界が人間の生活の枠を超えて広がることはない。わかりやすいのは医学の問題だ。医学界では、遺伝子や臓器移植などの新しい分野でよく新たな道徳問題が発生する。それでも、道徳的な配慮が人間以外のものに向けられることはほとんどない。

しかし、環境倫理学は最前線にある。環境倫理学は、人間以外のものに道徳的な配慮をしなければならない理由や、環境のなかで起こる異種間の対立を解決する方法を説明するまったく新しい理論を打ち立てなければならない。環境倫理学では、理論（理由）と応用（方法）を容易に切り離すことができない。たとえば、ある絶滅危惧種を保護すれば、何らかの職業が失われるとしよう。そんなとき、環境倫理学者は、その絶滅危惧種を救うか職を救うかのジレンマに目を向ける前にまず、なぜ絶滅危惧種を道徳的に配慮する必要があるのかという疑問に答える必要がある。この疑問についてよく考えることが、ジレンマを解決する大きなステップとなるかもしれないからだ。ロールストンは強く警告している。「環境倫理学にはリスクが伴う。環境倫理学は地図のない土地の探検だ。人はそこでいとも簡単に迷ってしまう」[*2]。環境問題を考えるときはロールストンの言葉を心に留め、これから紹介する主要な道徳的アプローチを参考に、各自の立場を決めるのがよいかもしれない。

人間中心主義の倫理学

西洋の伝統的な哲学や宗教はほとんど例外なく圧倒的に人間中心主義である。それらの中心には、道徳的価値は、優先的に人間のなかに見出されるべきだという主張がある。もちろん、最高に価値があるのは人間だとしながらも、人間以外のものにもある程度は価値があると認めているものもある。しかし、この控えめな人間中心主義も、現実の問題に当てはめたときには、極端な人間中心主義――人間以外のものにいっさいの道徳的価値を認めない人間中心主義――と大きな違いはない。なぜなら、どちらの人間中心主義も、人間の利益と人間以外のものの利益とが対立した場合には、人間の利益が優先されることになるからだ。

西洋の哲学と神学において人間中心主義の長い歴史があることを考えれば、道徳的な判断をするための従来のアプローチ（すなわち「道徳理論」）が道徳的配慮の対象を人間だけに絞っているのは驚くにあたらない。

◎功利主義

功利主義ももともと人間の道徳問題だけを扱うことを意図した道徳理論である。功利主義は結果主義に分類される。功利主義の提唱者によれば、ある行為が善であるか悪であるかは、その行為がなされた結果によって判断されるのが正しい。つまり、結果的に利益より損害のほうが大きければ、その行為は道徳的に悪であると判断され、損害より利益のほうが大きければ、善であると判断される。このアプローチが基本的に損益分岐点分析と同じだということは容易に理解できるだろう。たいていの行為は、道徳的に複合的な結果、つまり、損害（犠牲）と利益の両方をもたらす。しかし、利益の総計が損害の総計を上回ってさえいれば、その行為は道徳的に正しい（望ましい）と判断される。倫理学でいう利己主義と利他主義も結果主義に含まれる。利己主義者は自分にとってのみ最大の利益と最小の損害をもたらす行動をめざし、利他主義者は自分をのぞく他者にとってのみ最大の利益と最小の損害をもたらす行動をめざす。

ただしもちろん、利己主義と利他主義のどちらかだけを道徳基準として生きている人はほとんどいない。ほとんどの人は自分の利益も他人の利益も考慮した倫理的アプローチをとろうとする。そうした包括的なアプローチの候補のひとつが黄金律、つまり、「自分がしてもらいたいことを人にせよ」という考え方だ。これは強力で直観的な指針となる。しかし、哲学者の多くは、もっと厳密で客観的な基準を好む。そのような基準、つまり哲学者たちが求めていた包括的な基準を満たすものとして、一九世紀の二人の哲学者、ジェレミー・ベンサムとジョン・スチュアート・ミルが提示したのが、やがて功利主義と呼ばれるようになる新しいかたちの結果主義である。功利主義では、ある行為のプラスの結果とマイナスの結果を、影響を受けるすべての人間の立場で考慮することが求められる。要するに、最大多数の人びとに最大の利益をもたらす行為（「効用の原理」にもとづく行為）が求められるのである。

しかし、功利主義を実践するためにはこの説明だけではじゅうぶんではない。功利主義者はさらに、何が利益で何が損害であるかを判断する方法も説明しなくてはならない。その方法として広く受け入れられているのが、苦しみや痛みにつながるものを損害と定義し、快楽や幸福につながるものを利益と定義する方法だ。痛みに「固有の価値」はない（つまり、人が痛みそのものを求めることはない）。ただし、痛みに「手段としての価値」がある場合はある。痛みは教訓になるからだ。ストーブの熱さを知った子供は二度とそれに触れようとしない。一方、快楽には明らかに「固有の価値」がある（人は快楽そのものを求める）。また「手段としての価値」もある。多くの動物が子孫を残すために必要な交尾は、快楽を伴うからこそ、機会が著しく減らずに済んでいるのかもしれない。要するに、痛みと快楽のどちらも、人間が幸福になるための手段とはなるが、それ自体に価値があるのは快楽だけだ。したがって痛み自体は道徳的に悪であり、快楽自体は道徳的に善である。

功利主義者は行為の結果の道徳的な価値を判断する基準も設けている。行為の結果のバランスを見て、痛みよりも快楽を多くもたらしていれば、その行為は道徳的に正しい。快楽よりも痛みを多くもたらしていれば、その行為は道徳的に誤りである。もちろん、誰もが経験から知っているように、ある人にとっての幸福が別の人にとっては不幸となることもある。欲求や好みには大きな個人差があるからだ。しかし、功利主義者はこの問題も、効用の原理を少し修正し、「行為によって影響を受ける最大多数の人びとにとって、個人の要求が最大限に満たされるように行動する」とすることによって、容易に解決している。

功利主義者は、行為がもたらす効用すなわち利益の「総計」を最大にすることだけを求めるので、多少の損害が出ることは意に介さない。たとえば、汚染物質を排出する工場を黒人のコミュニティの近くに建設するとすれば、社会的正義の原則に違反することになる。しかし、そこの土地が格安だとすれば、まずその工場を持つ企業にとっては利益がある。また、そのコミュニティを含む地域の人びとの多くが、その企業が支払う税金やその企業が生み出す職の恩恵に浴することになる。経済的な利益も広く配分されるだろう。しかし、健康上その他の損害（町に工場があることによって負わされる犠牲）は、貧しく立場の弱い少数の人びとだけにもたらされるかもしれない。それでも、利益から損害を差し引いた値が最大となるのであれば、功利主義者にとっては、正しい行為だということになる。

功利主義は、従来の応用のしかたを見るかぎり、明らかに人間中心主義である。というのも、効用の原理では、利益を受ける対象が人間に限られている。最大の利益を受けるべきとされるのは、最大多数の人間である。功利主義者にとって、固有の価値があるのは人間の幸福と快楽だけなので、その価値を増やすことに貢献する存在に限って、人間以外のものでも利益を受ける資格がある。したがって、人間以外の種が絶滅の危機にさらされながらも存続することは――その種が社会的または歴史的な理由で人間にとって魅力やカリスマ性がある（すなわち人間にとって価値がある）場合は別として――医学に役立つ可能性や、その遺伝子を保存することによって経済的価値の高い家畜を生産できる可能性などがあるのでないかぎり、正当とは認められにくい。絶滅の危機に瀕した小さな花も、その貴重な生息地が土地開発業者の目に留まってしまえば、功利主義者の審判を受けて生き残るチャンスはほとんどない。

◎**義務論**

功利主義が行為に対する道徳判断を結果に注目して間接的に行なうのに対し、結果に注目せず行為に直接注目する方法もある。これも道徳判断の代表的なアプローチで、「義務論《デオントロギー》」（「デオントロギー」の語源は「拘束的な義務」という意味のギリシア語）または、「カント主義」（これを説得力ある理論で説明した哲学者、イマヌエル・カントに由来する）と呼ばれている。

「拘束的な義務」という言葉は、この理論を正確に言い表わしている。というのも、この理論によれば、ある行為が道徳的に善であるためには、絶対的で普遍的で無条件の基準、すなわち「義務」を満たしていなければならないからだ。この義務とは「つねにしなければならないこと」または「決してしてはいけないこと」のかたちで表現される。たとえば「正直でいる義務」とは「つねに真実を言わなければならない」ことでもあり「決して嘘を言ってはならない」ことでもある。

こうした義務は、いったいどこに見つければよいのだろうか？　源泉はいろいろ考えられるが、たとえば宗教がある。モーセの「十戒」やイエスの「山上の説教」、ヒンドゥー教の「マヌ法典」はいずれも義務の源泉となる。また、義務は私たちの良心と結びついた直観から引き出されることもあるし、神の創造のあり方から引き出されることもある（これは「自然法理論」と呼ばれるアプローチである）。啓蒙主義の代表的人物であるカントは、神の啓示よりも理性に信頼を置いた。カントによれば、人間の明確な特徴は自主性があること、つまり、自由で理性があることである。人間は理性があるからこそ、理性あるすべての人間に課せられる普遍的な義務を決定する能力がある。カントによれば、自由で理性ある私は、あなたに対する義務を負っており、自由で理性あるあなたは、私に対する同等の義務を負っている。私たちは互いに対しても、ほかの人間に対しても、決して嘘を言ってはならない。この相互に道徳的な関係は、義務と権利の対称性を生み出す。私にはある基準にしたがってあなたを扱う義務（権利）があり、あなたにはそれと同じ基準にしたがって私を扱う義務がある。カントはこの対称性から、私たちはいかなる場合も人を単なる客体（手段）としてのみ扱ってはならず、つねに理性ある主体（目的）としても扱わなければならないと考えた。

カントが説明した義務論も、やはりきわめて人間中心主義的なアプローチと言える。義務を理性によって導き出し、自分の意志で義務を果たすことのできる存在、すなわち人間だけが、権利を持つ者として他人の義務を受ける資格があるというのだから。カントは人間以外の何ものもこの資格に足る特徴を持たないと考えたので、人間以外のものには直接的な道徳的地位を与えなかった。カントはこの「直接的な」という言葉を、単なる手段でなく「目的」であることを示すために用いている。要するに、動物にも間接的にであれば道徳的地位を与えることがあったのである。たとえば、私は動物（あなたの最愛のペットである犬）に危害を加えることによって、あなたの権利の一部（おそらく所有権）を間接的に侵すかもしれない。したがって私は、あなたの所有物であり、あなたの友人である犬に、危害を加えてはならない。しかし、あなたに対する義務と切り離されたところでは、私には犬に対する義務はない。カントは動物虐待に反対したが、その理由は彼の考え方と矛盾していない。動物虐待は単によくない行為であるというだけでなく、もしも人間が犬を残酷に扱えば、その人間は残酷な態度を発展させて、やがてほかの人間に向けるようになるかもしれない、とカントは説明したのである。[*3]

人間中心主義の倫理学を拡大する試み

環境保護を主張する思想家の多くは、環境問題は人間中心主義の視点でじゅうぶんに対応できるため、ほかの理論体系に頼る必要はないと考えている。実際、人は人間中心主義から少しも離れることなく、環境を配慮することができる。健全で美しく汚れのない環境が人間の幸福にとってどれほど重要かに注目すればいいからだ。環境思想家のなかで最初にこの主張をしたひとりがジョン・パスモアである。*4 パスモアは、産業公害とは単に、一部の人が周りの人の呼吸する空気を汚すことによって、周りの人の健康を害することだと考えた。人は環境そのものに対する責任はなく、自分が悪化させた環境によって害を受ける他人に対する責任がある、というのである。したがって、自然界は、直接的な価値があるのでなく、ただ、それが自分に利益をもたらしていると認める人間にとってのみ、間接的な価値があることになる。

パスモアの人間中心主義は、環境問題のなかでも人間にもたらす影響が明らかな産業公害などに当てはめるときにはきわめて有効である。しかし、自然に対する特定の行為がもたらす利益が微妙なときは、説明が難しくなる。たとえば、北極圏国立野性動物保護区を石油探査から守る意味はどう説明すればいいのだろう。それによって人間にもたらされる利益はそう大きなものではないように思われる。考えられる利益はまず先住民の狩猟文化が保たれること、それから、毎年訪れる少数の人びとが手つかずの自然を楽しめること、そして、地球にまだこれほどすばらしい場所があったのだと知って個人的な満足感を得る人がいることくらいだろうか。

功利主義も義務論も、人間以外のものに真の道徳的地位を認めていない。人間以外のものは利益と損害を差し引きするときの「影響を受ける最大多数のもの」の数に含められていない。どちらの体系においても、人間以外のものは間接的にしか、つまり人間の目標を達成するための手段としてしか、道徳的配慮の対象とはならない。比較的最近になって、環境思想家たちはいっせいに、道徳的配慮の対象を、人間以外のものや、自然界の生命のないものにまで広げる努力を始めた。一部の思想家たちは、従来の道徳体系を改善または拡大することによって、人間以外のものを含めようと試みている。ピーター・シンガーは功利主義に対して、トム・リーガンは義務論に対して、この試みを行なった。彼らは（高等な生物に限ってだが）生物に注目しているため、生命中心主義者《バイオセントリスト》と呼ぶことができるかもしれない。また、ポール・テイラーらは、この二人による体系では限界があると考え、植物や下等動物まで含めることのできる別のアプローチを用いている。さらに、アルド・レオポルドやその思想を受け継いだJ・ベアード・キャリコットなどの生態系中心主義者《エコセントリスト》たちは、道徳的配慮を受けるべき対象は生態系であると考えた。

私たちは、こうした先人たちの努力のあとをたどることで、環境倫理学に対する理解を深めることができそうだ。環境倫理学の目的に忠実であろうとするなら、道徳的配慮の幅を広げ、人間以外の動物や植物、動物や植物の種全体、さらには山や川も含めなければならない。この「道徳の拡大」こそが、環境倫理学の基本的な課題であり、環境倫理学ならではの特徴である。

ピーター・シンガーは功利主義の思想家であり、『動物の解放』[*5]の著者である。『動物の解放』は同名の運動のための有名なバイブルとなっている。シンガーは道徳的配慮を人間以外のものに広げる努力をしている。シンガーによれば、損害をもたらす行動を避けるのは私たちの基本的な義務である。彼の言う損害とは、生物が不必要に利益を侵害されることによって味わわされる痛みや苦しみのことだ。ここで言う生物とは、そうした侵害を感じる能力のある生物である。こうした能力をもつ生物は人間以外にもたくさんいる。それらが人間と並んで道徳的配慮の対象となるのである。なぜなら、シンガーによれば、適切な道徳的配慮とは、苦痛を減らすことと、喜びを増やすことのどちらかだけだからだ。人間も感覚を持つという能力以外には道徳的地位を得るための特徴を持たない。カントの言う自由と理性でさえ、そうした特徴とはならない。哲学者、ジェレミー・ベンサムは、一八七九年、「問題は理性を働かせる能力があるかどうかでも、話す能力があるかどうかでもなく、苦しむ能力があるかどうかである」[*6]と述べた。要するに、翼があっても、四本足でも、毛皮に覆われていても、えらがあっても、とにかく感覚を持つ動物であるなら、人間と同じ道徳的地位につく資格がある。したがって、道徳的特権は人間にしかないとする主張は横暴な差別であり、シンガーに言わせれば「種差別《スピーシズム》」の罪である。

感覚を持つ動物は、私たちと同様の要求を感じることもあれば、利益を受けることもある。そのこともまた、それらが人間と同様に配慮されなければならない理由となる。人間以外のものに苦しみをもたらす行為が正当と認められる条件は、人間に苦しみをもたらす行為が正当と認められる条件と変わらない。たとえば、チンパンジーを医学実験に使うことは、それと同じ実験に人間の乳児を使うことが許されるのでなければ、許されてはならない。痛みは、チンパンジーが味わうとしても、人間の乳児が味わうとしても同じだからである。

シンガーの考え方は、きわめて平等主義的に思われるが、問題がないわけではない。ひとつには、彼は異なる動物種に属する個体同士の対立を解決する方法を提示していない。たとえば、ブタの心臓を摘出して人間の赤ん坊に移植するような異種間の臓器移植（異種移植）の是非が明確にされていない。というのは、この場合、どちらの動物も本質的な利益、つまり死なないという利益が危険にさらされているからである。「差別の原則」を用いてこの問題を解決している思想家もいる。ドナルド・ヴァンデヴィアによれば、心的能力のレベルが判断基準となる。[*7] 心的能力のレベルは、感覚のレベルと似たようなもので、このレベルが高い種ほど、優遇されるべきだというのである。しかし、この考え方が結局、人間中心主義につながることは容易に想像がつく。無類の心的能力をもつ種である人間の個体がほかの種の個体と利益を競い合う場合には、必ず人間の利益が優先されるからである。

シンガーのアプローチのもうひとつの問題は、「感覚」を平等な配慮の根拠とすることによって、感覚を持たない生物、つまり下等動物や植物を対象から締め出していることである。こうした種の個体は苦しみを味わう能力がないので、道徳的地位につくことができない。シンガーの道徳拡大への努力は、下等な哺乳動物までを道徳的有資格者のグループに含めた時点で道を閉ざされた。こうした問題はおそらく、人間のためにつくられた道徳体系を人間以外の種に当てはめようとしているかぎり、避けることができないのだろう。どんなに努力しても人間中心主義がどこかに残ってしまうのだ。

こうした問題は、道徳を拡大する手段に義務論を用いたとしてもなくなることはない。そのことはトム・リーガンの思想を見ればわかる。[*8] リーガンはカントの普遍的な義務の根拠や、手段よりも目的を重視する考え方や、人間の権利についての考え方に影響を受けたが、カントの主張の一部、すなわち義務論的な利益を受ける資格があるのは自由で自主性のある存在だけだという部分に修正を加えている。受益資格者の定義を広げて、痛みや快感などの複雑な情緒や知覚を持ち、ある程度の自主性を持って行動と目標を遂行する能力のある生物はすべて、私たちが義務を負う対象に含めるべきだと主張したのである。哺乳動物の多くはこの分類に入る。したがって哺乳動物も人間と並んで義務論的な利益を受けるべき対象とされる。リーガンはこうした動物を「生命の主体」と呼んでいる。「生命の主体」には、「内在的価値」がある（「内在的価値」とはリーガンが用いた言葉で、「固有の価値」とほぼ同義である）。私たちは内在的価値のある生物を、目的を達成するための手段として扱ったり、ほかの生物の利益のために搾取したりしてはならない。生命の主体には権利がある。その権利は、自由で理性があり自分の行為に道徳的責任のある存在から、尊重されなければならない。リーガンはこのようにして、シンガーとは別の方向から同様の結論に達した。哺乳動物には人間と同様の価値があるため、生命、自由、幸福の追求に対する哺乳動物の権利は、私たちの権利と同等と考えなければならないという結論に達したのである。

しかし、リーガンもシンガーと同じような問題に直面している。生命の主体はすべて平等であるというリーガンの結論を用いても、やはり解決できない疑問が残る。ただ、彼の立場からであれば、異種移植については答えを出すことができる。生命の主体を仮にブタとすれば（もちろん、人間でもよいのだが）、私たちはこのブタを他者の幸福のために犠牲にしてはならない。それによって、人間の子供の命が救われるとしてもである。しかし、下等動物の問題では、リーガンもシンガーと同じ壁にぶつかった。感覚を持つことと生命の主体であることは必ずしも同じではないが、どちらも複雑な心的能力を必要とする。したがって、下等動物と植物はここでも配慮の対象とならないのである。

シンガーとリーガンの考え方は、限定された生命中心主義の代表格である。彼らは道徳的配慮の幅を人間以外のものに広げることを望みながら、「改良型人間中心主義」の許す範囲でしか、広げることに成功していない。ほかの倫理学者や生命中心主義者たちは彼らの努力を認めながらも、道徳的地位の範囲をこれ以上広げられなかったことを批判してもいる。より単純な動物や植物はどうなるのだろうか？　そうした生物の福祉を考え、保護することは、それらが経済的または美的な意味で手段としての価値があるという理由でしか正当と認めることはできないのだろうか？　だとすれば、ここで「固有の価値」の意味を問い直す必要がある。まだ権利を与えられていない生物にも道徳的地位があることを主張しようとするなら、倫理学者たちはまったく別の道徳体系に目を向けなければならない。

生命中心主義を拡大する試み

道徳的配慮の幅を、感覚のある動物を超えてさらに広げるには、固有の価値の意味を問い直さなければならない。ポール・テイラーは、「生命の目的論的な中心*9 (teleological center of a life)」という概念を考え、そこに固有の価値を見出している。ギリシア語の「テロス (telos)」は、「目的」または「目標」の意味で、生命に関するアリストテレス哲学の中心的概念である。生命あるもののすべてが（アリストテレスにとっては、生命のないものの多くも）テロス、すなわち、それに向かって進むべき目標を生得的に持っている。この事実は、動物や植物を注意深く観察したことのある人にとっては明白である。どんな動物も植物も、感覚のあるなしにかかわらず、決まった方向に向かって生きている。自分の幸福に向かうそれぞれのやり方で成長し、生命を維持しているのである。オオカバマダラという蝶は、この蝶の完成された姿に向かって成長する。ライブオークも微生物もそうだ。こうした生物はそれぞれの目標から外れる不必要な行動はいっさいしない。決まったテロスに生涯を捧げているのである。

このテロスについて重要なことがふたつ言える。ひとつは、テロスには、主観的な心的能力によって決められる目標と違って、秘密性がないということ。そのためテロスは第三者が客観的に説明できる。特定の生物にとって何が利益で何が損害かは、行動を観察していればわかるのである。もうひとつは、生物が自分の目的に気づく必要はないということ。植物は自分が何をしているのか知らないし知る必要もない。それでもテロスの有能な実行者として自分の可能性を追求し続ける。これをアリストテレスは「自然」と呼んだ。「生命の目的論的な中心」すなわちテロスを持つ生物は、それが努力し成長することが自分にとって利益になるという意味で、利益を持つ生物と言える。自分で気づいていなくとも、利益と要求を持ち、それらを満たすべく行動する。それらには、思想家たちが「それ自身の利益」と呼ぶものがある。そうした利益を持つことは値打ちや価値があることと同じだと考えられる。したがって、「生命の目的論的な中心」には、私たちがそれをどう評価するかとは無関係に、客観的に価値がある。この内在的価値にも、自分で気づいている必要はない。

テイラーはある種の信条をさして、「生命中心主義的見地（biocentric outlook）」と呼んだ。その信条を持つ人にとっては、ほかの生物の個体の利益を尊重することこそ道徳的に正しい態度である。「生命中心主義的見地」によれば、人間は相互依存と平等を基盤とした地球というコミュニティの住民である。したがって、人間のテロスは人間以外の生物のテロスに勝るものではないし、意識ある動物のテロスや生命の主体のテロスはそれらに当てはまらない生物のテロスに勝るものではない。

テイラーは道徳的配慮の対象を人間以外のものに大きく広げることによって、従来の倫理学の枠から大きく踏み出すことに成功した。道徳的地位を持つための、主観性（意識や心的能力）を持つという条件を取り去ったからである。にもかかわらず、彼も問題をいくつか残している。たとえば、テイラーの倫理体系は、個々の生物に当てはめることはできるが、異種間の平等や、人間と人間でないものの平等については何も説明していない。そのため、それらのあいだの対立をうまく解決することができない。また、テイラーは川や山や生態系全体の価値についても、それらが生物の繁栄に適した環境をもたらしているというほかは何の説明もしていない。

生態系中心主義《エコセントリズム》

生命中心主義の倫理学、つまり生命のあるものに注目した倫理学は、道徳的配慮の対象を動物に、あるいは、もっと進んで植物にまで広げたという意味で賞賛に値《あたい》する。けれども、道徳的配慮の対象をさらに広げて動物や植物はもちろん、川や湖や山や谷といった土地の特徴——環境科学で生物群系《バイオーム》や生態系《エコシステム》と呼ばれ、一般に「自然環境」と呼ばれているもの——にまで広げようとするなら、環境倫理学こそが、その名にふさわしく、考え方を提示しなければならない。

こうした哲学的な基盤を確立するのは、達成の難しい野望ではあるが、重要な課題でもある。生態系は、肉眼では見えない動物やもっと大きな動物、さらには大きな森などのいろいろな要素がゆるやかに結束し、無数の住民として生きているコミュニティである。このようなコミュニティに道徳的地位があると主張するためには、従来の理論から大きく踏み出さなくてはならない。まず、生態系は感覚を持たない。砂漠に住む動物が苦しむことはあっても、砂漠という生態系そのものに苦しむ能力があるとは言えない。また、生態系がそれ自身の目的、すなわちテロスを持って、それに向かって突き進むということもない。生態系の全体像やその複雑さは、膨大な種類の種が長い歴史のなかで、互いに、あるいは意識のない自然の力に適応しようとしながら、成功や失敗を重ねてきた結果である。つまり、さまざまな種が関わり合いながら進化した結果が、現在の生態系の姿として現れているのだ。生態系は初めから決められた命令、すなわち内在的な傾向にしたがって成長したのではない。決まったプログラム（遺伝コード）を持つ植物と違い、目的のあるシステムとして単純に説明することはできない。

では、これまでの倫理学と違う生態系中心の倫理学に到達するにはどうしたらいいのだろう？　その鍵は、私たちが生態系全体を初めに何にたとえるかにある。それによって、その後進んでいく方向が違ってくるのである。生態系を「コミュニティ」にたとえるなら、関心はコミュニティの住民に向くことになるので、結局、生命中心主義に向かうことになるだろう。しかし、生態系をそのなかの要素が密につながり、相互に依存するひとつの「生命体」に見立てるなら、生態系そのものが注目の対象となるので、おそらく目的論に分類される倫理学のかたちをとることになるだろう。

生態系中心主義の初期の提唱者のひとりがアルド・レオポルドである。レオポルドが「予言者」と呼ばれるのが妥当かどうかはともかく、彼が環境思想の先駆け的存在であることは間違いない。一九四九年刊行の彼の著書『野生のうたが聞こえる』（新島義昭訳、講談社学術文庫、一九九七（以下引用は邦訳を使用））に収録されている「土地倫理《ランド・エシック》」というエッセイは、生態系中心主義の代表的な作品だ。[*10]

レオポルドは人間の倫理を土地倫理へと大幅に拡大することを提案している。土地倫理とは、「この共同体という概念の枠を、土壌、水、植物、動物、つまりはこれらを総称した『土地』にまで拡大した場合の倫理をさす」[*11]。レオポルドは土地を「共同体《コミュニティ》」という言葉を使って表現しているが、彼がその言葉を使ってさすものは明らかに、高度に組織化された統一体、すなわち、まとまった一個の存在である。要するに、彼にとって、土地は「生命のある機構」なのだ。レオポルドはそのことを巧みに表現している。「われわれが倫理的になれるのは、見たり触れたり、理解したり愛したり、さもなければ信じられるものとの関係を持った場合だけである」[*12]。確かに、オリンピック半島やフロリダのエヴァグレーズ、ソノラ砂漠などは、コミュニティと呼ぶには要素間のつながりが強すぎる。これらは独立した一個の存在なので、人間はこれらと直接関わることができるし、これらに対する直接の義務を負うこともある。

レオポルドはこのエッセイのなかで、土地倫理についての彼の基本思想を簡潔に表現している。「物事は、生物共同体の全体性、安定性、美観を保つものであれば妥当だし、そうでない場合は間違っているのだ」[*13]。レオポルドのこの考え方は一瞬、義務論のような印象を受ける。喜びや苦しみなどの主観とは無関係に、いきなり理想を掲げているように見えるからだ。こうした誤解を生む原因は、彼の無頓着な言葉の使い方にある。「物事が妥当だ」というのは、おそらく「行為が妥当だ」という意味だろう。そうだとすれば、生態系に対する行為は、その行為の結果、生態系の全体性と安定性と美観がどれだけ保たれているかで評価されるべきだと言っていることになる。要するに、レオポルドは結果主義のアプローチを大幅に拡大して生態系に当てはめているのである。さらに、彼は「保つ」

という言葉に「制限する」「禁止する」という意味を込めている。それは生態系の価値を増加させてはいけないということではなく、価値を減少させてはいけないという意味だ。彼はこのエッセイのほかの箇所でも「危害を加えない」ことを強調し、世にはびこる「土地の利用法はすべて経済的な見地から決定すべきだという信念」を容赦なく批判している。[*14]

レオポルドは「禁止」のかたちで生態系に対する人間の義務を示しているが、その義務は決して生命中心主義者を満足させるようなものではない。レオポルドの考え方によれば、道徳的配慮の対象としてふさわしいのは生態系だけなので、生態系を構成する膨大な数の植物や動物には固有の価値はないことになる。それらにあるのは、それらが生態系の「全体性、安定性、美観」に貢献しているという意味での手段的な価値だけだ。要するに、生態系が個々の生物に奉仕しているのでなく、個々の生物が生態系に奉仕し、生態系の求めに応じて、それら自身の権利を侵害されたり、それぞれの目的の達成を阻まれたりする、ということになる。

レオポルドの思想を継承したJ・ベアード・キャリコットは、生態系を生命体と捉えることによって、生態系を構成する要素が依存し合っていることを強調し、「生態系は生命体のように複雑に組織化された統一体である」[*15]と述べている。もちろん生態系に生命があると主張しているわけではない。ただ、いくつかの点がよく似ていると言っているのである。たとえば、生命体には健康な状態と病気の状態があるが、生態系の健康も、動物や人間に対して行なう臨床検査に似た手続き――「生命徴候《バイタルサイン》」の監視や「危険因子《リスクファクター》」の特定など――を行なって診断することができる。

では、生態系にどのような価値があると主張すれば、「生態系の健康」を守る理由になるのだろうか？　健康な生態系には明らかに、手段としての価値はある。生態系のなかで営まれる人間の生活にとって、生態系の健康は欠かせないからだ。しかし、固有の価値があるという理由のほうはそのように明確ではない。キャリコットは「私たちが他者に向ける善意を自然にまで広げれば、生態系の健康に固有の価値を認めることができるかもしれない」と言っている。だが、なぜそのように善意を広げなければならないのかという「理由」については説明していない。シンガーとリーガンとテイラーは説得力ある理論を展開し、人間以外の動物や植物に善意や道徳的配慮を向けなければならない理由を説明した。これらの理論を生態系に当てはめることはできないだろうか。生態系は意識を持たないため、シンガーの「感覚を持つ生物」という条件のもとでも、リーガンの「生命の主体」という条件のもとでも、道徳的地位を得ることができない。しかし、生態系が生命体に似ているというキャリコットの主張に納得できるならば、テイラーの「生命の目的論的な中心」という条件のもとで、生態系に地位を与えることができるかもしれない。

ラディカルな生態系中心主義——ディープエコロジー

ディープエコロジーについてまず言えるのは、このエコロジーが、「シャロー〔浅薄な、表面的な〕」というネガティブな修飾語をつけられたエコロジーより、名前の印象で得をしているということだ。しかし、それだけではなく、この名前の違いは内容の違いをもよく表わしている。シャローエコロジーとは、ディープエコロジーが登場する以前にすでに存在していた環境保護主義のことである。

シャローエコロジーの提唱者たちは、既存の哲学体系や前提にもとづいて活動している。この前提とは、おもに人間中心主義や功利主義や個人主義である。シャローエコロジーでは、根本にある前提を変えない範囲でしか、世界観を修正することがない。既存の体系のなかで機能しているので、体系そのものを疑問視することはないのである。

一方、ディープエコロジーは革新的なエコロジーである。シャローエコロジーの基盤そのものを覆すことによって、狭い視野を広げ、世にはびこる世界観を修正することをめざしている。ディープエコロジーは、人間だけを扱うのでなく世界全体を扱うという意味で「宇宙論的」な、そして、明白だと思われている基盤そのものを疑うという意味で「形而上学的」な環境倫理学へのアプローチである。この革新的なエコロジーのもとでは、人類の立場はあまりよくない。ディープエコロジーはポール・テイラーの生命中心主義と同様に、どんな生物にも同等の固有の価値があると考える。要するに種を超えた平等主義である。ディープエコロジーはさらに、急進的な生態系中心主義として、生物の個体は生態系に完全に従属し、生態系はそれを構成するどんな要素よりも（したがって人間よりも）価値が高いと考える。辛口のディープエコロジストはこうした道徳全体論《モラルホーリズム》を語るとき、人間を地球の「病原体」や「疫病」だと表現するために、人間嫌いと非難されることがある。

ディープエコロジストたちは平等主義や道徳全体論に加え、「関係性」を強調する。彼らによれば、世に蔓延する危険な考え方のひとつは、原子であれ生物であれ、とにかく「個体」を、現実を構成する基本単位とする考え方である。この「危険な」考え方は、明らかにカントや後期啓蒙主義の哲学者たちには支持される。カントらは、人間は理性的な判断のプロセスを経て、自分自身の運命をコントロールする自主的な個体だと考えたからである。この考え方によれば、個体（個人）はコミュニティよりも優先され、他者とどのような関係を結ぶかも、個人の利害関係にもとづいて決めることができる。物理的には、私たちは皮膚というほとんど透過性のない膜に包まれ、他の存在とは完全に切り離された「心」すなわち「自我」である。

ディープエコロジーはこうした世界観を覆すにあたり、どんな生物も他者との関係のもとに成り立っている、要するに私たちは関係そのものなのだと主張する。進化の法則によれば、自然選択や適応のプロセスを通して、複雑かつ深遠な異種間の関わりが生じている。草原に咲く花は、周囲とは無関係にたまたまそこに咲いているわけではない。その花の組織は、長い歴史のなかで他の種や自然の力と密接に関わってきた結果なのである。その花が今、光合成によって光のエネルギーを変換し、鮮やかな色や甘い蜜を使って虫を引き寄せ、水や栄養をとるために土のなかに根を深く下ろしている。その花の個体としての特徴など、関係性という複雑なシステムに組み込まれた、重要度の低い一側面にすぎない。ディープエコロジーによれば、現実はエネルギーという普遍的な川である。個体はその流れの途中にある障害物にすぎない。

ディープエコロジーの倫理学的な意味は明らかである。個体も種もほぼ例外なく、絶対的に優先される大きな全体のなかでしか価値を持たない。それは人間についても同じだ。したがって、ディープエコロジーは、今の社会や経済のしくみを根本から変えないかぎり、現実に当てはめることはできないことになる。なぜなら既存の社会や経済の制度は、人間はほかの生物とは本質的に違うという前提のもとに成り立っているからだ。

ソーシャルエコロジー

社会倫理学者であるマレイ・ブクチンは、社会そのものを変えなければならないというディープエコロジーの急進的な考え方には賛成しながらも、宇宙論でなく社会の階層《ヒエラルキー》に注目し、支配と管理のパターンを分析している。[*16] ブクチンの主張によれば、人間の社会は力や権威のレベルにもとづいて構成されており、階層が上の者が下の者を支配する構図になっている。そして、こうした階層には、「老人による若者の支配、男性による女性の支配、特定の民族集団による別の民族集団の支配、〝社会利益〟を公言する官僚による大衆の支配、都市による地方の支配、さらに、より微妙で心理学的な意味において、心による体の支配、実利主義で浅薄な精神による魂の支配」などがある。こうした人間関係のパターンは、文化の習慣的な思考や行動のパターンのなかに浸透していき、やがて個人の心にも、疑う余地のないものとして染みついていく。社会に遍在するこうした抑圧的な階層パターンは、政府の形態を、たとえば社会主義から自由民主主義に変えたところで解決しない。どんな社会構造も抑圧的な階層パターンに影響される。したがって、唯一の解決策は、平和な無政府状態《アナーキー》である。ブクチンは、個人が最大限の自由を持ち、すべての人が確実に平等であるような公正な社会を思い描いている。こうした社会に生きる自主性のある個人だけが、社会の条件に縛られて自らの心が設ける「内側からの制約」からも、権威者の力によって強制される「外側からの制約」からも、解放されて自由になることができる。こうした個人は、平等で完全に公正なコミュニティに自由に参加しているため、互いや自然を支配したいという欲求に駆り立てられることがない。

ソーシャルエコロジーはその名にふさわしく、環境危機を社会の様式や制度が生み出した結果だと説明する。ソーシャルエコロジストによれば、生命中心主義者もディープエコロジストも重要なことを見逃している。問題の原因は、間違った倫理規範や世界観にあるのではなく、問題は私たち自身に、支配や搾取を助長するような私たちの社会やイデオロギーの構造にあるというのである。ソーシャルエコロジストによれば、私たちはそうした支配や搾取を自然との関係にまで広げている。環境破壊は、階層が上のものが下とみなしたものを抑圧するという構図を宇宙に当てはめた結果だというのである。そうだとすれば、皮肉なことだが、これは道徳を拡大した悪い例ということになる。人間の世界の間違った思考や行動の傾向を、人間以外の世界に広げたことになるのだから。

エコフェミニズム

ブクチンは、男性による女性支配は階層の基本的なかたちのひとつだと言った。それが正しいとすれば、「家父長制」を廃絶すれば、自然の扱い方の是正への大きなステップになるかもしれない。家父長制の廃絶を強く主張したのは、エコフェミニズムと呼ばれるフェミニズムの一種である。

フェミニストは、社会を分析するときにはたいてい、男性による伝統的な女性支配である「家父長制」に注目する。その点はブクチンも同じだが、フェミニストはそこからさらに進んで、極端な男性優位のかたちである家父長制こそ、社会における抑圧の根源だと言い切っている。したがってフェミニストによれば、家父長制の廃絶こそが、あらゆる抑圧の廃絶につながる。

エコフェミニストによれば、女性を支配することは自然を支配することと同じである。というのは、自然は女性と同一視されるからだ。「母なる自然」という言葉があるように、自然は母ともよく同一視される。そのため、自然も女性と同様に「男性中心主義」の犠牲となったというのである。自然が支配されるべきだという神話にはさまざまなヴァリエーションがあるが、とくに優勢なのは、哲学者、ルネ・デカルトが打ち出した近代科学の基盤を前提とした神話である。その神話によれば、精神は肉体とは完全に切り離されており、精神は理性を持つゆえに、物質的な（自然の）肉体より優れており、肉体を支配している。また、男性は女性より理性的であるため、肉体の要求を超越し、本能的・感情的な衝動を抑えることができる。女性は肉体と一体であるために男性より自然に近い。したがって、女性（と子供と動物）を支配することは、自然を支配することと区別されるものではない。

エコフェミニストのなかには、この近代の神話を逆手にとって、女性と自然との強いつながりを主張のよりどころとしている人たちもいる。女性と自然との「産む力」（自然を供給する力）という共通性や、女性が男性より自分の肉体を強く意識することなどを根拠に、人間は自然と結束しなければならないという主張を導き出しているのである。

しかし、エコフェミニストの多くは、理性的か生物学的かというような生来の男女差を問題とする考え方を強く否定している。彼らに言わせれば、性差別の原因は、社会が決めたそれぞれの役割にある。女性が育児をするのは、文化がそう期待するからであって、女性に母性本能があるからではない。こうした差別的な役割分担があるかぎり、抑圧がなくなることはない。しかし、どちらのエコフェミニストの主張を支持するにしても、人間による自然支配をなくすためには、人間社会の家父長制を廃絶しなければならないことになる。

実用主義的な環境倫理学

ブライアン・ノートンは、道徳的な意思決定に実用的なアプローチを用いている。ノートンによれば、環境倫理学は応用哲学に分類される。[*17] 功利主義や義務論や目的論などの抽象的で漠然とした理論体系は、現実の場面で難しい選択をしなければならないとき、「応用」しなければならない。この「トップダウン」のアプローチからいくつかの問題が生じる。まず、細部まですべてがそっくりの状況というのはふたつと存在しない。そのため、「出来合いの」普遍的な原則を現実の事例に当てはめようとしても、完璧に当てはまることはない。そんなときは、ずれが生じた部分を、その場の判断に頼って何とか修正するしかない。しかし、ノートンがそれ以上に問題視しているのは、環境をめぐる論争が現実に起こったとき、そこに参加する全員が同じ基本原則を支持するとは限らないという事実である。論争のテーマがその状況の具体的な話から、どの原則に当てはめるのがよいかという抽象的な話に変わった時点で、合意はほとんど不可能になる。というより、話が抽象的になった時点で、具体的な話そのものができなくなる。

もちろんノートンは理論を完全に退けて直感に頼ればいいと言っているわけではない。けれども、理論を構築するのは、当事者らが現実の問題に取り組み始めてからにするべきだと主張しているのである。当事者全員が共通の目標に向かっているのであれば、たとえ動機や思想は違っても、互いに歩み寄った政策に到達し、問題を解決することができる。環境に配慮するという共通の関心によって、結束の幅が広がるからだ。ノートンは、渡りをする水鳥の休息地である湿地の保護をテーマとした論争の例を挙げている。人間中心主義者は狩猟を楽しみたいという理由で保護に同意する。生命中心主義者は感覚または目的を持つ個体への配慮からやはり保護に同意する。少数の生態系中心主義者は貴重な湿地の、レオポルドのいう「全体性、安定性、美観」を維持するべきだと考える。こうした人びとが結束するのは奇妙ではあるが、渡り鳥の生育環境を守るという現実に即した目的があるために、有効な結束である。実用主義の環境倫理学は、問題を抽象的な原則に観念的に当てはめるのではなく、それぞれの価値観や目標をできるだけ合意に近づけ、多様な原則を組み合わせた新たな基準を設けることによって、目の前の問題を解決するのである。

この（既存の複数の原則にもとづいた新たな基準を用いる）「道徳多元論」に頼る実用主義的アプローチは、この世界では明らかに有利な立場にある。なぜなら、この世界はあまりに複雑で多様なせいで、どんな状況を見ても、何らかの抽象的な型にぴたりと当てはまるということはないからだ。けれども、このアプローチには感心できないという「道徳一元論」者もいる。道徳一元論者によれば、道徳多元論では、対立が深刻化したときにどうにもならなくなる。（人間中心主義の原則にもとづく）人間に有利な決定と、（生命中心主義の原則にもとづく）人間以外のものに有利な決定とが同時には成り立たず、どうしても妥協点を見つけることができないときはどうすればいいのか、当事者それぞれの価値観にもとづく目標がかけ離れていたのでは、友好的に解決することができないではないか、と言うのである。この反論に対し、道徳多元論者は、ふたつの立場にランクをつけて優先順位の高いほうを選べばいいではないかと答えるかもしれない。しかし、そこですかさず一元論者は言うだろう。何を根拠にそうしたランクづけができるのか、既存の何らかの基準を頼みにしなければ一貫性のある意思決定はできないではないか、と。

環境倫理の当事者

応用哲学か実用主義の哲学か？　道徳多元論か道徳一元論か？　道徳を理論づけることが容易だと言った人はこれまで誰もいない。道徳多元論者の言うことは正しい。現実はたったひとつの倫理体系に当てはめられるほど単純ではない。だが、道徳一元論者の言うことも正しい。現実はしばしば、いずれも魅力的だが互いに相容れない複数の選択肢からの選択を迫ってくる。そんなときは、明確な基準がなければどう考えてよいのか見当もつかない。道徳判断がどこからともなく湧いてくることはない。三段論法の結論に前提が必要なのと同じである。

意思決定する立場にある人は、法廷に座って双方の立場を公平無私に考えることのできる裁判官でもないかぎり、たいてい目の前のジレンマに個人的に巻き込まれてしまう。それでも意志決定者は、当事者すべての利害関係を秤にかけて考えなければならない。ここで言う当事者には、人間（たいてい意志決定者自身も含まれる）だけでなく、動物や生命のない存在も含まれる。

したがって、結局、意思決定に必要なのは思いやりということになる。頭だけでなく心を使って考えなければならない。意思決定者は最終的な決定に影響される当事者全員に対して誠実でなければならない。対立する立場のはざまで結論を導き出す作業には、愛も苦しみも伴うのだ。

宗教とエコロジー

宗教倫理学者たちは環境倫理学をどう考えるのだろうか。宗教倫理学者、あるいは宗教そのものは、この論争に決定的な見解を加えるのだろうか。これまで見てきたさまざまな問題に関して、宗教倫理学者は立場がいくつかに分かれる。宗教倫理学のなかにも人間中心主義や生命中心主義、生態系中心主義、エコフェミニズム、実用主義それぞれの立場の環境保護思想があるからだ。そもそも「宗教的」という言葉を広い意味で捉えるなら、宗教的なエコフェミニストは宗教的でないエコフェミニストより多いかもしれない。*18 しかし、だからと言って宗教倫理学者たちがこの論争に対して独自の見解を持たないわけではない。

宗教的な環境保護思想は、哲学的なアプローチよりもむしろ環境に対する姿勢に特徴がある。その姿勢はこうした論争に微妙な影響を与えるだけでなく、環境を保護するための明確な動機となりうる。というのも、宗教的な環境保護思想では、万物は「神が創造したもの」または「神の心の染みわたるもの」として、あるいはその両方として理解されているからだ。そのため、環境は人類とは独立した地位を持つことになり、単に地位が向上するだけでなく、神聖なもの、人間が崇拝すべきものとなる。自然界は神の被造物として神の存在を啓示し、神の心の宿る場所として神聖な力をみなぎらせる。これまで見てきたように、思想家たちは生命のない環境に独立した地位があるという主張の根拠を見つけるのに苦労してきた。しかし、宗教的な環境保護思想にそうした苦労はない。宗教的な視野に立てば、生命のあるなしにかかわらず、すべては神の被造物であるため、同等の地位にあるからだ。

しかし、宗教倫理学が環境保護思想に教えてくれるのは、生命のない世界に地位を与える方法だけではない。宗教倫理学は、人間が環境を守るための道具である祈りと儀式も教えてくれる。祈りと儀式は信者たちに、人が神の恩恵に頼って生きていること、人が神の恩恵を感謝して利用しなければならないことを思い出させてくれる。宗教的な視点に立てば、人間は自立した存在ではなく、神に依存するもの、神に責任を課せられたものである。人間が依存するものでありながら、責任を持つものでもあるという考え方は、人間は相互に依存するという環境保護主義の基本的な考え方に通じるものがある。環境問題が深刻化するにつれ、宗教学者の多くは、創造の意味にこれまで以上に注目するようになった。トマス・ベリーは次のように述べている。

私たちは自然のなかで神の啓示に触れる機会を失ってきたにもかかわらず、そのことにほとんど気づいていない。それは私たちが神に対する理解を言葉による情報、おもに聖書から得てきたからだ。しかし、神に対するより深い理解は、壮大な宇宙から、とりわけ地上に見られるすばらしい表現の数々から得ることができる。そうした経験がなくては、私たちの宗教的成長や霊的成長は、さらには情緒や想像力や知性の成長も、著しく妨げられるだろう。もしも私たちが月で暮らしているなら、私たちの想像力は月のように不毛なものとなり、豊かな情緒を欠くことになるだろう。細やかな情緒は感覚刺激あふれる豊かな地球でこそ培うことができる。美しい地球こそが神についての崇高な知識をもたらしてくれるのだとすれば、産業によって損なわれた地球は、神についての相応の知識しかもたらしてはくれないだろう。[*19]

世界の土着の宗教の多くが、この数十年のあいだに「グリーン」意識（環境保護に対する意識）を高めている。その理由はひとつには、過剰な人口と土地開発のせいで、先住民が土地の辺境へと追いやられ、彼らの生きるようすがであった環境が汚染され、生存までが危うくされているからである。またひとつには、先住民たちの宗教観では、健全な環境に対する脅威、つまり、川や小川、動物、植物、鳥、魚、空気や土壌に対する脅威は、彼らの生活やコミュニティにとっての脅威であるだけでなく、神聖な秩序や神そのものに対する脅威であると理解されるからだ。彼らは哲学を持ち出して理論づけたりしなくとも、森や湿地を破壊することや、採鉱廃棄物で川を汚染すること、さまざまな植物や動物を絶滅に追いやることが間違いだと理解している。

世界の主要な宗教であるキリスト教、イスラーム、仏教、ヒンドゥー教、ユダヤ教の信者のなかにも環境保護論者は大勢いる。また、神学者や宗教学者のなかにも、宗教の伝統を基盤とした環境保護思想を展開する人たちや、宗教の伝統を改革して環境への接し方を変えようと努力している人たちがたくさんいる。宗教の伝統を環境保護思想に当てはめる試みは、徹底した産業化が西洋で早く始まったことやほかのさまざまな事情のせいで、東洋よりも西洋で早く始まった。しかし現在では同じ試みが世界中のあらゆる地域や宗教に広がっている。

環境保護論者のなかには、環境破壊を正当化した責任はキリスト教にあると主張する人たちもいる。

そうした人たちは、聖書のなかでアダムとイヴが受ける「産めよ、増えよ、地に満ちて地を従わせよ。海の魚、空の鳥、地の上を這う生き物すべてを支配せよ」（創世記第1章二八節）（日本聖書協会、新共同訳聖書より）という命令を問題にしているのである。しかし、この主張について検討した研究者たちの多くは、人口過剰と公害の最大の原因となった産業革命は、おもに宗教とは無関係の理由で西洋で始まったと指摘し、この主張を退けている。

　聖書学者や倫理学者の多くも、聖書のこの一節がもたらした影響はそうした破壊的なものではないと指摘している。環境を支配するためには人間の力が必要だが、支配する目的はさまざまだというのである。彼らによれば、聖書のこの一節のなかで神が人間に与えた力と責任は、キリスト教が築き上げた「信託管理《スチュワードシップ》」の倫理観のもとになった。キリスト教のこの倫理観、つまり、人間は神の代理人として地球を管理する責任を与えられている、という考え方は、ユダヤ教やイスラームの倫理観とも共通している。

　今日のキリスト教の環境保護論者の多くによれば、聖書に見られる神と人間との関わりを人間中心主義に解釈するのは、解釈する人間が人間中心主義だからであり、そうした人間中心主義は古くから世界中に見られる。ローズマリー・リューサーは、過去から受け継がれた知恵の体系はどれもある程度の修正が必要だと述べている。

　環境保護精神や環境倫理を過去の伝統のなかに見つけることはできない。環境危機は人類にとって初めての体験だからである。人類が過去に環境を破壊したことがないと言うつもりはない。しかし、人口がまだ少なく、人間が大きな技術力を持たなかった時代には、過密になった都会から出ていくことによって、あるいは、新たな技術を用いることによって、破壊された環境を癒すことができた。過去の人間の目には、自然は巨大で無尽蔵な生命の源泉に、対して人間はちっぽけなものに見えていた。人類は広島と長崎に原爆が投下されて初めて、この地球が、自分たちが自然から奪った力によって破壊される可能性があることに気づき始めたのである。[*20]

リューサーはキリスト教における神と人間との契約の内容や儀式の制度を見直し、それぞれの利点や改正すべき点について述べている。[*21] キリスト教の環境保護論者ではリューサーのほかに、キャロル・ロブやカール・ケースボルトなども、環境に対するキリスト教徒の責任を考慮した新しい契約を提示している。[*22]

キリスト教における信託管理の倫理は、環境保護の動きの影響を受けて解釈がいくつかに分かれた。もっとも伝統的で保守的な解釈は、地球の恵みは人間の要求を満たすためのものなので、残さず使い切るべきだという解釈だ。この解釈によれば、他人のための資源を使いすぎること以外には、地球の乱用と言える行為はない。しかし、もっと道徳的な伝統的解釈もある。地球の恵みは貧しい人を含むすべての人のためのものなので、貧しい人に行きわたる前に浪費する人があってはならないという解釈だ。どちらの解釈も完全に人間中心主義ではあるが、後者は比較的、環境保護に役立つだろう。すべての人の要求を満たそうとすることは、世界中の先住民や貧しい人びとの生きるようすがである環境を守ることにつながるからだ。

とはいえ、キリスト教の環境保護論者の多くは、単純な人間中心主義を否定している。ジェイムズ・ナッシュのように、最終的には人間の命がほかの生物の命より重要だと主張した人たちでさえ、その例外ではない。ナッシュらは、人間以外の生物の生命の権利を擁護し、それらが種として存続するための権利を、人間の（生きる権利を除く）多くの権利よりも重要なものと位置づけている。*23

宗教的な環境保護思想に関する情報が世界に広がる過程で、宗教家たちは、これまで見てきたさまざまな環境思想のいずれかに似た主張を繰り返している。宗教がこうした問題に組織としての反応を示すときは、とくに公式に発表する場合には、未来の世代の人間や、人間以外の生物のさまざまな程度の固有の価値まで配慮の幅を広げたかたちの信託管理のモデルを提示している。一方、たいていどんな宗教のなかにも、人間中心主義を攻撃する材料を宗教のなかに探り当て、最終的にディープエコロジーと似たようなアプローチに到達する人たちがいる。

価値・価値観・価値の評価

「価値 value」という言葉は、この第1章のように、宗教や哲学の話のなかで使われることが多いが、その意味は必ずしも明確ではない。哲学では価値という概念について論じるための「価値論」という分野が設けられ、宗教ではそれぞれの価値観が儀式化され、公にされている。しかし、哲学や宗教の専門家のあいだでさえ、価値の定義は今ひとつ明確ではない。哲学の場合、この曖昧さはおそらく、哲学に価値という概念が入ってきたのが比較的遅かったせいだろう。価値について自分に問いかけ、それについて考える習慣が哲学の分野で始まったのは啓蒙思想以降のことである。宗教の場合、この曖昧さは、シンボルを用いたことのマイナスの影響である。シンボルを用いることによって、まったく無関係の現実が、認識にもとづいてだけでなく、感情のままに結びつけられることがある。

この混乱に拍車をかけているのは、「価値」という言葉が日常的に、商店街や証券取引所でも使われているという事実である。「価値」とは、経済的または商業的には、「金銭に換算した物の値打ち」または「金銭が持つ購買力」を意味する。そのため、「価値がある」と言えば、代償に見合っているかそれ以上だという意味になる。したがって、「この新しいジーンズがこの安さ。価値ある価格です」とか「今、価値の下がった株が買い得だ」などの表現が可能になる。

しかし、価値の経済的な意味は哲学者や宗教学者の関心事ではない。哲学者や宗教学者はこの言葉を何かしらの行為や対象の値打ちとして考える。本書で「価値」というときも基本的には同じだ。ただ、哲学者たちのあいだでも、価値の理解のしかたはひととおりではない。伝統的に、価値はふたつの意味に理解されてきた。まず、Xが私にとって価値があると言えるのは、Xが私にとって役に立つものであるとき、つまり、Xが私または誰かの利益となる機能を発揮するときである。工具箱に入っているハンマーは、私がそれを取り出して釘を打って初めて価値がある。この場合、ハンマーには手段的価値があると言う。

価値のもうひとつの理解のしかたは、Xが私にとって役立つかどうかとは無関係に、Xにそれ自身の値打ちを認めることである。この意味での価値は、人がXに与える性質でなく、X自身が本来持つ性質であるため、たとえその価値を誰も認めなくとも、Xには価値があると言うことができる。

しかし、手段的価値が容易に理解できるのに対し、この固有の（客観的な）価値は、ふたつの理由で理解しにくい。まず、ある特定の存在の価値とはどのようなものなのだろうか？　それは物質の特性のようなものだろうか？　また、ある特性に価値があると言えるのは、結局、それを誰かが認めたときに限られる。そのように誰かが与えた価値が、なぜ客観的と言えるのだろうか？

ただ、Xが人間であれば、固有の価値に対して比較的疑問が湧きにくい。私たちはたいてい、ほかの人間のことは単に人間であるというだけで固有の価値を認めている。人間にはもともと尊厳と重大な値打ちがあると考えているのである。私たちは宗教によっても、つねに同じ人間である他人を「尊厳ある態度で」扱わなければならないと教えられてきた。これは他人を傷つけたり、不当な害をもたらしたりしてはならない、という意味である。しかし、もちろん、他人の尊厳を認めれば必ず、その人の手段的価値をいっさい認めることができなくなるということではない。サービス産業が中心の経済は、人の手段的価値を認めなければ成り立たない。配管工や電気工は、私の利益となる仕事を進んで引き受けてくれる。しかし、だからといって、私が配管工や電気工を個人的な友人より価値の劣るものとして扱ってよいということではない。それにもちろん、彼らはその労働に見合った「価値」すなわち料金を受け取らなくてはならない。

人間中心主義の項でも見てきたように、疑問が生じるのはXが人間でない場合である。人間でないものや人間でないものの集合体、たとえば種や生態系や自然そのものの価値はどう理解したらいいのだろう？　そもそも人間でないものに価値はあるのだろうか？　手段的価値に限って言うなら、この疑問に答えるのは簡単である。自然は私たちが安全で快適に暮らすために必要な手段をもたらしてくれる。自然の手段的価値は膨大だ。したがって手段的価値だけに注目するなら、自然に対する私たちの義務は、それを維持し、保護し、有効に利用することだろう。そうしなければ、私たちは自分を殺すも同然だからである。これはまさにジョン・パスモアの考え方だ。パスモアによれば、私たちに直接的な責任があるのは、自然に対してでなく私たち自身に対してである。私たちは自然そのもののためでなく私たち自身のために、自然に与える害を最小限にしなければならないということになる。ホームズ・ロールストン三世はこうした手段的価値として、生命維持の価値、経済的価値、娯楽的価値、科学的価値、美的価値、多様性の価値、歴史的価値、文化的価値、人格形成の価値、宗教的価値などを挙げている。

この分析を突き詰めていけば、自然にどんな価値を与えたとしても、そして、それがどれほど客観的だとしても、結局、手段的価値や人間の主観的な価値を偽装したものにすぎない、と主張する人もいるかもしれない。私はなぜグランドキャニオンを保護しようとするのだろうか？　それはグランドキャニオンの雄大な景観が私の心を強く打つからだ。だとすれば、その景観は見る人だけのためのものであり、グランドキャニオンを保護するという私の義務も、私自身のための間接的な義務にすぎないということになる。しかし、本当にそうだろうか？　確かに、私がグランドキャニオンを保護するのは、それが私に、私が好む景観や雄大さを見せてくれる手段だからなのかもしれない。けれども、私がそうするのは、雄大な景観がこの自然の場所に現実に存在しており、私がそれに気づき、価値を認めるからなのかもしれない。私の息子についても同じことが言える。私は息子を愛し慈しんでいるから、息子が立派な人間に成長するためにできることなら何でもしたいと思う。こうした義務は結局、利己的な意図と自己満足だけから生じているのだろうか？　それは違う。私がグランドキャニオンや息子に見出す価値は、私の経験や欲求とは無関係のところにもある。私はこの場所という存在、この人間という存在そのものに、価値を見出しているのである。これが固有の価値でなくて何だというのだろう？

ただし、宗教的な視点に立てば、固有の価値を別の方法でも説明できる。神の存在を信じるなら、最高の視野は人間の視野でなく神の視野である。トマス・アクィナスをはじめとする神学者たちによれば、神は自分を喜ばせるために世界を創造したのであり、創造の目的は神への賛美である。アクィナスによれば、被造物が多様なのは、多様性は神の威厳の証明だからである。この視点に立てば、神が被造物に対する責任を人間に与えたという信託管理の枠組みのなかでさえ、人間には被造物の美観や多様性を損ねる権利はない。被造物に対する人間の責任は、それを維持し、保存することだけだ。なぜなら、神の判断を無視し、人間以外の被造物には人間にとっての価値しかないと人間が判断することは、神でなく人間の崇拝になるからである。

これまでの話からいくつか言えることをまとめよう。最初に言えるのは、価値というものは、価値を認めた事実をのちに振り返って考えることによって発生するらしいということである。したがって、価値に対する評価は、評価する側とされる側が関わるプロセスにおいて、その両者を巻き込んで起こる経験的な判断、すなわち鑑識眼のようなものと理解できるかもしれない。ふたつめに言えるのは、価値を認める習慣は人間だけのものではないということだ。感覚のある動物の多くは明らかに、自分のためになるある種の経験（たとえば競争や交尾）の価値を認めている。たとえ、その経験が生まれる前から決まっていて、ただ本能に駆り立てられて、より大きな目的（たとえば捕食技術の習得や生殖という目的）を達成するために行なっているだけだとしても。そして三つめは、人類の場合、そうした生きるのに必要なものの価値を認めると同時に、生きるのに必要でない文化の産物を含めて、広くいろいろなものの価値を認めているということだ。最後に言えるのは、人間が自然の価値を認めるなら、その価値には道徳的な義務が伴うということである。価値あるものとは値打ちあるもの、すなわち「善であるもの」のことであり、道徳とは「善」を求め、実現し、維持することであるとすれば、価値には義務が伴う。人間の文化とは無関係のところに価値を認めるとき、私たちと自然との関係は道徳的になる。

第一部　生態系の維持と管理

第2章　怒濤に架ける橋——エヴァグレーズの追いつめられたコミュニティ

「ブエノス・ディアス（こんにちは）、ミスター・ハリス」

「こんにちは」ケネス・ハリスはレンタカーから降りながら応えた。「土地所有者組合代表のマリア・ペレスさんですね？　そしてここがフロリダのチャキカですね？」

「そうです、でも住民たちはここを〝パリア〟と呼んだりしています」マリアは言った。

ケンは微笑んだ。彼は「ニューヨーク・トゥデイ」という雑誌の編集者である。「パリア」（「社会ののけ者」の意）という言葉は、彼がその雑誌のシリーズ記事で、エヴァグレーズの東の境界にあるこの小さなコミュニティの現状を表現するのに用いている言葉だ。ケンは未舗装道路の端を、ぬかるみに足をとられないよう気をつけながら、マリアに近づいていった。

「エヴァグレーズの〝有料道路《ターンパイク》〟を通っていらしたのですね」泥だらけのタイヤを見ながらマリアは言った。「これからもそんな冒険が続かないといいんですけど」

「いや、それほどでもなかったですよ。でも、チャップマン通りで橋を渡ってからの八キロくらいは、大変でした。ハンドルをとられて運河に滑り落ちそうになったときは、さすがに焦りましたよ」

「それ、よくあるんですよ。今のように乾燥した季節でもね。この地域の誰もがあなたに感謝しています。命をはってこちら側の言い分を聞きにきてくださったのですから！」

「いや、シリーズ最終回の記事を書き上げるにはこれくらいしないと。公平でバランスのとれた記事を書くというジャーナリズムの原則を守るためにもね。ところで今、〝こちら側の言い分〟とおっしゃいましたが、まさしく言葉どおりですね。チャキカはこのL-31運河の西の側にあたるわけですから。この運河はマイアミデード郡の郊外とエヴァグレーズとの境界線ですよね」

「ええ、それで今わたしたちが立っているここに建てる橋の資金を、何としても郡に出してもらいたいのです。以前は壊れそうな橋があったのですが、昨年処分が決まって取り壊されました。橋ができれば、チャキカの八〇〇人の住民が車で直接フラミンゴ・ロードに出られるようになります」と言ってマリアは運河の向こうの舗装道路を指さした。土手で行き止まりになっている。「新しい橋ができなければ絶望的です。コミュニティ自体なくなってしまうのですから」

「問題は予算ですか？」

マリアは笑った。「とんでもない。郡はチャキカが消えてなくなるのを見たくてしかたないのです」

「その理由は知っています」ケンは自分が前回書いた記事のことを思い出した。「あなたがたは確か〝迷惑コミュニティ〟と呼ばれているのでしたよね。公益事業を受けていながら郡に何も貢献していないという意味で。今までにインタビューに応じてくれた人たちが言っていました。ここに家を持つている四〇〇人は、洪水を繰り返すやぶ蚊だらけの土地を無節操な沼地売りから買った分別のない人たちだと。そのうえ今度は、郡政府に金を出させようというわけですか？」

「違いますよ！　わたしたちはちゃんと財産税を払っています。この三〇年間に払った額は相当なものです。なのに、ろくに何もしてもらっていないのです。ごみ集めも道路の補修も、とにかく公益事業を何もしてもらっていません。とんでもないことですよ」

「だったらなぜ、郡は橋のための出資を断るのです？」

「すばらしい質問です。キューバコーヒーでも飲みながらお答えしましょう」

数分後、マリアはケンに小さなカップを差し出していた。「はい、どうぞ。ゆっくりお飲みになって。すごく濃いですから。カフェインで興奮なさらないように」

「いただきます。では、話してください。なぜ郡は橋を建てたがらないのです？」

「このコミュニティがなくなれば財源が潤うからです」マリアは声を荒げた。「飛行機が着陸するとき、マイアミ国際空港の西側に大きな長方形の池がいくつもあるのに気がつきましたか？　あれは採掘あとの穴に地下の帯水層からの水が溜まったものなのです。郡は採掘会社に、つまりコンクリートなどの原料となる大量の石灰岩を掘る会社に土地を貸して、賃貸料で儲けようとしています。採掘会社も次に掘る土地を貪欲に求めているのですけれど、環境規制があって、どこかを掘る代わりに別の荒れた土地を回復させなければいけないのです。その〝土地改良〟用の土地として、チャキカの二三平方キロの土地に目をつけているというわけです」

「で、〝沼地売り〟の話については？」

「それも間違いです。チャキカは海抜が二メートル以上はあるんですから。いえ、それだけではたいして高いと思われないかもしれませんけれど、要するに、この土地にはもともと洪水などめったになかったのです。あったとしても、ハリケーンとか、一〇年に一度の大嵐のときくらいでした。それにチャキカは農業コミュニティであって、マイアミの郊外ではありません」

「しかし、マイアミヘラルド紙の社説にはいつも、アーバンスプロール［訳註：市街地が無計画に拡大し、虫食い状の無秩序な市街地を形成すること］がエヴァグレーズに広がっていくのを防ぐためにもチャキカは消えるべきだと書いてあります」

「ハリスさん、そんなのでたらめですよ」マリアは苛立ちをつのらせながら言った。「郡はここの一六万平方キロ以下の区画への建物の建設を禁止しています。だから利用しようにも区画割りができないのです。ここの住民のほとんどはキューバ系アメリカ人です。誰もが自由に冬野菜を育て、マンゴーやアボカドなどの熱帯果実を収穫したいのです。農園を経営し、車で運河を渡ってホームステッドの農民市場に行くことを望んでいるのです。それにマイアミに通勤するのを望んでいる人も大勢います。わたしも正看護師の資格を持っています。わたしたちにはどうしてもこの橋が必要なんです。とにかく自由にさせてもらいたいのです」

「なんだか、わからなくなってきました。チャキカの通りで腰まで水に浸かって遊んでいる子供の写真を見たことがあります。そこをカヌーが下っている写真も見ました。ここでは一九九二年のハリケーン・アンドリュー以来、最低四回は大洪水がありましたよね？　あれは洪水でできた沼での暮らしを象徴する写真に見えましたがねえ」

ケンは壁に張ってあるフロリダ半島の地図に目をやった。ここはスタッコで仕上げた質素なマリアの家のリビングルームである。

「このリビングは土地所有者たちの計画本部なんです。いえ、戦略会議室というほうがいいかもしれませんね。この地図を見ていただければご質問にお答えしやすくなります。エヴァグレーズはかつて、北はマイアミから一六〇キロのオキーチョビー湖まで続いていました。エヴァグレーズはもともとはとても広くて浅い川で、草をかき分けてエヴァグレーズ国立公園に達し、半島の先端のフロリダ湾に注いでいたのです」

「しかし、今は違う、ということですね」

「そうです。この赤い線を見てください。これは合計二九〇〇キロメートルの運河の一部です。一面の水を集めて海へ流すために、一九四〇年代に建設が始まりました」

「まさに配管工事ですね」

「史上まれにみる野心的な計画でした。そして計画は成功しました。土地は乾き、洪水も抑えられるようになって、開発が始まったのです。今やフロリダ南部は六〇〇万人の人口を抱えています」

「それでこの線がL-31運河ですね」ケンは指さした。

「ええ、それでわたしたちはそのすぐ西側にいます。昔の一面の流れのなかです」

「それでは洪水が起こるのも無理はない」

「ところが違うのです。洪水が起こるのは政治とイデオロギーのせいであって、自然のせいではないのです。治水を担当しているフロリダ南部水管理局もわたしたちを追い出したがっています。水管理局はここの北部にある水保存地区の水位を季節に関係なく一年中高くしているようです。それで雨の時期が来ると――ここでは六月から一〇月のあいだに年間の雨の八割が降るのですけど――水位が急激に上がって、足元の穴だらけの石灰岩も水でいっぱいになり、悲惨な状態になるのです」

「で、彼らの目的は？」

「……わたしたちが〝自発的な売り手〟になること、要するに、ここに家を持つ人たちが、ここを出ていくしかなくなって、土地を安く売ることとです。そうすれば水管理局と郡は、いわゆる荒れた土地を手に入れることができる。採掘会社の〝土地改良〟にうってつけの土地を」

「フロリダ南部水管理局のスポークスマンの話と違いますね。エヴァグレーズを救うために、いわゆる〝配水改善計画〟に七〇億ドルを投資するという話でしたよ。今は洪水の管理よりもエヴァグレーズの再生と自然保護に力を入れていると。国立公園の健康と安寧のために欠かせない自然の水の流れと冠水期をチャキカが妨げているとも言っていました。この流れを取り戻すには、チャキカの住民に立ち退いてもらうしかないと」

「ニューヨーカーは根っから疑り深いものと思っていましたけど、認識を改めたほうがよさそうですね。ニューヨーカーは〝疑り深い〟のでなく、〝だまされやすい〟のだと。エヴァグレーズを完全に再生することなんてできません。結局、運河システムを利用するしかないんです。エヴァグレーズを破壊している道具を、今度はエヴァグレーズを救う道具として利用するしか。でも、救うことができるのは、残っている部分だけです。最初の壮大なエヴァグレーズはもう戻りません。最初の生態系では、ここはほかより海抜が高いせいで、一面の流れとは無関係でした。わたしたちをここから追い出したところでエヴァグレーズは何も変わりません。そんなことをしても何にもならないのです」

「ではなぜ、あなたがたは洪水防止設備の建設を要求しているのですか?」ケンはマリアの熱のこもった説明に深刻な矛盾があるのに気づいた。「チャキカはコミュニティの西側に洪水防止用の運河と堤防を陸軍工兵隊に建設してもらおうとしているのでしょう? エヴァグレーズを再生して水管理局が水保存地区から水を流すのをやめるのなら、もう洪水は起こらなくなるのでは?」

「わたしは看護師ですから、人の体にたとえて説明しましょう」マリアは注意深く応えた。「今のエヴァグレーズの生態系は瀕死の救急患者なのです。ですから、配水改善計画によって流れをもとに戻したところで、結局、延命処置が、つまり、水管理局による介入が必要になるでしょう。要するに、たくさんの運河や巨大なポンプや水門を利用して初めて自然の流れに近いものを実現できるということです。そして、水管理局が行なわなければならない介入のなかには、必要に応じて水保存地区に水を貯めたり、そこから水を流したりすることも含まれるでしょう。そのせいで結局、チャキカは水浸しになるのです。それを食い止めるために、運河と堤防が必要なのです」

「陸軍はなぜそこまで親切なのですか?」

「別に親切なわけじゃなくて、法律にしたがっているだけです」マリアは地図の脇にある机の上からファイルを取った。「これは一九八九年に議会で可決された法律です。今のことは、だいたいこんなふうに書いてあります。〝フロリダ州チャキカがエヴァグレーズ再生計画によって被害を受ける場合、当該地域内の現在開発済みの該当地に洪水保護設備を建設する権限と責任が陸軍長官に与えられる〟」

「それはおもしろい」ケンは書類に目を通して声を上げた。「なぜ彼らはすぐに動かないのです?」

「内務省が資金を出さないのです。なぜだかおわかりでしょう?」

「内務省も自家所有者から土地を買い占めるほうが得策だと思っているのですね? マイアミデード郡や採掘会社やフロリダ南部水管理局や、もしかしたらエヴァグレーズ国立公園の管理者と同様に」

マリアは微笑んだ。「〝だまされやすい〟の隣に〝察しがいい〟と書き加えておきましょう。わたしの辞書のニューヨーカーの項目にね」

「ニューヨークの行政当局を相手に仕事をしてきた経験から言わせていただければ、対立するふたつの立場の陰には、必ずもっと複雑な問題やイデオロギーや別の大勢の関係者が潜んでいるものです。ここフロリダ南部の場合もそういうことでしょう? この小さな農業コミュニティを存続させるべきか否かという単純そうな問題の陰に、それぞれの任務とイデオロギーと利害関係を抱える複数の関係者がいるのですね? ところで、最後にもうひとつ質問させてください」時計に目をやりながらケンは言った。「あした発つ前にあと何人かにインタビューしようと思っています。まだほかに関係者はいませんか?」

「いますよ、ゲームの〝競技者〟ならほかにも。水保存地区の内外にミカスキという部族の広い土地があるのです。そこは異常に水位が高いせいで大変な被害に遭っています。一九世紀に彼らが自分たちの村をつくったたくさんの島も浸水して駄目になってしまいました。彼らは水位の永久的な低下とチャキカのための陸軍の計画の承認を連邦裁判所に求めています」

「なぜ彼らがあなたがたに関心を?」

「理由は明白です。買占めが全部終わるまでに二〇年くらいかかるでしょう。でも運河と堤防の建設ならかかってもせいぜい一、二年です。当然ながらミカスキ族は今すぐ結果がほしいのです」

「おかげで有用な情報が得られました」帰り支度をしながらケンは言った。「次はグレゴリー・ワイスマンにインタビューする予定です。エヴァグレーズを救う会の会長で、エヴァグレーズ再建同盟の代表ですよ。彼をご存じでしょう?」

「もちろんです!」マリアは声を張り上げた。「この何年かで何度も顔を合わせましたよ。正確には何度も不愉快な対決をしました。環境運動の偉大な空論家は誰かと訊かれたら、真っ先にグレゴリー・ワイスマンの名前を挙げるべきでしょう」

「今回はニューヨークの役人のスクープに負けないほどおもしろそうです」ケンはマリアと握手をして車に戻った。

マリアはケンと話すことはもうないと思っていた。だが驚いたことに、その日のうちにふたたび話すことになった。ケンが電話をかけてきたのである。

「ペレスさん、今ワイスマン氏へのインタビューを終えたところです。彼から聞いたのですが、内務省がハマヒメドリを守るための〝危機生物警報〟を発令したそうです。この鳥の絶滅の危機が迫っているということでしょう。明朝、エヴァグレーズ再建同盟の緊急会議が開かれるとのことです。ワイスマンの口ぶりからすれば、チャキカが標的にされますよ。あなたも出席されるべきでは?」

「そう、ハマヒメドリですか。新たな〝競技者〟の登場ですね。ゲームはますます緊迫してきました。ハリスさん、教えてくださってありがとうございます。もちろん出席します」

マリアはビスケーン通りにある連邦政府のビルに、会議の始まる一時間前に着いた。期待どおりワイスマンも早めに到着しており、二人は空いている部屋を見つけ、個人的に話をした。

「しごく簡単な話ですよね、マリアさん」ワイスマンは言った。「問題の種がチャキカだということはあなたもわたしも知っています。われわれが配水改善計画で国立公園とフロリダへの水流を回復しようとしていると、チャキカがいつも邪魔をする。われわれの道をふさいでくるのです。だが、われわれは今やっと、探していたものを見つけることができました。希少な種《しゅ》が緊急の危機にあるという事実です。あの鳥はエヴァグレーズの財産です。だが、あなたがたは違う。もはや土地の買占めか堤防と運河の建設かで迷っている場合ではありませんね。今すぐ立ち退いていただかないと」

「なんですって」マリアは小さく叫び声を上げた。これまでのわずかな意見の一致もすべて帳消しだ。「グレゴリーさん、わたしたち二人とも、あの鳥の窮状の歴史を知っていますよね。あなたは同意なさらないでしょうけれど、あの鳥もチャキカも同じ危機にあるのですよ。どちらも水の過不足に関係しているのです」

「水の問題だということには賛成しますよ。あの鳥の主要生息地は三箇所です。チャキカの北の水保存地区の近くに二箇所、そしてチャキカの南のケープセーブルと公園の近くに一箇所です。北の二箇所では、つねに水位が高いせいで湿地が破壊され、巣作りのサイクルが乱されています。南は乾燥がひどいせいで火事が起きやすく、必要な草地が破壊されて個体数が減っています」

「だから、北の水門を開き、大量の水をチャキカを通して乾燥したケープセーブルに流しているというわけですね」マリアはグレゴリーの主張の続きを自分で言ってから、言葉を続けた。「長いこと見てきて思うのですけれど、あの鳥が激減したのは自然のせいではありません。天候や旱魃《かんばつ》や豪雨を責めてもしかたがないのです。あの鳥の窮地は神の仕業でなく、政治の力と人間の仕業です。本当は、わたしたちがこんな危機に直面するよりもずっと前に、避けることができたはずです。政府の組織同士がきちんと協力して働いて、貯水を適切に流してさえいれば」

「ごもっとも。ハマヒメドリについては、わが組織も、熱帯オーデュボン協会など他の複数の環境保護団体とともに、これまで何度も警告を発してきました。だが誰も耳を傾けませんでしたね」

「なぜ無視されたのです？」

「エヴァグレーズの生態系の本当の機能についてよく知られていないからでしょうね。まだ今回のように米国政府が対応するほどの深刻な危機ではなかったですしね」グレゴリーは語調を少しやわらげて言った。

「あなたはエヴァグレーズの生態系の機能を知っていると？」

「もちろん知りませんよ。本当の機能など誰も知りません。地元の環境科学者たちが〝激動の生態系〟と呼んでいるほどですから。あそこは水文学《すいもんがく》上、周期的な気候パターンにも洪水や旱魃《かんばつ》のような自然災害にもきわめて敏感に反応します。洪水に備えて水を脇へそらすことによって生態系を変えようとすれば、次の旱魃の影響を増大させることになる。逆に、旱魃に備えて水を貯めることによって生態系を操作すれば、次の熱帯暴風による洪水を激化させることになる。水はつねに足りないか多すぎるかなのです」

「原因はそれだけじゃありません。ほかの原因は、さまざまな団体同士の利権争いとコミュニケーション不足です。エヴァグレーズのような複雑な生態系の全体性は、責任ある団体がそれぞれ勝手な〝使命〟を果たそうとして別々の目的に向かっていたのでは絶対に回復しません。今、この混乱状態のなかで、みんなでチャキカを槍玉に挙げて、自分たちの失敗の責任をなすりつけようとしているのです。ところでフロリダ南部水管理局の人もこの会議に出席するのですか？」

「ええ、彼らも工兵隊も出席しますよ。マイアミデード郡の市政管理者もね。彼はL-31の橋問題について演説をぶちたがっています。ミカスキ族も弁護士を送り込んできます」

「で、ミカスキ族はどんな立場なのですか？」マリアは知らないふりをしてグレゴリーを挑発した。

「意外に思われるかもしれませんが、それについてはわたしもよくわからないのです。あのインディアンたちはどちらとも決めがたい立場でしょうからね。計画によって自分たちの濡れた土地がようやく乾くかもしれないと期待する一方で、計画があまり早く開始されてしまうと、あなたがたや彼らが切望する運河と堤防を工兵隊がつくることができなくなるかもしれない。ですから、チャキカと政府と自分たちとのあいだでいつまでも泥沼の法律論争が続いて、いつまでも対策がとられなくなるのをもっとも恐れているでしょうね」

「あなたはそれでいいのですか？」

「ええ、今の時点では、わたしたちの関心は鳥にしかありませんからね。あなたはわたしが絶滅危惧種にどれほど関心を寄せているかをよくご存じでしょう。その種がたとえハクトウワシのように象徴的な意味やカリスマ性があるわけでもなく、マナティーのように愛らしいわけでもなく、それが消えたところで誰も気づかないような種であったとしても。種全体の死は、種のなかの個体の死よりもはるかに深刻です。個体であれば死んでもほかの個体が種を存続させることができますからね。ハマヒメドリの消滅は種全体の死です。これは取り返しのつかないこと、決して許されないことです」グレゴリーはひと呼吸おいて言い足した。「いや失礼しました、マリアさん。長談義は会議ですればいいことでした。しかし、あなたならわたしの同情と情熱がどこに向いているかを理解してくださるでしょう」

「あなたが何に関心を持とうとわたしにはどうでもいいことです。でも、平気で人のコミュニティを犠牲にし、家も生活も取り上げようとする、あなたのその神経が信じられません。わたしだって鳥に同情はします。でもなぜハマヒメドリの権利がチャキカの人間の権利より優先されるのか、そこが理解できません。そんな正義なんて、残酷で非人間的な正義じゃないですか」

「いや、あなたたちは別に権利を失うわけではないですよ。実際、少し前に、フロリダ南部水管理局の要請で政府発行の〝退去命令を受けた人びとの権利〟というパンフレットがチャキカの全住民に送られているはずです」

「なんですって」マリアは声を上げた。いつのまにかこのセリフが口癖になっている。「あなたには人の心があるんですか、グレゴリーさん？」

「被害者意識を持つのはやめてくださいよ、マリアさん。あなたがたはエヴァグレーズの財産ではないのですから」グレゴリーはそう言い放つと、向きを変えて会議室に入っていった。

マリアが振り返ると、陸軍工兵隊のテリー・プライス大佐が会議室に向かっている。そのすぐうしろにはミカスキ族の主任弁護士の姿も見える。マリアの心は明るくなった。自分とチャキカの人びとは孤独ではない。グレゴリーに負けない情熱を持って発言しよう。本当の犠牲者は誰なのか、これから見届けよう。

——解説

この事例には現実の状況の複雑さがよく現れている。ひとつの問題に、個人、コミュニティ、複数の政府組織、絶滅危惧種が関わっており、マリアの言うそれぞれの「競技者」が、それぞれの関心や意図を——ハマヒメドリの場合には、関心や意図の代弁者を——持っている。対立するふたつの立場のあいだに起こる単純な論争であれば——たとえば、ハマヒメドリの営巣地を救うために水を放つかどうかだけが問題なのであれば——たとえ深刻なジレンマが生じるとしても、双方の主張を単純に比較評価することによって、それなりの解決策に到達することができる。しかし、現実の状況は、とくに公共政策が関わっている場合には、たいていもっと複雑である。現実の状況では多数の関係者が互いに対立した立場にあるだけでなく、それぞれが行動の結果を相殺したり悪化させたりするかたちで関わっている。たとえばミカスキ族は、溜まった水を強制的に排出することによって、部族の土地を救うことを望んでいる。陸軍工兵隊は議会の法律で定められたとおり、チャキカのための堤防と運河を建設することに関心がある。フロリダ南部水管理局は、マリアによれば、コミュニティの水位を不自然に高く保つことによって、自家所有者を強制的に「自発的な売り手」にすることを企んでいる。また、攻撃的な環境保護団体は、放水対策を早急に実施することによってハマヒメドリを一刻も早く救おうとしている。

エヴァグレーズ国立公園の管理者の考えについては想像することしかできない。配水改善計画の最大の目的は、史上最大の公共事業計画とも言われる七〇億ドルのエヴァグレーズ再生計画を履行することである。水が突然放たれていくつかの「ぬかるみ」すなわち浅い川に流れ込み、公園を抜けて半島の先端のフロリダ湾に注ぐことを、公園側が喜ぶのか嘆くのかはわからない。過剰な水は、野生動物、とくに渉禽類《しょうきん》［訳註：水の中を渡り歩いて餌を取る脚の長い鳥］にとって、水不足と同様に破壊的である。このように「競技者」たちがばらばらの目的に向かって行動しているのでは、結局、公園にはほとんどあるいはまったく利益がもたらされないかもしれない。

チャキカという小さなコミュニティは、反目しあう立場の狭間《はざま》で身動きがとれなくなっている。マリアに代表されるこのコミュニティは、同情の余地のない悪者のようにも、同情すべき犠牲者のようにも見える。一般大衆（さらに別の競技者）の意見は地方新聞の社説に現れている（ただし、マスメディアは大衆の意見を反映するだけでなく、大衆の意見を形成するものでもある）。もしもこの新聞の読者層が一般のアメリカ人を代表する人たちだとすれば、一般のアメリカ人はチャキカに対して同情的でないことになる。世論調査の結果によれば、一般大衆は環境の価値をきわめて高く評価している。実際、そうでなければ、議会は大規模で莫大な費用のかかるエヴァグレーズ再生計画を承認しなかっただろうし、マイアミデードの郡政府は公共事業や橋の建設を拒否することによってコミュニティに圧力をかけることもなかっただろう。新聞や大衆にとって、エヴァグレーズの氾濫原に家を建て、水の流れを妨げて絶滅危惧種の絶滅に加担しているチャキカは、完全に悪者である。退去を拒み続けるチャキカの態度は、公共の利益を損ねるだけの利己的な態度なのである。けれども、この地域の外からやってきた記者であるケン・ハリスは、こうした思い込みがすべて間違いであるというマリアの主張に、少なくとも耳を傾けようとする。マリアの抗議によれば、マイアミヘラルド紙であれ郡であれ、とにかくチャキカの反対勢力はすべて、それぞれの目標を達成するために、事実を歪めて伝えている。メディアの力で悪者にされたコミュニティが、公の場で公正に耳を傾けてもらうことができるだろうか？

第1章で紹介したマレイ・ブクチンのソーシャルエコロジーを思い出してほしい。ブクチンは、環境危機をもたらした罪は支配と搾取を助長する社会やイデオロギーの構造にあり、人間の自然に対する態度は、人間の互いに対する態度、とくに何らかの組織を通しての態度の延長線上にあると主張している。この事例における組織はまさにこれに当てはまる。

社会的な組織は、それが政府組織であれメディアであれ、それらに伴う官僚的な力や大衆の力を通して望む結果を実現しようとすることが多い。この事例では、郡は目的を達成するために運河に橋を建設することもできるし、建設を拒むこともできる。フロリダ南部水管理局は、やはり目的に応じて、運河システムに水を放つことも、放たないこともできる。このふたつの組織の目的はどちらも、四〇〇軒の家の建つコミュニティの土地から住民を一掃することである。このような偏った力の用い方を正当化する鍵は、その力がもたらす望ましい結果にある。表向きには、どちらの政府組織も大衆、すなわちフロリダ南部の住民に奉仕している。とはいえ明らかに、つねにすべての住民に奉仕しているわけではない。たとえば郡は、採掘会社から入る土地賃貸料で財源を潤そうとしている（採掘会社は採掘会社で、それ自身の力と目的をもつ営利組織である）。郡にとっての理想は（ただし政治が理想に近づくことはまれだが）、担当の役人（市長や郡政委員会）がこの財源をマイアミデード郡の大勢の住民に利益をもたらすような公共計画に当てることだ。この理想を叶えるためには、新しい橋の建設への出資を拒まなくてはならない。なぜなら、橋の建設は、土地を採掘会社による〝環境改良〟に用いる戦略と矛盾するからだ。このやり方はとても公正には見えないが、それでも正当化する鍵がある。それは、たいていの政府組織が採用している功利主義の姿勢――最大多数の人びとに最大の利益をもたらそうとする姿勢――である。率直に言えば、功利主義では、害をもたらす手段も、目的によっては正当化できる。しかし、害の深刻さを顧みずに功利主義を主張することは、正義への配慮をほとんど、あるいはまったく欠いていることになる。

公共機関の意図は必ずしも大衆の要求と一致していない。高度に組織化された団体を含む社会的な団体、とくに政府組織は、それ自身の主体性や生命を身につけていることが多い。組織はそれぞれの「使命」、すなわちそれを遂行する権限を委ねられた特定の役割を与えられており、その使命があるからこそ存在意義がある。そうした使命はときとして、イデオロギーのレベルにまで高められ、宗教にも似た献身や情熱をもって遂行される。社会学者のピーター・バーガーとトーマス・ルックマンは、「現実に対する特定の定義が具体的な権力的利害と結びついたとき[*1]」、イデオロギーが生まれると述べている。この事例でも複数の権力的利害が働いている。組織がそれぞれの使命を成功裏に完遂することによって、それぞれの力を強めることを望んでいるのである。

この事例の状況はブクチンの分析によく当てはまるが、ブクチンが予想しなかったと思われる重要な事情も加わっている。反目しあう組織や団体が、チャキカを除いて、ある価値を持つ「現実」に対して意見を共有している――エヴァグレーズとそこの絶滅危惧種を保護し、回復するべきだと考えている――のである。この立場はグレゴリー・ワイスマンにもっともよく現れている。ここでは環境保護がイデオロギーとなり、ゲームの参加者全員が守るべきルールとなっている。それ以外の利益は、組織にとってはじつは環境保護以上に重要な利益であっても、共通のイデオロギーの枠内で求められなければならない。たとえば、郡と採掘会社は特定の重要な利益（財源確保）を求めているが、どちらの組織もその利益を得るための行動を、環境保護のための行動と合致させなくてはならない。ところが、チャキカの自家所有者たちだけは、退去を拒み、エヴァグレーズの端にあるコミュニティを守ろうとすることによって、このイデオロギーに逆らっているかに見える。これがおそらく、彼らだけが悪者にされる最大の原因だろう。

このように政治と環境保護を結びつける考え方は、現代ならではの考え方である。この事例における問題も、ひとつには、一般大衆の価値観の変化とともに各組織の使命が大きく変わったことに原因がある。一九六〇年代以前には、自然はそこから必要なものを取り出し、管理するための資源だと考えられていた。「保全」という言葉もたいてい、自然をそのように扱うために用いられていた。二〇世紀初頭のセオドア・ルーズヴェルト政権時代に米国農務省林野部を設立したギフォード・ピンショーの考え方によれば、木材などの資源の保全は重要ではあるが、それを行なうのは自然保護のためではなく、未来の世代に資源を残すためだった。経済成長はこのテーマとよく符合する。エヴァグレーズの大規模な運河システムにしても、最初の目的は「経済成長のためのエンジン」を築くことだった。運河システムによって自然の水の流れを制御し、水を豊かな資源として保存することができるからである。フロリダ南部水管理局と陸軍工兵隊の使命はこうした国家のイデオロギーを反映している。というより、そもそもこれらの組織がつくられた目的が、そうした使命を遂行することだったのである。

アメリカ人の優先事項が自然を搾取することから自然を楽しむことへ、さらには自然を保護することへと変わるにつれ、こうした組織の使命も変わっていった。フロリダ南部水管理局の使命は、当初は洪水制御と給水だったが、やがてエヴァグレーズの生態系にとくに注目した環境の再生と資源管理になった。工兵隊の使命も、水路を開いて川の流れを変えることから、もとの蛇行する河床を取り戻し、長年失われていた湿地を再生させることに変わった。こうした計画は、たとえば、フロリダ州中央部のキシミー川流域などで大きな成功を収めた。

皮肉なのは——チャキカの自家所有者にとっては皮肉というより悲劇だが——チャキカというコミュニティは、「排水と建設」が発展を意味した時代には成功組だったという事実である。しかし、エヴァグレーズの再生という新計画のもとでは、チャキカは乾いた公園を潤す水の流れを邪魔する「パリア」になった。

チャキカとは無関係のところにも深刻な問題がある。それが解決されないうちは生態系の再生の成功はありえない。エヴァグレーズの原初の生態系の半分以上は、農業・都市・宅地開発のせいで失われており、残った部分のほとんどは、ある環境科学者の言葉を借りれば、「バルカン半島化」されている。[*2] 要するに、ひと続きだった地域が、それぞれ別の政府組織に管轄される細かな区画に分割されているのである。そして、そうした組織同士が共通の目標に向かって協力するどころか、有効なコミュニケーションをとってさえいない。かつては高度な全体性を備えていた生態系が解体してしまったのも、それらを管理するためにつくられた組織が互いに協力していないからだ。

さらに、こうした組織は、公的な組織にありがちな特徴として、きわめて中央集権的である。つまり、物事を規制したり操作したりすることが習慣になっているエリートたちに管理された組織なのである。こうした組織は力を一方通行的に発揮し、危機に直面するまでその態度を変えることはない。このままではエヴァグレーズの生態系の全体性を取り戻すことはできないし、チャキカの明るい未来もない。この大規模な計画を成功させるためには、生態系の力に敏感に気づかなくてはならない。そして、生態系の管理や「修理」をするだけでなく、生態系に適応し、生態系とともに進化する意志を持たなくてはならない。

古代中国の哲学である道教[*3]は、力が一方向にしか働きにくい中央集権的なアプローチや機械的支配を促す科学の知識に疑問を投げかける。これらは道教で言われる「陽」の強引なエネルギーに相当する。道教では、「陽」は「陰」すなわち忍耐や柔軟性や感受性によってバランスをとられなければならない。道教の師であれば、このふたつの基本的な姿勢が、個々の状況が求めるバランスで存在しなければ成功はありえないと言うだろう。チャキカとエヴァグレーズの再生の例で言えば、「陽」に傾きすぎた現代の科学技術の破壊的な傾向を正すために、「陰」のエネルギーを加えなければならない。

「陰」のアプローチを適用することは、エヴァグレーズのように膨大な量の水の有無が中心的特徴である生態系にとってはとりわけ重要である。洪水、旱魃、暴風などの危機的状況は、人間の決まった反応を引き出す。しかし歴史を振り返れば、人間の反応は次に起こる危機の予測できない影響を強めていることが多い。極端に変わってしまった生態系のなかで生きている私たちは、自然がもたらす変化と人間がもたらす変化のいずれをも考慮しなければならない。自然の問題はすでに、多分に政治の問題なのである。

エヴァグレーズは手つかずの自然でもなければ、人工の配管システムでもない。人間と自然との進化しつつある動的な関係を巻き込んだきわめて複雑なシステムなのである。チャキカの窮状は、自らが引き起こした破壊を、さらなる破壊を残すことなく修復するための、きわめて不完全な人間の苦闘をよく表わしている。

――ディスカッションのために

1. この事例で「競技者」とは誰か？　利害関係や（経済上、政治上、環境上その他の）目的の重要度にしたがって、競技者たちをランクづけしてみよう。また、なぜそうしたランクづけになるのか説明してみよう。

2. 環境倫理学では、政府組織の重要な役割とその政策が考慮されないことが多い。この事例における各組織の政策や「使命」を書き出してみよう。それらの使命は単に政治的なものだろうか、それとも、陰にある環境哲学を強化するものなのだろうか?

3. エヴァグレーズを表現するために「沼地」「川」「患者」などの比喩が使われている。こうした比喩はそれぞれ、この生態系に対するどのような姿勢や行動を促進するだろうか?

4. エヴァグレーズ再生計画は、議会が投資した膨大な予算のおかげで、史上まれなほど大規模なものになっている。この章の環境と倫理の問題を、第7章で扱う問題や、第10章で扱う、これよりずっと小規模なプロジェクトで発生する問題と比較してみよう(まず重要な共通点と相違点を書き出してみよう)。

第3章 健全な生態系か、人間の利益か？——POP廃絶条約

「これは重大な責任です。ぜひみなさんの力を貸してください」メディオス・ヌエボスの幹部職員たちの顔を見回しながら、ディエゴ・サンドバルは厳粛に言った。

メディオス・ヌエボスは、ディエゴが勤務する非政府組織（NGO）である。ディエゴは最近、第五回政府間協議委員会（INC5）にペルー人代表として出席する役を任命された。INC5は、残留有機化学物質（POP）を廃絶する国際条約のための交渉会議であり、二〇〇〇年一一月に南アフリカで開催される予定である。

ディエゴはメディオス・ヌエボスの環境部の代表である。この部は、地域の環境調査や環境保護活動のために国際的な資金援助を受けて、過去五年間に四倍の規模に成長した。最近では、リマ北部でふたつのプロジェクトを実施している。ひとつは、地元の農民とその家族に対する農薬教育、もうひとつは、地元の下水をリサイクルし、公園や（食用でない作物の）耕作地の灌漑用水にする設備の開

発である。これらのプロジェクトが政府の役人の目に留まったことが、今回の任命のきっかけになったのだろうというのが職員たちの意見だった。

ディエゴは今、この会議に向けて組織としての統一見解を準備するために、各部から幹部職員に集まってもらっている。

「ＰＯＰに関する情報の多くは先進国の立場に立ったものであり、ここペルーの状況を反映していません。発展途上国からの代表者の多くは、わたしと同様にＮＧＯからの参加です。わたしはそうした人たちとネットワークをつくり、情報を交換したいと思っています。そこでみなさんに、できるだけ包括的なデータを収集するのを手伝っていただきたいのです。ＰＯＰに関連する問題は、公衆衛生、乳幼児や学童の福祉、人権、農業、労働権その他さまざまなことに影響しており、各部のみなさんの仕事に関わっています。どの部もそれぞれのプロジェクトや締切を抱えて忙しいことと思いますが、お集まりいただき、ありがとうございます。きょうは現時点での情報を交換し、五週間後にもう一度集まっていただいて、この交渉会議に関連する各部の調査結果を発表していただければと思います。よろしいでしょうか？」 全員が無言でうなずいたので、ディエゴは話を続けた。

「マリア・アンパロさんがすでに、交渉会議の状況についての情報を集めてくださっています。ではマリアさん、お願いします」

マリア・アンパロはメモを見ながら説明を始めた。「前回の会議では、本条約が緊急に対処すべき残留有機化学物質、すなわち〝汚染一二物質（dirty dozen）〟について合意に達しました。この汚染一二物質とは、アルドリン、クロルデーン、ＤＤＴ、ディルドリン、エンドリン、ヘプタクロル、マイレックス、トキサフェンという八種類の農薬と、ヘキサクロロベンゼン（HCB）、ポリ塩化ビフェニル（PCB）という二種類の工業用化学薬品と、ダイオキシンとフランという二種類の意図しない副産物です。このすべてがペルーで使用されているか、製造過程で発生しているかのどちらかです。二〇〇〇年三月にボンで開かれた前回の会議で決定にいたらなかったのは、これらすべての化学物質について、製造を中止し、備蓄分を破壊し、汚染された場所を浄化するべきかという問題、新たな汚染物質を汚染一二物質に加えるさい、予防原則をどの程度用いるべきかという問題、禁止制度の個別的および一般的な例外についての問題、発展途上国の移行期間に必要な資金をどう援助するかという問題、この条約と世界貿易機関（WTO）との関連についての問題です」

「前回の会議では、ペルーはどのような立場をとったのでしょう？」ディエゴはマリアに質問した。

「資金援助の件については、ほかの発展途上国七六カ国とともに、先進国に対して、発展途上国の移行期間に必要な費用に当てる特別資金の援助を求めました。カナダは一〇〇〇万ドルの寄付を申し出ましたが、米国と欧州連合（EU）が申し出た額はほんのわずかで、それぞれ一〇〇万ドル足らずです。おそらく鉱山会社のことがあるので、ペルーは新たな化学物質の禁止を先進国に全面的に任せることを望んでいません。六月二日にチョラパンパのヤナコチャ金鉱で大量の水銀が漏出する事故があってから、明らかに鉱山産業の懸念は大きくなっています。あの金鉱の一部を所有している世界銀行グループの国際金融公社の不安も大きいようです。一四キロもの水銀が漏出してすでに六〇名の被害者が出ているのですから。このほかの件、つまり禁止制度をどこまで厳密にするかといった件や禁止制度の例外の件、WTOとの接点の件についてはまだ情報がありません」

「そうですか、鉱山会社のことは確かにそうでしょうね。鉱業組合も会社を守ろうとするでしょう。化学物質に関する新規制のせいで稼動しても利益が上がらなくなれば、鉱山は閉鎖されるでしょう。そのときはどうなるか、みなさん想像できますか？　現在、国の全労働力のうち常勤雇用は半分以下で、その大部分を鉱山業が占めているのですよ！」ディエゴは言った。

公衆衛生・栄養部の代表であるホセが質問した。「マラリア対策のためのＤＤＴの使用は、禁止制度の例外として考慮されているのでしょうか？」

「はい」マリアは答えた。「次の会議の開催国である南アフリカは、一九七四年にＤＤＴの使用を禁止しましたが、昨年マラリアによる死亡者数が一〇〇パーセント増加し、その対処のために最近、使用を再開しました。ＤＤＴの使用を再開した最大の理由は、マラリアの媒体となる蚊が、それまで使用していたほかの殺虫剤に耐性を持つようになったことです。ＤＤＴの使用は公衆衛生上の目的に限って許されており、農業での使用は今も禁止されています。マラリアが増加している発展途上国は南アフリカだけではありません。毎年百万人以上がマラリアで死亡しており、五歳未満の子供は毎時間三〇〇人から五〇〇人亡くなっています。しかもこの数は増え続けています。理由はおもに公衆衛生予算の不足と蚊の耐性の増加です。ＤＤＴをマラリア対策に使用しているほかの発展途上国は中国、インド、メキシコなどです」

「なるほど。しかしメキシコについては注意して調べたほうがいいですね。メキシコはＤＤＴの主要製造国ですから、使い続けることで経済的利益が得られるわけです。それにメキシコ製のＤＤＴの少なくとも一部はもう効果がないことがわかっているんです。メキシコの蚊もすでに耐性がありますからね」ホセは言った。

「わたしたちが行なった農薬教育の最初の報告書を読んでいただけたかと思いますが」ディエゴは言った。「このプロジェクトは昨年一〇月に起きたタウカマルカでの死亡事故[*1]を受けて始まりました。目的は、ペルーの農家における農薬の危険性の一般的な認知度を評価し、より安全な農薬の使い方を指導することです。結果として問題の深刻さが明らかになりました。文字がほとんどあるいはまったく読めない農民が、危険な化学物質の購入量と使用量を増やし続けているのです。彼らは何の指導も受けず、使用法や注意書きを読むこともできないまま、それらを使用しています。また、たとえ使用法や注意書きを読むことができたとしても、彼らにはその指示を守ることができないのです。農民の多くは、ここ北部のトウモロコシ生産者もそうですが、使用できる水の量が限られています。トラックで運ばれてくる水をリットル単位で買わなければならないのです。ですから、農薬散布後に手を洗うこともできません。それどころか、飲用や調理用に購入した水を農薬の空き容器に入れている人が大勢いるのです！　着替えもせいぜい一組あるかないかなので、ほとんどの人は農薬を散布したときのままの衣服で寝ています。また、農薬散布は力仕事ではないので、妊婦や子供がよくこの仕事を任されています。しかし妊婦と子供は、少なくともこれまでの医学的な調査によれば、もっとも健康被害を受けやすい人たちなのです。女性は農薬を散布してからそのまま食事の支度をすることも多いようです。

この教育プロジェクトは全面的な成功にはいたりませんでした。農薬を食品や飲料水や家畜とできるだけ引き離して保存することや、農薬ができるだけ皮膚や食品に直接触れないようにすること、妊婦や乳幼児を農薬から遠ざけることについては、農民たちに納得してもらえました。しかし、保護用の手袋やマスク、専用の衣類といったものを買い揃えることは、農民たちには無理な相談なのです」

農業部の代表、ファン・フランシスコが話に加わった。農業部は、ディエゴの環境部の農薬教育プロジェクトに協力している。

「そうそう、ここ何年か、山地でのＩＰＭプロジェクトがかなりうまくいっていますよ。クスコ大学が農民たちにこの土地の先住民の伝統的な害虫駆除の手法を指導しているのです。実験用の畑で農薬使用をＩＰＭに切り替えたところ、二年後には害虫による作物被害が一二パーセントも減少していま す。ひとりの農民がやって成功すると、隣の農民もやってみようとするので、着々と広がっているのです」

「ＩＰＭって何ですか？　農業のことはよく知らないのでね」ホセが訊いた。

「統合的病虫害管理（Integrated Pest Manegement）のことで、複数の手法の組み合わせです」ファンは答えた。「基本は多品種栽培と輪作ですが、これに、ほかのさまざまな手法のなかから、ひとつ以上を組み合わせるのです。特定の害虫に対して忌避効果のある草木で畑を区切ったり、時と場合によっては、罠や性フェロモンを使ったり、自家製のバクロウイルスを使ったりします。バクロウイルスというのは、傷んだジャガイモからとった幼虫をすりつぶし、タルカムパウダーと混ぜてつくるもので、これを畑の隅に撒くのです。この手法は一九九八年に発生した農薬に耐性のある虫の駆除に過去三年で農薬を上回る効果を上げています。作物の損傷率は、農薬使用時には四四パーセントでしたが、ＩＰＭに切り替えてから八・五パーセントに減少しました。もちろん今はまだ試験段階です。今はＩＰＭを採用した畑にも隣の畑の農薬が効いているだけで、誰も彼もがＩＰＭに切り替えたらうまくいかないだろうという批判的な見方もあります。ただ、今のところ、ＩＰＭの採用者のほうが収穫量を上げているというのは興味深い事実だと思いますね」

「農薬の危険というのは、実際はどれほどのものなのでしょうね。収穫量を維持するのに農薬がどれほど重要かということについても、もっとよく知りたいですね」人権部の代表、ザビエルが言った。この部は一般向けのリーダーシップ訓練と人権教育に取り組んでいる。「というのも、農民たちには、農薬が危険だと言われたところで、自分たちの食べる分を減らしたり、市場に出す分を減らしたりする余裕はないのでは？　と思うんですよ」

「ではこうした分野について各部が調査し、それぞれ調査結果を配布したうえで、五週間後にもう一度集まっていただき、ＩＮＣ５でペルーがとるべき立場について意見を聞かせていただくということでよろしいでしょうか？」ディエゴが尋ねると、各部の代表たちはいっせいにうなずいた。「わたしはそれまでに大臣と連絡をとり、代表者同士での事前の接触を支持してもらえるかどうか確認しておきます。また、中南米のほかの国の代表者と連絡がとれるように、インターネットのＮＧＯのサイトで彼らの名前を調べておきます。きょうはご協力ありがとうございました」。

＊　＊　＊

五週間後、会議は始まって三〇分ほどですっかり白熱し、意見の違う相手を声高に攻撃する場面も出てきた。そこでディエゴは立ち上がり、場を鎮めた。

「ではここで、これまでにお聞きしたふたつの立場を公平にまとめてみたいと思います。マリア・アンパロさん、ファン・フランシスコさん、ザビエルさんの三人は、ペルーは〝汚染一二物質〟を今すぐ全面的に禁止することにも、〝汚染物質〟リストへの新たな化学物質の追加を可能にするいかなる基準を設けることにも、反対するべきだという意見です。この三人の主張は次の五点です——一、こうした化学物質の使用は段階的に減らしていくべきである。二、段階的な変化に必要な資金の援助を先進国に求めるべきである。三、国内での農薬の販売を規制し、販売時には必ず安全な使用法が書かれたスペイン語の説明書をつけるべきである。四、大農場においては安全な農薬使用法を周知徹底させることによって、労働者の健康を守るべきである。五、ペルー中の農民に対し、大規模な農薬教育を早急に始めるべきである——。三人は、指定された化学物質は段階的に廃止していくべきであり、公衆衛生を促すためや農家を危機から救うために必要であれば、これらの化学物質を一種類以上使用する権利を残しておくべきである、と考えています。マリア・アンパロさんはさらに、これらの農薬は、先進国で使われていたときには、今ここでほど有害ではなかったのだから、ここペルーでも過剰な使用を禁止し、扱う技術を向上させれば、被害を削減できるはずだと指摘しています。

三人はこうした意見に対し、次のような説得力ある理由も述べています——まず、この禁止制度を押し進めようとしている先進国は、これらの化学物質の自国での使用を何年も前に中止している。先進国はこれらの古い多用途の有機リン系の薬品をすでに使っておらず、現在はもっと急性毒性の低い除草剤を使っている。豊かな国が世界的に廃止しようとしている古い多用途の薬品は、たいていどれも特許権が切れているので、地元で安価に製造することができる。一方、発展途上国が今後〝汚染一二物質〟の代わりに押しつけられようとしている新しい農薬は、まだ先進国に特許権があるため、〝汚染物質〟よりはるかに高額である。ほかの技術の場合と同様に、先進国は〝汚染物質〟を開発し、それを世界中に売ることで豊かになっておきながら、今度は自分たちが生み出した毒の一掃にかかる負担をすべて発展途上国に押しつけようとする。そのうえ、古い毒の使用をいつ中止し、その代わりにどの新しい毒を買うべきかまで指示しようとしている——。

段階的廃止を支持する三人はさらに、ペルーには輸入禁止令や製造禁止令を効果的に施行する力はないことを指摘しています——今すぐ禁止令を出せば、こうした化学物質の闇市場が拡大するだけである。また、ペルーには新しい薬品の毒性や環境への害を試験する力もない。段階的に使用を減らしていくことによって、わたしたちはこうした農薬から直接、IPMのような自然の手法に切り替えることができる——。こういうことですね」

マリア・アンパロ、ザビエル、フアン・フランシスコはいっせいにうなずいて、ディエゴの説明に承認を示した。

「一方、ロサリアさん、ホセさん、ハイメさんの三人は、ペルーは〝汚染一二物質〟の早急の禁止を支持するべきだという立場です。国が段階的に動くことは難しく出費も大きい。そのため、禁止令は一度に出すべきであって、まず危険な農薬のより安全な扱い方を広め、次に害虫駆除の代替手段に移行する、という方法はとるべきでない、という考え方ですね。こちらの三人は、こうした農薬の使用中止を、迅速にIPMの手法に移行させるための絶好の機会ととらえるべきだと考えています」

「IPMの利点は、安全で、POPがもたらすような健康被害とは無縁であるということだけではありません」ロサリアが発言した。「IPMには、ペルーの先住民やその文化の地位と評価を向上させるというすばらしい可能性があります。先住民たちは何百年も差別されてきました。宗教と文化を迫害され、侮辱されてきたのです。でも、わたしたちが先住民の祖先から受け継いだ山腹の台地は今もペルーの農業の基盤です。しかも、IPMの基本である多品種栽培と輪作は、その台地で行なわれていた先住民の伝統的な農業そのものです。現代の科学的農業を象徴してきた農薬と単一栽培が、じつは先住民の伝統的な農業よりも有害で生産性も低かったんですよ。この事実を国の農事顧問が国民に伝えたら、先住民のコミュニティにどのような影響があると思いますか！　その影響は、先住民の村の指導者たちやクランデロやクランデラと呼ばれる自然療法師たちの地位、そして、民族衣装や民族舞踊などの文化の保存にまで及ぶでしょう。国家プロジェクトにおいては先住民のことも考慮されるべき、というのであれば、これはとても重要なことですよね？」

ホセはうなずいて言った。「わたしたちのネットワークのメンバーであるブラジルの研究者が送ってくれた資料には、漁業で有機リン系殺虫剤の使用を中止すれば、すばらしい効果が期待できると書いてありました。魚は鳥よりもさらに残留農薬の影響を受けやすいのです。多くの証拠によれば、淡水や海水に含まれる農薬の量が極端に増加したことも、世界中の魚が減ったことの大きな原因のひとつと言えます。事実、過去二〇年のあいだに農薬の使用が増えたせいで、ペルーからイワナが消え、沿岸漁業はますます不況に陥っています。農薬の蓄積した魚は免疫系が弱まるため、さまざまな脅威にさらされやすくなることもわかっています。北極から冷たい水を運んでくるここのフンボルト海流は、農薬が混ざりやすく、したがって、この海流にいる魚は、もっと暖かい海流にいる魚よりも農薬を多く含んでいます。ペルー人の多くは沿岸都市に住んでいます。彼らの食生活の中心は、魚不足で漁業が衰退するまでは、今や農薬漬けとなった魚が中心でした。ペルーで農薬の使用をやめれば、イワナは戻ってくるでしょう。しかし、世界がいっせいに行動を起こせば、海洋全体の魚が復活するはずです」

「ファン・サンフランシスコさん」ロサリアは言った。「あなたが先進国に憤慨する気持ちはよくわかります。先進国はいつも自分たちの利益しか考えていませんからね。先進国はPOPを開発して大儲けし、やがてPOPは危険だからといって自分たちの国では使用をやめ、それでもまだ貧しい国には売り続けてきました。そして、二〇年も売り続けたあげく、今度は新しい別の商品を売ってさらに儲けようとしています。なのに、これが全部貧しい国の福祉のためだなんて、よく言えたものですよね！　ただ、そうは言っても、こうした農薬で健康を犠牲にしている人たちは、ここペルーにいるのです。人間の福祉と人間以外の種《しゅ》の福祉をどう秤にかけるべきか、というような話であれば、悠長に話し合ってもいられるでしょう。でも、人間の健康の危機については、誰もが真剣に考えないわけにはいかないでしょう？　死や失明や神経系障害の直接の原因となるような農薬中毒については、農薬の安全な使い方を指導することで大幅に減らすことができるでしょう。でも、わたしたちが考えなくてはならないのは、直接大量の農薬を浴びる労働者たちのことだけではありません。少量の農薬に慢性的にさらされ続けている国民全員のことを考えなくてはいけないのです。チリの果樹園労働者の家に生まれた新生児に関する調査の結果を見ましたか？　重症の先天的欠損症の発症率が国全体での発症率の二倍近くになっていました。国全体のデータには、高いリスクを負っているほかの農業人口も含まれているのにです！　エクアドルの一九九四年の調査では、果樹園で働く子供の血中有機リン濃度が極端に高いことがわかりました。また、ここペルーの一九九六年の調査では、農薬使用量の多い低地地方三箇所に住む男性と女性と子供の血中農薬濃度が、生活の質を深刻に損なうほどに高いことがわかりました。つまり、八〇パーセントの人に、慢性的に農薬を吸収していることを示す症状が現れ、七二パーセントの人に、毒素の影響で記憶力低下、うつ、不安、言語障害などの神経系の障害が現れているというのです。このペルーの調査では、母乳のサンプルの七五パーセントと牛乳のサンプルの九五パーセントから、人間の耐性を超える濃度の有毒化学物質が検出されてもいます。また、北側諸国からの資料には、農薬によって動物と人間の内分泌系や免疫系が侵されるという情報があふれています！　ペルーではまだ厳密な対照研究はされていません。でもペルーの研究でも、何らかの欠陥のある新生児の二・七パーセントは農薬使用の多い低地の農家で生まれていることがわかっているのです。ペルー人の大多数は栄養不良や結核、寄生虫、赤痢、マラリアのリスクにさらされています。ということは、免疫系が強くなければ誰も生きていけないということじゃないですか！　ファンさん、あなたは、ペルーの国民の福祉より、先進国の支配に抵抗することのほうが大事なのですか？」

ファン・フランシスコは少し考えてから応えた。

「抵抗は生き残る条件だと思いますよ。後悔しかねない決定に自分たちを縛りつけないことが重要なのです。地球温暖化の影響でマラリアの問題はイキトスのジャングルを出てアンデスの裾野に広がるかもしれないのですからね。確かに、農業での化学物質の使用、つまり定期的な農薬散布はやめたほうがいいのかもしれません。しかしロサリアさん、あなたは本気でＤＤＴなどの化学物質の使用を全面廃止するべきだと考えているのですか？　そんなことをしたら、どんな問題が起こるかわかりませんよ。ＤＤＴは安価なうえ、地元で製造できます。しかも人間への急性の毒性は比較的少ないのです。ですから、より安全な方向に移行しているあいだは、ＤＤＴを自由に使う選択肢を残しておくべきでしょう。ジャングルの公衆衛生担当者のなかには、ＤＤＴを民家の壁に散布し続けることを望んでいる人たちもいます。住民は、マラリア予防に蚊帳《かや》を使う方法を教えられても、なかなか使おうとはしませんからね。蚊帳は高価すぎるので、たいていの家は家族一人ひとりに買うほどの余裕がないのです。かといって、ひとつの蚊帳のなかに何人も寝ようとすると暑くてたまりません。今すぐマラリアで死ぬのと、ＤＤＴ散布の影響が遠い将来出るかもしれないのと、どちらがましだと言うのです？

それに、代替となる新しい農薬の安全性もまだわかっていません。米環境保護庁（ＥＰＡ）予防農薬有毒物質局の副長官、リン・ゴールドマンによる一九九九年一〇月のスピーチをネットで見つけました。それはロサリアさん、あなたにもメールで送りました。そのなかでゴールドマンがこんなことを言っているのに気づかれましたか？　ＥＰＡの調べによれば、米国が一年に一〇〇万ポンド（四五四トン）以上の量を輸入または製造している三〇〇〇種類の化学物質のうち、四三パーセントには健康や環境に与える影響についての試験データが何もなく、基本的なデータの揃っているものはわずか七パーセントだと言っているのですよ。米国は食品に触れる農薬については健康と環境への影響を試験することを求めていますが、それではすべての農薬はカバーできません。ですから、汚染一二物質がほかの化学物質より本当に危険なのかどうかはまったくわからないのです」

マリア・アンパロが話に飛びついてきた。
「みんなに教えてあげればいいんですよ。鉱山労働者にも、その家族にも、そして農家の人たちにも。こうした化学物質が流産の原因になることや、奇形のある子供が生まれるリスクを高めることや、労働者の健康を脅かすことを。とにかく研究者たちが疑っていることをすべて、彼らに教えてあげればいいんです。それでも、危険な化学物質を使い続けることと、失業や、ジャガイモやトウモロコシの収穫量が減ることとのあいだで選択を迫られれば、彼らは危険とわかっていても化学物質のほうを選ぶでしょう。だって彼らにとって飢えは、もっと深刻で、差し迫った危機なんですから」

ここでディエゴは立ち上がった。「このままですと予定の時間を過ぎてしまいそうです。おかげですべての問題がはっきりしてきました。このへんで、どちらかの立場を選択するか、あるいは、妥協案を見つけるかの方向に話を進めたいと思います。残り三〇分で統一見解をまとめましょう。まずは、妥協の可能性について話し合うということでよろしいですか？　よろしければ挙手をお願いします」

——解　説

POP条約をめぐる問題について理解しているつもりの先進諸国の人びとが、発展途上国のNGOでのこうした話し合いの内容を知れば、驚き戸惑うにちがいない。発展途上国の人びとは、問題をまったく別の視点で見ているようだ。先進国に暮らす人びとから見れば、POP条約の是非など話し合うまでもないように思える。というのも、POP条約で廃止しようとしているのは、人間にとってだけでなく、ほぼすべての動物にとって——魚も鳥も、それらを食べる動物も含む、食物連鎖のどこにいる動物にとっても——危険な化学物質である。そんな化学物質の廃絶に反対することなど、先進国の人間にとっては考えられないのだ。アメリカ人の多くは、何十年も前に国内でDDTの使用が禁止されたとき、こうした化学物質のほとんどは、すでに世界中で禁止されているものと思っていた。そして、POP条約がメディアで取り上げられるようになって初めて、発展途上国ではいまだにこれらが販売され、使用されているという事実を知ったのである。

POP条約が議論の余地のないものだという思い込みが広がっているのは、化学薬品会社の影響による。化学薬品会社は、将来ほかの化学物質が使用禁止になったときに想定されるどのような状況のもとでも自社の利益は保証されることを求めたうえで、汚染一二物質の使用禁止を支持している。しかし、すべての化学薬品会社が汚染一二物質の禁止を支持しているわけではない。使用禁止を支持するのはもっぱら、先進国に本社のある、巨大で多国籍の化学薬品会社か、禁止された物質に取って代わる次世代の化学薬品や除草剤の販売権を得る予定の化学薬品会社である。汚染一二物質を製造している会社はたいていこの禁止を支持していない。多国籍企業の特許権が切れたときからPOPを製造し続けている発展途上国の中小の化学薬品会社は、POPが世界的に禁止されれば、廃業するか、闇市場で販売を続けるかしかなくなるだろう。

化学薬品会社の立場が先進国と発展途上国とでは違うように、農民の立場もそれぞれで違っている。アメリカの農民たちはたいていPOP条約に反対していない。この条約によって禁止される化学物質のほとんどがアメリカではすでに禁止されており、もう何十年も前から入手できないからだ。しかし、発展途上国の農民はＰＯＰの禁止によって、入手できるもっとも安価な――というより、多くの場合、入手できる唯一の――農薬を失うことになる。公衆衛生の問題も先進国と発展途上国とではまったく違う。アメリカは汚染一二物質のどれに対しても何ら執着がないが、発展途上国はＤＤＴを禁止されれば、マラリアによる死亡率が跳ね上がる可能性がある。マラリアのなかには、人間や環境の健康にとって安全だからという理由で選ばれる、新しく高価な化学薬品には耐性のある種もあるからだ。発展途上国のなかには、ＤＤＴをマラリア対策のために今すぐ使いたい国もあれば、将来のマラリア対策のために使う可能性を残しておきたい国もある。

発展途上国にとって、ＤＤＴの価格の安さは、これを使いたい理由のひとつではあるが、もっとも重要な理由ではない。ＤＤＴをマラリア対策に使う権利を残しておきたい最大の理由は、ＤＤＴがこの数十年多くの国で使われていなかったために、マラリアの媒体となる蚊がＤＤＴに対する耐性をなくしていることだ。どんな薬品でも、最初に使ったときには、感染した蚊の大部分が死ぬ。しかし、薬品を散布した場所の隅などにいた少数の蚊が生き残り、回復し、繁殖して、その薬品に対する耐性を子孫に残す。しかも、そのように生き残る個体数は散布のたびに増していくので、散布の頻度を増やさないかぎり、同じ効果を得ることができなくなる。こうして、やがて、蚊の個体数の大部分が特定の薬品に対して耐性を持つようになる。したがって、公衆衛生担当者は農民と同様に効果的な薬品の使用を望んでいるが、長期的には、標的である有害生物が耐性を持たない薬品を一種類以上揃えることをめざさなければならない。

◎POPの安さ

発展途上国では、POP条約によって禁止されようとしている農薬が、その代替品よりもはるかに安いという事情のせいで、そうした農薬の深刻な問題に対する認識が歪められてしまっている。発展途上国では、高価な代替品はほとんど、あるいはまったく使われないかもしれない。農薬が使われなければ、作物収穫量が大幅に減る可能性がある。そうなれば、農民たちが食べるための食料も、売るための食料も減ることになる。POP条約によってさほど深刻な影響を受けない先進国と違い、発展途上国では、飢餓に対する恐怖が環境に対する配慮を容易に上回ってしまう。しかしじつのところ、発展途上国でPOPを使用することによる（人間、とくに農民へのダメージを含む）環境へのダメージは、先進国でPOPが広く使用されていた時代に環境が受けたダメージよりもはるかに大きいのである。

先進国の農民は、こうした化学物質を使っていた時代に深刻な水不足に見舞われたことはなかった。だが、ペルーなどの現在の発展途上国では、化学物質を散布したあとに体や衣服を洗うことができないほど水が不足していることがある。また、先進国の農民は今の発展途上国の農民よりは識字率が高かったし、欧米では、発展途上国の場合と違い、農薬などの化学物質の取扱説明書が外国語で書かれていて理解できないということはめったになかった。ペルーで売られているDDTのうち、メキシコ製のものとその他の国から輸入されたものとでは、科学者によれば、後者のほうがはるかに安全性が高いうえ、後者のほうが極端に価格が高いということもない。にもかかわらず、農民たちの多くはメキシコ製のDDTを選ぶ。なぜなら、メキシコ製のDDTにはスペイン語のごく簡単な取扱説明書がついているからだ。一方、アメリカからの輸入品についてくる説明書は、英語で書かれているというだけでなく、英語圏の人でも容易に理解できないような専門用語が使われている。

メディオス・ヌエボスの職員にとって、そしておそらく彼らと同じペルー人の多くにとって、何よりも優先すべきなのは、国民の福祉、つまり国民が無事に生きていくことである。この国民とは、とくに貧しい人びとのことであり、そこには、POP条約の影響をもろに受けてしまういくつかのグループが含まれている。メディオス・ヌエボスの職員たちは、もっとも影響を受けやすい人たちとして、先住民を含む小作農たち、つまり標準以下の経済水準で暮らしているインディオたちに注目している。職員たちのこうした考え方は、人間中心主義であるだけでなく、「解放の神学」と呼ばれる宗教運動の典型である。解放の神学［訳註：一九六〇年代に中南米で起こったカトリック神学の運動。教会には民衆を貧困や搾取から解放する責任がある、という立場をとる］によれば、キリスト教徒とユダヤ教徒の神は、貧しい者はその苦しみゆえに特権があるとし、人間に貧しい者を優先させる選択を要求している。中南米の国々の貧しい人びとの多くを占める先住民は、精神性が自然に深く根ざしており、彼らの福祉は生態系の福祉と強く結びついている。そのため、環境保護思想は解放の神学と相容れないものではない。とはいえ、環境の神学における環境への配慮は、人間への配慮の副次的なものにすぎない。解放の神学者にとっては、あまりにも多くの人びとが肉体的にも精神的にも追い詰められているときに、人間の要求よりほかの種《しゅ》の要求が優先されるなど、考えられないことなのだ。

とはいえ、アメリカとペルーの考え方の基本的な違いを、生命中心主義と人間中心主義の違い、と安易に言い切ることはできない。人は豊かになると、些細な犠牲も受け入れることができなくなる。

舞台がアメリカからペルーへと移れば、POPがもたらしうる影響は、劇的に増大する。もしも発展途上国がPOP条約を支持し、それが制定されれば、ほとんどの小作農はPOPの代替品を買う余裕がないし、IPMの教育がいきなり功を奏して農業システムが激変するとも考えにくい。農民たちは収穫量の減少によってますます飢餓に苦しむだろう。あるいは、禁止された化学物質をつくり続けるか、闇市場で買い続け、家族の健康やほかの動物種の健康、そして、土地や川や海の健康を損ない続けていくだろう。一方、もしもPOPが禁止されなければ、ペルー政府とNGOがIPMの普及に着手したとしても、それが農業人口全体に浸透するまでには時間が（おそらく数十年は）かかるだろう。それまでのあいだに、農家の人びとの深刻な健康被害は、たとえ、栄養摂取量が減らないとしても、ごくわずかずつしか減ることはないだろう。さらに、DDTその他の農薬は魚や鳥の体内に蓄積し続け、食物連鎖の階段を上りながら影響を増大させていき、さまざまな動物種の個体数を減少させていくだろう。そのなかには絶滅にいたる種もあるにちがいない。言うまでもなく、人間のあいだでも不妊症、自然流産、先天性欠損症の率が上昇していくだろう。

メディオス・ヌエボスの職員のふたつの立場はどちらも、農民とその家族、すなわち人間を守ることを最優先している。イワナなどの魚やその他の動物の危機に配慮しているのも、それらが人間のための資源として重要なものと考えるからだ。したがって、このふたつの立場は本質的には対立していない。アメリカでよく見られる対立とは根本的に違う。アメリカでは、特定の地域の住民の生活と絶滅危惧種の個体の生育環境とが天秤にかけられることがある。ペルーのような発展途上国では、農業は、たとえばアメリカにおける伐採業と違い、数ある職業のなかの単なるひとつではない。農業人口は国民人口の半数を超えており、小さな農家の廃業が食品価格の高騰を招き、残りの人口の四分の一以上を占める貧しい都市居住者にまで破壊的な影響をもたらしかねない。

環境面について言えば、ペルーは発展途上国のなかでもとくに、生態系を調査し記録する力が不足している。ペルーには海岸荒原、アマゾンの密林、アルティプラノ［訳註：アンデス山脈中部の高原地帯］という三つの特殊な生態系があり、どれもその内部は多様性に満ちている。にもかかわらず、この三つのどれもが、植物種や動物種の生息地をじゅうぶんに調査されていない。この一五、六年のあいだに、製薬会社やフリーランスの植物研究家による植物の盗難が増えてもいる。しかし、ほかの中南米のいくつかの国と同様に、ペルーも盗難を防ぐための警備をする余裕がない。こうした植物研究家は、発見した植物を国に提供しないだけでなく、何種類もの植物を独占し、競争相手をなくすために、野生に生息する同じ種の残りの個体を故意に絶滅させようとしていると言われる。

◎基本的データの不足

特定の地域の環境保護対策を効果的に行なうためには、そこにどんな種が生息しているかを知っているだけではじゅうぶんではない。科学者たちは、ペルーでイワナなどの魚や国の象徴であるコンドルなど、多くの動物が急激に減っていることを知っている。しかし、それぞれの動物種について、残っている個体数がどれくらいかということや、どのような減り方をしているかということについてはほとんど知らないと言っていい。環境保護運動家たちも、減少の原因について正確な指摘をすることができずにいる。ここで湧いてくる疑問のひとつは、このように情報が不足している場合、減少しつつある種をどう解釈するべきか、ということである。減少しつつある種をすべて絶滅危惧種として扱うべきなのだろうか？　それとも、絶滅の危機に瀕していることが証明された種だけを絶滅危惧種と呼ぶべきなのだろうか？　危機の程度を調べることができないにもかかわらず、どんな種も明白な証拠がなければ危機だとみなさないのでは、多くの種を絶滅に追いやることになるだろう。しかし、たとえ減少している種をすべて危機に瀕していると仮定するとしても、それらをすべて保護できるだけの人的資源も経済的資源もない。こうした事実もまた、大多数の人びとが貧しいという事実に加えて、発展途上国の環境問題へのアプローチが人間中心主義から抜け出すことができない要因となっている。環境について無知であればあるほど、環境を軽視した意思決定をしやすくなる。私たちが知らなければならないのは、さまざまな種の正確な生育地とその健康状態、そして、生態系のなかでの（人間も含む）種同士の相互関係のデータである。

◎ＩＰＭへの道

この事例の興味深い点のひとつは、目下の疑問、すなわちＰＯＰ条約を支持するべきかどうかという疑問は、じつは間接的な疑問であるということだ。メディオス・ヌエボスのどちらの側も、究極の疑問に対する「答え」には同意している。つまり、どちらの側も、ペルーは農家における害虫駆除の基本的手段をＩＰＭに移行するべきだと考えている。彼らが同意していないのは、ＰＯＰ条約にサインすることによって、ＩＰＭへ移行しやすくなるかどうかという点である。ＩＰＭは確かに、農民にとってもペルー経済にとっても、もっとも安価な害虫駆除の手法である（ただしこれは、ＩＰＭが実際にこれまでの調査結果が示すほど効果があると仮定しての話である)。また、IPMは確かに、農民自身にとっても、ほかの生物にとっても、もっとも安全な手段である。環境保護という視点で見ると、IPMの考え方は、私たちが生態系について一般に学んでいる考え方とよく似ている。多様性(輪作と多品種栽培)と個別性(害虫ごとに適した自然の方法で対処)の原則を利用しているからだ。IPMを採用すれば、自然に逆らってでなく、自然の力を利用することによって、自然の反応の増大(農薬への耐性の増大)を避けることができる。自然の反応が増大し続ければ、散布の量を増やし続け、費用の負担も増やし続けなければならない。そうしなければ、同じ効果を、あるいは少ない効果でさえ、得ることができなくなるからだ。

IPMはジョー・ソーントンが提唱した「エコロジカル・パラダイム」に適合する農業システムの例と言うことができる。[*2] ソーントンはこれまで用いられてきた「リスク・パラダイム」を「エコロジカル・パラダイム」に置き換えることを提案している。リスク・パラダイムとは化学汚染の規制と管理の方針であり、これによれば、化学物質の排出は一度の排出で物質ごとの「許容値」と呼ばれる数値を超えなければ許される。しかし、エコロジカル・パラダイムは、予防原則にもとづいたうえで、さらに具体的な行動に導くための三つの原則――「ゼロ排出」「クリーン製造」「責任の逆転」――を追加している。「ゼロ排出」とは、残留性や生体蓄積性のある物質のいっさいの放出を許さず、完全に排除することを意味する。残留性があるということは、自然がそれを処理する手段を持たないということだからだ。「クリーン製造」とは、毒性のある物質を使用せず、それを製造工程でも発生させず、その代わりにほかの製品や製法を採用する、という意味である。「責任の逆転」とは、新製品が安全でないことを社会に証明させるのでなく、その製品が安全であることを、製造したいとする側が証明する責任を持つという意味である。

興味深いことに、ＩＰＭが支持される理由のなかで、この事例でとくに強調されているのは、環境上の理由でも健康上の理由でもなく、文化的な理由である。この事実は、ＰＯＰのような問題に対しては科学的なアプローチをとるのが当たり前だと思っている北米の人間には奇妙に思えるかもしれない。文化的な理由とは、ＩＰＭの利用によって、先住民の文化を再評価できる、ということだ。ＩＰＭは先住民の伝統的な害虫駆除の手法に少し手を加えただけのものであり、その起源は南北アメリカがスペインに征服される以前にさかのぼる。ペルーには、そして、中南米全体には、先住民の文化を傷つけ、その価値を貶めてきた歴史がある。しかし、ＩＰＭを採用することによって、先住民たちに彼らの文化が見直されたことを知ってもらえる、というわけである。

ペルーの先住民の大多数はアンデスの山岳地方に住んでいる。一方、スペイン人の子孫の多くは沿岸の都市に住んでいる。これまで国の政府を支配してきたのは、この沿岸に住むスペイン系の人たちだ。政府事業（電気、上下水道、健康管理、学校、大学、病院など）は、国内でもっとも貧しい山岳地方の先住民を犠牲にして、沿岸地帯の人びとに有利に提供されている。ペルーでは「農民」は「インディオ」とほとんど同義であり、どちらにも嘲笑的な意味が込められている。確かに、先住民の伝統的なＩＰＭが、科学的に製造された輸入農薬より優れていることを国が認めれば、先住民が誇りを取り戻すのに役立ちはするだろう。しかし、だからといって、すべての先住民がＩＰＭを喜んで取り入れるとは限らない。先住民は何百年にもわたって支配され、虐げられて、伝統を捨てることを強いられてきた。その事実を考えれば、先住民が大多数を占める農民たちが、伝統的なものや先住民に固有のものが新しいものより優れているという事実を容易には理解できず、ＩＰＭを使おうとしないということもじゅうぶん考えられる。化学薬品会社による広告によって、この思い込みに拍車がかかることも確かだろう。もちろん、ＩＰＭに価値がないと言っているのではない。ただ、ＩＰＭへの移行には、この事例では直接触れられていない障害が伴うだろう、と言いたいのである。

とはいえ、この自己卑下的な不信感を一度克服してしまえば、先住民の農民たちは容易にＩＰＭに移行できるようになるだろう。ペルーでは、支配的なクリオーロ〔訳註：中南米生まれのスペイン人の子孫〕と、虐げられてきた先住民が、沿岸の都市とアンデスの谷間というように地理的に分かれて生活しているために、先住民に対する偏見がいつまでも消えない一方で、先住民の有形無形の文化が今も残っている。山風や山そのものをはじめとする自然環境全般に対する親密で敬虔な、そして宗教的でさえある先住民の姿勢も、こうした文化の名残りである。環境に対するこうした姿勢は、ＩＰＭプログラムを受け入れる下地となるだけでなく、彼らがＩＰＭを広く普及させていくことにもつながるだろう。そして、ＩＰＭが普及すれば、農業そのもののあり方が、先進国の「科学的」な手法にもとづく単一栽培中心のやり方から、土地の歴史に根ざした、多品種栽培と輪作によって害虫駆除をしながら多様な種類の作物を栽培するやり方に変わっていくことだろう。こうした農業の移行によって、山腹に古代の畑が復活するとともに、新たな畑がつくられるようになれば、貧しい農民がアンデスの谷間をやみくもに耕し、環境に破壊的な影響（表土の腐食、洪水、川や小川の沈殿）をもたらすこともなくなるだろう。

最後にひとつ、決して避けては通れない問題について触れておこう。前回のPOP会議において発展途上諸国のあいだで合意された問題、すなわち発展途上国がPOPから脱却するさいの資金を先進国が援助するという問題はきわめて重大である。先進国が本当に環境保護のためにPOP条約を支持しているのなら――発展途上国が地元で（場合によっては自家で）製造できる安価な農薬の使用をやめ、豊かな国から輸入した高価な農薬を使うことを強いるのが目的でないのなら――先進国は発展途上国の、いつ終わるとも知れない汚染一二物質からの移行期に、進んで出資をするべきだろう。この援助は、貧しい国々の多くが現在受けているような援助であってはならない。つまり、援助をする国の商品を買わせるための援助であってはならない。先進国は、発展途上国がPOPからIPMなどの化学物質に頼らない手段に移行するための出資を、進んでしなければならないのである。

――ディスカッションのために

1. メディオス・ヌエボスの職員たちは、先進国がPOP条約を支持する動機をどのようなものだと疑っているのだろうか？　そして、それはなぜだろうか？

2. 職員たちの考え方はどのような点で人間中心主義的なのだろうか？　その考え方は適切と言えるだろうか？　言える／言えないとすれば、それはなぜかを説明してみよう。

3. 先進世界の化学薬品会社の代弁者らは、この事例の職員たちのような考え方を「反技術《アンチテクノロジー》」あるいは「反科学《アンチサイエンス》」と呼んできた。あなたはそれに同意するだろうか？　する／しないとすれば、それはなぜかを説明してみよう。

4. ＩＰＭとは何か？　先進国のどんな農業と似ているだろうか？

第4章 盗まれた心——危機に瀕した生態系と危機に瀕した文化

ハーバートは車から降りた。長いでこぼこ道のあと、ようやく地に足を着けることができてほっとする。マダガスカルは、それまで何となく思っていたよりもずっと大きな島だった。おそらく巨大なアフリカ大陸の東海岸から八百キロという位置にあるせいで、地図上では小さく見えていたのだろう。「タクシーブルース」と呼ばれる名高いポンコツの乗り合いバンに揺られ、首都アンタナナリヴォの空港からこのラノヴァオという僻村《へきそん》へくるあいだ、ハーバートはしみじみ思った——ミズーリの植物園での熱帯植物学者としての日常から、何とかけ離れたところへ来たことだろう——。

「ジェンキンズ先生、お疲れになったでしょう？　アメリカからは飛行時間が長いですものね。わたしも何度か経験があるからわかります。そのうえ空港からラノヴァオまで直行なんて、マダガスカルへの正しい招待のしかたじゃないですよね」車から降りながらルーシアンが言った。

「わたしがそんなに苦痛そうに見えますか？　ひとりだったらつらかったでしょうが、あなたとジャン-アミーさんとごいっしょできたので、じゅうぶん楽しめましたよ」

「メルシー。アメリカの方はお金も褒め言葉も出しっぷりがいいですね」ジャン-アミーは車の荷台から小さなスーツケースをいくつか抱えて降りてきた。

ハーバートは笑った。「いや、ご存じでしょうが、わたしが金を出しているわけではないんですよ。アメリカだけが出しているわけでもないですしね。わたしが小切手を切った分は、多くの国が出資している世界自然保護基金の口座から引かれるのですから」

数人の少年たちが埃っぽい広場を横切って走ってくると、ジャン-アミーからスーツケースを受け取り、バンガローまで運んでいった。質素だが感じのよい泥レンガ造りのバンガローは、村のはずれの木立のそばに建っていた。

「あれがわたしたちの今夜の宿ですね」ハーバートは言った。「仕事場兼用の」

三人はすでに準備を整えており、これからすぐに仕事を開始する予定だった。

「ジェンキンズ先生、わたしたちのホストを紹介します」ルーシアンが言った。

ハーバートが振り返ると、ひときわ風格のある人物が立っていた。マダガスカルの伝統的な衣装を身にまとい、木の杖を手にしている。杖は村の権威の象徴にちがいない、とハーバートは思った。

「ジェンキンズ先生、こちらはハナイリヴォ・ラハンドラハさん。ラノヴァオの長老で、もとは政府の行政官などの重要職についていらした方です」

ルーシアンはラハンドラハのほうを向くと、英語をマダガスカル語に切り替えた。「ジェンキンズ先生はアメリカの科学者で、世界自然保護基金の代表としていらっしゃいました。きょう長老様にはこの先生のお話を聞いていただくことになります」

ハーバートは、ルーシアンのような優秀な味方がついていてくれることに感謝した。彼女はマダガスカル人だが、海外特別研究員としてミズーリ熱帯植物公園にいたことがあり、ハーバートとともに熱帯植物について学んでいたのだ。数カ国語を巧みに操り、治水森林局で働いた経験もある彼女は、これから始まる難しい仕事をこなすのにまさに適任だった。

「そしてこちらがジャン - アミー・デカリー。アンタナナリヴォの熱帯環境保全協会の方です」。ジャン - アミーはフランス系のマダガスカル人だったが、彼は四世代目であり、彼の家族はすでに祖国への思いを断ち切っていた。

ラハンドラハは三人に向かってうなずくと、大きな身振りで彼らを自宅へ招き入れ、大きなテーブルのある部屋へ案内した。そこは明らかに、ラノヴァオの長老たちが重要な話し合いをするための会議室だった。

「ジェンキンズ先生、先生はこちらに座っていただかないと。ジャン - アミーとわたしのあいだのこです」ルーシアンはハーバートが座ろうとした席の向かいをさした。

「おっと、タブーを犯すところだったようですね？」ハーバートは訊いた。

「ある意味そうです。マダガスカル人にとって方位は重要なんです。ここのタナラ族にとってはとくに。北と東は南と西より優位と考えられています。わたしたちが座っているこの真北の席は、村の偉い人や特別客のための席なんですよ」

「なるほど、ずいぶんと重要なしきたりみたいですね」

「ええ。先生には理解しがたいかもしれませんが、理解していただいたほうが、仕事はスムーズに運ぶと思います」ルーシアンは少し心配そうに応えた。

「あなたも同じような村の出身者として、ここの人たちに気を遣っているというわけですか。しかし、わたしたちには、もっと広い視野と、全人類のために森林を保護するというきわめて重要な目的があるのですよ。こんなことでは、この目的を達成するのも不愉快な仕事になりそうですね。悲しいことです。しかし、よく言われるように、何かを成し遂げるには犠牲がつきものだということですかね」

「ジェンキンズ先生、それは少し失礼なお言葉だと自覚していただきたいですね」ルーシアンは言った。生来の正直さから出た言葉である。

「確かに。思いやりに欠ける発言でした。反省しますよ。しかし、これからの発表には毅然とした態度で臨む必要がありますからね」

「本当にこの仕事に信念を持っていらっしゃるのですね」

「もちろんです」ハーバートは応えた。「では始めましょう」

社交辞令を少し交わしたあと、ルーシアンは長老ラハンドラハに向かってふたたびマダガスカル語で話し始めた。「長老様、大変残念なことをお伝えしなければなりません。理由はこのあとジェンキンズ先生がご説明くださいますが、中央政府の決定により、ここ東部の中央台地ラノヴァオ村のみなさんは、来年中に西部のいくつかの地区に移住していただかなければならないことになりました」

ラハンドラハはショックで目を大きく見開いた。ルーシアンは話を続けた。

「全員の移住が終わったら、村の生活にじゅうぶんな農作物が収穫できるようになるまで、必要なものはすべて支給されます。新たな土地では医療や教育を含め、生活水準が大きく向上するはずです。子供たちのチャンスも広がるでしょう」

ラハンドラハは初めは悲しげな顔をした。それから、すぐに怒りと苛立ちの入り混じった表情に変わり、ルーシアンを真っ直ぐに見据えた。「政府が何らかの行動を起こすことは予測していました。しかし、ここまで強引なことを言ってくるとは。ランドリアナソロ先生、あなたはマダガスカルの伝統をよくご存じのはずではないですか。ここの伝統はあなた自身の伝統です。いや、あなた自身の伝統だったと言うべきですかな。よその価値観を植えつけられてくる前は」

「はい、ですが、長老様ご自身も、長いあいだこの村を離れて立派なご職業に就かれ、違う世界を経験されたではありませんか」

「そのとおりです。しかし、わたしは結局、政府での地位を捨ててここに戻りました。なぜなら、そこでは〝ヴァザーハ〟(巧妙さ)に満ちた欧米人のやり方で、賢く、ずるく、考え、行動することを強いられたからです。政府は今度はわれわれに、この森から遠く離れ、政府の用意した新たな土地で、われわれの伝統とも祖先のこの土地とも無縁の〝ヴァヒーニ〟(異邦人)になれと言うのですか。あなたがあなたの伝統や祖先の〝ヴァヒーニ〟になったのとまったく同じように」

ルーシアンはたじろいだ。長老の指摘が胸に突き刺さる。アメリカから故郷の村に戻ったとき、彼女は温かく迎えてもらえなかった。親族たちは彼女をもはや〝ハヴァーナ〟(同族)、すなわち本当に信頼し合う者とみなしてはくれなかった。彼女はふと自分の幼い子供たちのことを考えた。自分がもし、子供たちと自分の祖先を省みることをやめてしまったら、子供たちはどれだけのものを永遠に失ってしまうのだろう。

ラハンドラハはハーバートのほうに向き直って話を続けた。彼の激しい怒りは、通訳を介さなくとも理解できた。「わたしは二人の妹から村の外れの山腹の水田を託されています。この先、妹たちが夫に先立たれ、頼るものを失ったら、どうなりますか？　あの水田を耕し、米を収穫して親族を養うのはわたしの責任です。それを果たすことができなければ、わたしは重い罪を背負うことになるのです。キリスト教の国のあなたがたが考えうるどのような罪にも劣らぬ重い罪を」。それからラハンドラハは体全体を使って北東を示した。「わたしの祖先はあそこの偉大な墓地に眠っています。わたしは墓守団の長です。わたしがここを去れば〝ラザーナ〟（祖先）はどうなるのです？　この村は〝タニンジャーザナ〟（祖先の地）であり、わたしの真実の故郷なのです。われわれが遠く離れて暮らすことを強いられ、村が破壊されれば、われわれはみな、死後に生きるための墓を持たない〝ヴァヒーニ〟になるのです」

長老はここで言葉を止めた。ルーシアンは彼の言ったことをハーバートに伝え続けた。ハーバートは一度深呼吸してから口を開いた。「この移住によってあなたがたがどれほどのものを失うのか、わたしにはよく理解できません。ですが、なぜ移住が必要なのかご説明させていただければと思います」

「聞くとしましょう。だが、あなたの説明もおそらくわたしには理解できないでしょう」ラハンドラハはルーシアンの通訳を通して言った。

「世界自然保護基金は、マダガスカルに残っている熱帯雨林を救うことに力を入れ、出資してきた多数の国際組織のひとつです。わたしはマダガスカルの中央政府とともにこの仕事を遂行する権限を与えられました。ラノヴァオの周りの熱帯雨林は、現在はまだ無傷ですが、人口増加と農業習慣のせいで深刻な危機にさらされています。このままでは、ここから一五キロ西にあるマノンボ特別地区とことをつないでいる帯状の森林から切り離されてしまうでしょう。一度切り離されてしまえば、こちらの孤立した森はさらに分断され、不安定になり、森の断片に生息する動物は保護地区とのあいだを行き来することができなくなります。こうした動物のなかには、最近発見された稀少なキツネザルの亜種もいます。この動物は、生息地を保護するための行動を緊急にとらなければ確実に絶滅するでしょう」ハーバートは言葉を切って、何か大事なことを言い忘れていないか考えた。それから、ルーシアンがラハンドラハに通訳を終えるのを待った。

ルーシアンはハーバートに向き直って小声で言った。「今のは説明ですか？　それとも最後通牒？」冗談で言っているようすはない。

長老は応えた。「おっしゃるとおりでしょう。しかし、こうなったのは村人のせいではありません。われわれは確かに、何世代にもわたって森の一部を焼き、山腹の土地を切り開いて肥沃な土壌をつくってきました。しかし、われわれは森を回復させるために、次の行動をとる前には必ず五年から一〇年のあいだを置いていました。したがって、この習慣によって永久に破壊されたものなど何もないのです。また、われわれが山や丘の斜面の水田に水を引いてくるのは、キツネザルが木から実をとって食べるのと同様に、永続的で自然なことです。森はわれわれに大きな恵みを与えてくれます。今になってそれが破壊されるのはなぜです？」

ラハンドラハは少し言葉を止めて考え、それから自分の問いに答え始めた。「原因はラノヴァオの人間にあるのではありません。原因はコブウシ［訳註：家畜化されたウシの一種］を飼い、米をつくるための土地を求めて低地からやってきた大勢の人間たちにあるのです。原因はまた、この偉大な島で成長していく都市の要求と欲求にあるのです。しかし、最大の原因は、西洋の人間とそれに似た類《たぐい》の人びとにあるのです」。それから、彼はジャン-アミーのほうに向き直って言った。「初めにフランス人が、続いて別の国の人間が、マダガスカルに多大な〝ヴァザハ〟を持ち込みました。彼らは物についてはよく知っていたが、伝統と慣習については何も知らなかったのです。あなたがたはペテン師で〝ムパカフォ〟（心の泥棒）でした。マダガスカル人の心を盗んだのです。なぜラノヴァオが犠牲にならなければいけないのです？　これが正義ですか？　西洋の人間は正義を重んじるものと思っていました。しかし明らかに、正義は狡猾さほど重んじられていない」

今度はジャン-アミーがたじろいだ。何か言いたかった。今の彼は、ジェンキンズよりも村に共感していた。しかし、何か言うより、今はラハンドラハの攻撃を素直に受けようと思った。

ハーバートとしてはこれ以上話すことはなかった。伝えるべきことは伝えた。責任は果たしたのだ。ラハンドラハは村人たちを家に招き入れた。テーブルは議論の場から社交の場に変わり、食事が供された。たとえ悪い知らせを運んできたよそ者であっても、手厚くもてなすのが村のしきたりだった。

夕闇が迫るころ、ハーバートたち三人は、ランタンを持った少年たちに導かれて、バンガローに戻った。しかし、夜はまだ終わっていない。長老の言葉に胸を痛めたルーシアンとジャン-アミーは、話を続けずにはいられなかった。ルーシアンはこう切り出した。

「ジェンキンズ先生、さっき先生にした質問、自分で答えがわかりました。先生のお話は最後通牒だったのですね」

「やはりそう思われましたか。あなたの心配がわたしの伝え方への不満に変わっていくのを見ていて感じました。無理もないですがね」

「わたしの仕事はひじょうに難しいです」ルーシアンは応えた。

ハーバートは続けた。「あなたは板挟みの立場にありますからね。西洋で教育を受けたが、自分の伝統を重んじてもいるマダガスカル人として。だからこそ、村を移動させて森を救うという決定を告げるだけのために、わざわざわたしがアメリカからやってきたのです。わたしには自然保護を主張する権限が与えられています。ですから権限は進んで行使しますよ」

「でも、そこが問題なのです。自然保護主義者は民主的でないのです。伝統や人びとの暮らしと生物多様性の危機を救う必要性とのあいだでバランスをとろうともしません。生物多様性はいつも勝つのです。先生はマダガスカル人の政治と経済と社会を、生物多様性という価値観だけで変えようとなさっているのです」

「あなたがわたしをそのように批判するのはわかりますよ、ルーシアンさん。しかし、わたしだって村の人たちに悪いニュースを伝えて楽しんでいるわけではない。村人たちを移住させることは必要なステップなのです。世界屈指の豊かな熱帯雨林を、そこに何千年も住んでいる人びとの無知から守るために」

「先生、それは本当にする価値のあることなのでしょうか?」ルーシアンは訴えるように言った。

「もちろんです。マノンボ保護地区は古代の動物や植物の宝庫です。たとえば地球上のほかのどこにもない種類のランがたくさんあります。ラノヴァオの人たちを移住させるのは、ふたつの悪のうちのましなほう悪の選択なのです。最悪の悪は、森で生きているこうしたランやその他のすばらしい生物を永久に失うという、許しがたい悪なのですよ」

「わたしたちの豊かな伝統を守ることだって重要なことです。なのに、そんな伝統が、先生がよくおっしゃるように〝永久に〟消えてしまうのですね。村人たちを祖先の土地から無理やり追い出すことによって」

「まあそういうことでしょう。ところで、あなたはまた大事な点に触れてきましたね。その祖先、崇拝の対象であるまさにその祖先に、マダガスカルの偉大な原生自然を最初に破壊した責任があるのです。彼らは九〇〇年前にコブウシを連れ込み、〝ターヴィ〟という周期的な焼き畑を始めたのですからね。父の罪が子に及ぶという聖書の格言どおりです。村が移転して墓地が誰にも顧みられなくなったとき、祖先はついに自分の行為の報いを受けるのです」

「でも先生、今は生きている人たちの話でしょう？　わたしたちは熱帯雨林の一部を救うことには成功するかもしれません。でも、それは人びとの豊かな文化遺産を犠牲にしてのことです」

「それはわかっています。しかし、その文化が今、森の膨大な数の種を危機に追いやっているのです。最近発見されたキツネザルの亜種がいい例ですよ。あの動物は村人たちから恐れられ、悪魔扱いされている。そして、村に近づきすぎて殺されたり、厄を除ける手段として狩られたりしているのです」

ハーバートはそこで言葉を切って、少し考えてから、辛辣に言い放った。「伝統なんてものはですね、自然を破壊するような伝統なら、祖先といっしょに墓に葬るのがいちばんですよ」

それまで静かに聞いていたジャン - アミーもついに黙ってはいられなくなった。「ジェンキンズ先生、これはもう慣習とか伝統とか、先生がそのなかにあるとおっしゃる〝無知〟とかの問題ではないと思います。村の人たちの権利の問題です。村の人たちにも自分自身の運命を決める権利があります。外国のイデオロギーが強要してくる自分の意志とは無関係の運命に翻弄されるだけでなく」

「しかし、介入がなければ」とハーバートは語気を強めて反論した。「マダガスカル人たちはこれまでと同じ行動、あるいはこれまで以上の行動を続け、やがてはかけがえのない自然の宝を破壊することになるのです。いいですか？　森の消滅だけがこの島の環境問題ではありません。毎年この土地の八五パーセントが焼かれています。八五パーセントですよ！　今も増え続けているウシが森の周辺に沿って草を食み、牧夫たちは次から次へと森を切り開いては牧草地にしているのです。外来種がはびこり続けていく一方で、在来種が恐るべき速度で減り続けているのですよ」

「それは確かにそうです。今週〝ゾーマ〟（市《いち》の日）にアンタナナリヴォへ行ったら、いくつかの店で大量の蝶が台紙に貼られて売られていました。その多くは絶滅が危ぶまれている種でした」ルーシアンが言った。

「だからこそ、今すぐ警戒しなければならないのです。世界は危機に気づき、世界自然保護基金などの組織を通じて行動を起こしました。自然は人間の愚かさの犠牲になってはいけない、そして、自然保護に伴う犠牲は、その破壊に責任のある人間が負うべきである、これがわたしたちの考え方です」ハーバートが言った。

ジャン - アミーはハーバートの理想主義的な言葉に苦笑した。「責任についてのご意見は正しいでしょう。ですが、間違っている部分もあります。鏡を使って真実の全体像を見てください。問題の多くはマダガスカル人の責任ではないのですから」

「どういう意味です？」

「責任のある人たちは海の向こうで生きています。ここの人口過剰、都市の過密化、高まる物欲、経済的混乱、そして平均年収三〇〇ドル以下という極端な貧困、そうしたものすべては外国のイデオロギーに影響された結果なのです。たとえばマダガスカルは、急成長している都市で消費されるエネルギーをまかなえるほどの石油を買うことができません。だから炭を燃やすのです。炭の原料になるのは外来種である成長の速いユーカリです。わたしたちの豊かな自生の森が、炭の原料にしかならない一種類の外来種の森に変わっているのです。これは悲劇ではありませんか？　村の長老は西洋の影響を〝ヴァザハ〟と呼びました。まったくそのとおりです。西洋人は技には長《た》けているが狡猾さに満ちていると言っているのです。わたしの祖先の故郷であるフランスにも責任があります。そして、先生の故郷であるアメリカの態度にも責任があります。近代化と開発こそが、この土地を破壊する本当に危険な外来種なのです。邪悪な力で問題を生み出した文化圏の人間の命令で、なぜあの村が犠牲にならなくてはいけないのですか？」

「それは否定しません、ジャン‐アミーさん。わたしが自然保護の大切さを訴える仕事をしているのは、わたしやあなたの国がこの状況を生み出すのに加担したことを認めているからでもあります。だからこそ、状況を修正しようとしているではないですか」

「でも、それはほとんど責任のない人たちに大きな犠牲を負わせなければ達成できない目標ですよ」

ルーシアンは言った。「ジャン - アミーの言う〝鏡〟をしっかり見てくださいよ。わたしはアメリカに留学しました。そして先生の国のすばらしい豊かさを見ました。でも豊かさには傲慢さや無知が伴います。アメリカ人がSUV車に乗って一日で環境に与えるダメージは、マダガスカル人が森や草地を焼くことによって一年間で与えるダメージよりも大きいんです。アメリカでは、〝熱帯雨林を救おう〟と書かれた環境配慮車認定プレートをつけたSUV車も見ましたよ。それに無知について言うなら、無知より悪いものがあります。それは矛盾だらけの態度です。ラノヴァオやほかの村がマノンボ保護地区を脅かしているなら、マイアミだってエヴァグレーズを脅かしているじゃないですか。そちらにも同じように情熱と注意を向けるべきでしょう?」

ハーバートはルーシアンの言葉を聞いて思わず微笑んだ。「なるほど、あなたが苛立っているわけがわかってきました。矛盾については否定しませんよ。しかし、アメリカ人に偽善があるとしても、真実は真実でしょう」

「ええ、でも偽善は真実を歪めます」

「いいですか、ルーシアンさん、あの熱帯雨林はマダガスカル人だけのものではないのです。あの熱帯雨林には、国の統治や単一の文化の慣習をはるかに超える価値があります。あれは全人類の財産です。あなたもわたしもこの宝の管理人にすぎません。そして今こそ、わたしたちがこの宝を守らなければいけないのです。自然が人間の愚かさの犠牲になるのはしかたがないという考え方からね」

「先生の一途なお考えには敬服します」ジャン - アミーが言った。「しかし、保全を担当する部署で働いている経験から言わせていただけば、観念論にもとづいた戦略だけで問題に対処しようとしてもうまくいきません。もっと視野を広く持って、地に足の着いた対処をしなければ。わたしたちは、農夫や牧夫がこれ以上森に侵入していかないように、既存の開拓地の生産性を向上させる努力をしています。女性に対する教育を充実させ、医療を改善することによって、女性とその家族が必ずしも子供を大勢持たなくて済むように努力してもいます。やがて出生率が下がり、森林保護の緊急度も下がるでしょう」

ルーシアンはジャン‐アミーの説明に意見をつけ足した「そして、わたしたちは人びとに伝えることができます。というより、思い出してもらうことができます。祖先が知っていたのに、今の人たちが忘れてしまったことを。それは、自然は友であり、自己再生する資源だということです。森は旅行者を惹きつけ、薬や食品などの破壊的でない製品の原料となって、ラノヴァオのようなコミュニティのために役立ってくれます。ジェンキンズ先生、村や伝統の破壊と森林の破壊のうち、どちらかひとつを選ばなければならないというわけではないですよ」

「長い目で見ればそのとおりでしょう。しかし、今は緊急事態です。そんな悠長な計画で結果を待っている余裕はない。このままでは人口増加によって確実に島の残り一〇パーセントの原生林が破壊されていくのです。これを多少遅らせることはできるとしても、止めることはできません。今の人口増加率は、アフリカの国々と比べても突出して高く、二・八パーセントです。ということは、島の人口は今後二〇年で二倍になるからです」

「わたしたちは村民とともに考えなければなりません。そうしなければ、事態はいっそう悪くなり、大惨事を招きます」ジャン‐アミーは言った。

「大惨事を避けるためにこそ、わたしがここにいるのではないですか。わたしは交渉しに来たのではない。宣告するために来たのです。そうです、ラノヴァオの住民のように犠牲になる人もいるでしょう。分断化されつつある熱帯雨林を救い、生息地を失いつつあるキツネザルやランなどの絶滅危惧種を救うという緊急の目標を達成するためには。この闘いは今始めなければならない。今始めなければ遅すぎる。今始めなければ、全人類の不可逆的な悲劇につながるのです」

ハーバートの熱弁を聞いて、ルーシアンとジャン-アミーはすぐに返す言葉がなかった。もう夜も更けている。翌朝はまたアンタナナリヴォまでの長い道のりが待っている。ルーシアンはついに口を開き、会話を締めくくった。「たぶん、わたしたちにできることは、村人たちが少しは思いやりを持って扱ってもらえますように、と祈ることだけなのでしょうね。彼らに残る伝統はもう〝マレーミ、マレーミ(やさしく、やさしく)〟という教えくらいなのですもの」

——解　説

マダガスカルは、世界で六番目に大きな島であり、生物多様性はきわめて豊かだが、経済的にはきわめて貧しい国である。マダガスカルはもとはアフリカと南アメリカのつながった巨大な大陸の一部だった。それぞれの大陸が現在の位置に移動するあいだに、この部分の土地が切り離され、多くの種を抱えたまま孤立した。マダガスカルの植物や動物の多くはアフリカが原産だが、なかには南アメリカとマダガスカルにしか見られない種もある。また、孤立した島で進化した結果、ほかのどこにも見られない多様な虫や植物、魚、爬虫類が誕生した。マダガスカル原産の陸生哺乳動物六六種はすべてこの島固有の財産である。ランはここの熱帯雨林だけで九〇〇種生息している。しかし、マダガスカルの動植物の多くは、固有であると同時に、危機にさらされてもいる。[*1]

この島で危機にさらされていない種のひとつが、ホモサピエンス、すなわち人間である。マダガスカルは、アジアやアフリカから人が移民してきたことによっても、別の意味で独特な島となった。地方ごとに部族特有の文化はあるものの、島のすべての人びとが共通のアイデンティティと言語によって強く結びついているのである。また、彼らは貧しさを共有してもいる。ひとり当たりの平均年収は三〇〇ドルに満たない。人口の八割は自作農である。発展途上国の多くの例にもれず、マダガスカルも人口が急増しており、一九〇〇年から二〇〇〇年にかけては五五〇パーセントも増加している。二〇二五年には、現在一四〇〇万の人口が、健康な人や若年層の増加によって、二倍になっていることが予想される。しかも、人びとの多くは都市に住むことを選び、すでに不安定な社会基盤や経済基盤にさらに重い負担をかけることになるだろう。[*2] マダガスカルは貧しいため、国内の燃料需要を満たすだけの石油を輸入することができない。そのため、国内の燃料の八〇パーセントは、伐採樹を原料とした炭でまかなっている。

マダガスカルの豊かでありながら危機に瀕した生物多様性、人口の増加、経済の状態を知れば、環境の破滅が間近に迫っていることは、特別な予知能力がなくとも予想がつく。今でも、島の八五パーセントが「ターヴィ」と呼ばれる農業の伝統的な慣習によって、毎年故意に焼かれている。放牧者は草地を焼くことによって、そこが新しく栄養豊かな草地に生まれ変わり、増えつつあるコブウシの栄養源となると信じている。熱帯雨林の端に住む村人たちは、稲などの田畑をつくるために木を燃やす。以前は、このターヴィを続けることも大きな問題ではなかった。なぜなら、以前は長い周期で場所を変えながら燃やすやり方だったので、燃やされた土地に自己再生する力が残されたからだ。しかし、人口増加に伴い、このリズムは崩された。マダガスカル人は生きるための緊急の必要に迫られて、環境を守るための伝統的な知恵を捨てたのである。

世界の有力な環境保護団体のいくつかは、この状況を警戒し、行動を開始している。マダガスカル政府の協力を得て、自然公園を定め、そこを保護し、絶滅の危険度の高い種を特定するための調査を始めたのである。この事例では、ハーバート・ジェンキンズが環境NGOの象徴であり、ルーシアンとジャン－アミーは熱帯雨林保護に関わる政府機関の象徴である。彼らと村の長老、ラハンドラハとの会見では、このすでに難しい状況における新たな道徳上のジレンマが明らかになる。この村やおそらくこの近くのほかの村が存続すれば、彼らの生存も、ここに生息する動植物の生存も危うくなるのである。

この村を別の、ここよりもよいと言われる土地へ移動することは、危機に瀕した環境にとっても、村人たちにとっても、利益であるように思われる。しかし、長老の怒りの根拠は、彼の部族の伝統に根ざす信念にある。彼の部族の伝統は、マダガスカル全体の伝統の象徴でもある。最大の問題は祖先の問題だ。祖先が埋葬されているという地元の墓地は、単なる埋葬地ではない。マダガスカルの文化によれば、死者は体を離れていない。死者は村の中心にある墓地で生きており、逆説的ではあるが生命の与え手として偉大な力を持ち、土地の人びとや生きている親族に影響を与え続けているのである。

生者が墓前にささやかな捧げものをして敬意を示せば、豊作が約束される。生きるエネルギーの源泉は生者でなく死者なのである。生者はこの源泉の近くに暮らすことによって、幸福な暮らしに必要な恵みを受けることができる。また、彼らには墓を維持するという、公に定められた厳しい責任もある。この責任を果たせなければ、きわめて重い「ツィニ」（罪）になるのである。*3

もうひとつ重大な問題は、個人にとってもコミュニティにとっても、土地とアイデンティティとが密接に結びついているということである。ラノヴァオの住民は、村と墓を捨てることを強いられれば、精神的にも霊的にも喪失感を味わうことになる。彼らの世界の中心、すなわち今も祖先が生きている土地を突然取り上げられれば、彼らは新しい土地で、ルーシアンと同じように「ヴァヒニー」（異邦人）となるのである。

こうした事実に注目して初めて、ラハンドラハが政府の退去命令に強く反論する理由が理解できる。しかしラハンドラハの言い分はこれだけではない。彼はルーシアンを「コモ」（村の親族に対し、まだ義務を果たしていない者）とみなして激しく非難したあとで、今度はジャン－アミーに矛先を向ける。ジャン－アミーの祖先であるフランス人はこの島の初期の入植者だった。彼らはヨーロッパの習慣や宗教を島に持ち込み、物質主義や個人主義といった西洋の概念が島に広まる下地をつくった。長老はこうした近代的な価値観と慣習を「ヴァザハ」と呼ぶことによって、欧米の巧みなやり方に対する不信と軽蔑を表わしている。彼はさらに、こうした外来の（伝統よりも物質的豊かさを優先する）イデオロギーと（村や部族の慣習よりも個人の自由を優先する）都会的な生活こそ、現在のマダガスカルの窮状の最大の原因であると主張してもいる。

その後、ジャン-アミーとルーシアンもこの同じ点を強調する。二人はアメリカ人であるハーバートが、アメリカの価値観のせいで危機に追い込まれた熱帯雨林をこれほど強く気にかけていることに矛盾を感じるのだ。ルーシアンは環境保護認定プレートを掲げたSUV車の例を挙げてこの矛盾を鋭く突いている。

しかし、矛盾とともにあるのは両面性である。ジャン-アミーは、西洋のイデオロギーが実用面ですばらしい力を発揮することを認めている。「ヴァザハ」のプラス面を認めているのである。農業的・社会的・商業的戦略によって島の環境保護のあり方が大きく改善することもあるし、教育や医療の改善によって出生率や子供の死亡率が激減することもあるからだ。また、消費者志向のアメリカ人が、あふれる富を熱帯雨林のキツネザルやランの見学ツアーに注ぎ込むようになれば、そうした「エコツアー」収入によって、マダガスカルの経済の窮状は劇的に改善するだろう。しかし、両面性があるのは欧米側だけではない。ハーバートの指摘によれば、村人たちはキツネザルを（大きな目と大きな足を持つ奇妙な容姿を理由に）悪魔のような存在だと決めつけることによって、この動物の生存をますます危うくしている。土着の人びとの慣習や昔からの信念が必ずしも自然環境と調和しているわけではないのだ。

ハーバートのイデオロギーもこの事例における重要な要素である。彼は自分の信じる前提と道徳基準にもとづいて、特定の村の問題を世界規模で考えている。彼の前提のひとつは、地球の自然遺産は世代を超えたすべての人の共有財産であるというものだ。この前提のもとでは、その財産を託された者（その財産が国境内にある国の政府と国民など）の義務は、それを健全な状態に維持することである。また、ハーバートやルーシアンやジャン‐アミーなどの専門家の責任は、危機にさらされた生態系を注意深く監視することである。

ハーバートのこの考え方は、現代の国民国家の基本的な前提——国民国家は決められた境界内で起こるすべての活動を統治するという前提——に疑問を投げかける。統治についてのこの前提は、世界の政治的・経済的・技術的変化とともに尊重されにくくなってきており、とくに国際的なテロ対策、人権問題、通信技術、多国籍企業などの前ではほとんど効力を失っている。環境的に価値のある場所の保護もここに加えることができるかもしれない。

ハーバートの哲学によれば、ある特定の価値、すなわち生物多様性（ひとつの地域にいる生物の多様性）が、行動を決めるさいの最高の決定基準となる。生物多様性をもとに、道徳判断を下し、戦略を決定するのである。生物多様性は美観と同様によく（美的またはその他の理由による内在的な善という意味で）固有の価値とみなされる。とはいえ、ハーバートはこの点だけを主張しているわけではない。彼は暗黙のうちに、人間の普遍的な権利を訴えている。どんな人間にも共通の遺産を楽しみ、共通の遺産を一部の人間の破壊的な行為から守る権利があるということを訴えているのである。彼の考えによれば、この権利は、社会や政治団体の力によって（社会的契約としての合意のもとに）与えられる権利ではなく、地球人であるというだけで必ず与えられる権利である。したがって、これは交渉の余地のない——アメリカ独立宣言のなかのトマス・ジェファーソンの言葉を借りれば、「譲渡できない」——権利であり、自然法の倫理によれば、「自然」な権利なのである。

しかし、少数の人間の権利、すなわちラノヴァオのタナラ族の権利はどうなのだろう？　彼らにとって、マノンボの熱帯雨林の多様性を維持することはあまりにも大きな犠牲である。ミズーリの植物公園の駐車場にガソリン食いのSUV車を停めている人たちの感性のままに村を破壊し、村人たちを追放することは、あまりにも公正さを欠いていないだろうか？ ハーバートはアメリカ人の露骨な偽善を認めているし、共通の遺産を救いたがる人間がその破壊に加担している不合理さに気づいている。それでも、彼はそうしたことを理由に自分の主張を捨てようとはしない。また、他人から異を唱えられたり明らかな困惑を見せられたりしても、自分の道徳的な目的を変えようとはしない。彼はひたすら、熱帯雨林を人間の愚かさから――西洋の「ヴァザハ」の影響やマダガスカルの部族の環境を損ねる慣習その他数えきれない愚かさから――救おうとしているのである。

熱帯雨林の破壊に加担した責任は村にもあるかもしれない。だが村に全責任がないのはもちろん、主たる責任さえない。それどころか、村はその自然環境のなかで平和に生きようとしてきた。にもかかわらず、村はいつのまにか窮地に立たされた。村人たちはなぜ、他人の行為の犠牲にならなければならないのだろう？ ハーバートはこの疑問を別の疑問で迎え撃つ。自然はなぜいつも、人間の無能さの犠牲にならなければならないのか？ 村が犠牲になったことは不運ではあるが、ハーバートに言わせれば、村を移動させることは、熱帯雨林を救うという大きな善をもたらす、些細な悪なのである。

もしかしたら、ほかにもっと破壊的でない案もあるのかもしれない。ジャン-アミーは人びとと環境を救う社会的・経済的な計画を主張している。しかし、こうした計画は実現までに年月がかかるため、実現したころにはこの地域の熱帯雨林は存在していないのかもしれない。ハーバートは最後に言い放つ。「この闘いは今始めなければならない。今始めなければ遅すぎる。今始めなければ、全人類の不可逆的な悲劇につながるのです」。ルーシアンの最後の指摘はおそらく真実を言い当てている。「彼らに残る伝統は、もう〝マレーミ、マレーミ（やさしく、やさしく）〟という教えくらいなのですもの」

――ディスカッションのために

1．ジェンキンズの立場を説明してみよう。彼はルーシアンたちが考えるように、柔軟性に欠け、観念的なのだろうか？　それとも彼は危機にさらされている希少な生態系を全人類のために守るのにひたすら情熱を注いでいるのだろうか？

2．新しい土地に移動すればコミュニティの生活は向上することが約束されている。にもかかわらず、部族の長老がそれに抵抗する理由はなんだろうか？

3．マダガスカルでは祖先には強大な力があると考えられている。そのため、祖先の墓の維持は生きる者の重要な責任である。現代では、死者とその埋葬地についてふつうはどのように理解されているだろうか？　たとえば、あなたはアーリントン墓地［訳註：アメリカの国立の戦没者慰霊施設］から埋葬された遺体を取り出すことを、何らかの理由があれば賛成できるだろうか？　環境保護を考えるうえで、古代からの文化的な信仰をどれほど重視するべきだろうか？

4. ジャン-アミーは環境破壊を制限する手段として、経済の発展や社会の進歩を伴う戦略を主張している。彼の提案は現実的だろうか？　また、どうしてそう思うのか、理由も説明してみよう。

第5章 ジャワの森は消滅する運命にあるのか？——自然保護と人口圧力

インドネシア環境フォーラム事務局の会議室に、国内外の非政府組織（NGO）を含む二〇の環境保護団体のインドネシア人代表者たちがひとりまたひとりと集まってきた。これから、最近ここジャカルタで起きた大洪水を受けての対策会議が始まる。

洪水が始まったのは、二〇〇二年の一月末だった。ジャカルタ周辺の大小の川がモンスーンによる雨であふれ、堤防を越えて、一一〇〇万人の人口を抱えるジャカルタ首都特別州の低地地区の道や家を浸水させた。水深はあちこちで一・五メートルを超えた。洪水の最初の波は三日目が頂点だった。八日目にはジャカルタのほとんどの地域から水が引いたが、二月に入っても雨が続いたせいで、新たに三度の波が襲った。四度の波に襲われた地域もある。波は訪れるたびに数日間続いた。

ジャカルタでは昔からほぼ五年ごとに洪水が起きている。だが、二〇〇二年の洪水はこの都市を襲った史上最悪の洪水だった。しかし、そのきっかけとなった雨は、モンスーンによる平均降水量をわずかに上回る程度だったのである。洪水の水には泥やヘビ、ネズミやニワトリなどの動物の死骸が大量に混ざっていた。石油製品や化学製品など工場や会社や家庭から排出される汚染物も含まれていた。膨大な量の腐敗した生ごみが混ざっていたことは言うまでもない。この洪水にのまれて死亡した人は最低でも二二人はいる。病院には、水や黴《かび》や腐敗物にさらされたことによる呼吸器疾患、汚染水や腐敗食品を口にしたことによる赤痢、洪水に触れたことによる皮膚炎や感染症を訴える人びとが詰め寄せた。洪水に起因する赤痢で命を落とした子供は一〇〇人を超えた。

洪水による被害は甚大だった。何百万という世帯がいっさいの財産を失った。洪水が去ってからもモンスーンによる雨は続き、新たな洪水の波も襲ったせいで、衣類や家具は乾く暇もなく朽ち果てた。やがて洪水の水がジャワ海に流れ込むと、海水には生ごみや化学製品やその残骸があふれた。漁師たちはとにかく何かを獲るために、沿岸から遠く離れなければならなかった。

洪水はジャカルタの貧困層だけに影響したのではない。被害の大きかった地域の多くは富裕層の住宅地だった。二月の末までに（蚊を媒体として感染する）マラリアやデング熱、（ネズミの尿に接触することで感染する）レストスピラ症が都市で大流行した。ごみの収集が終わったときにはネズミの個体数が激増していた。水に乗ってどこからか運ばれてきたのである。洪水が始まった日の六週間後にはまだ、通りは生ごみであふれていた。

そして、二〇〇二年三月、この二〇の環境保護団体による会議が、インドネシア環境フォーラム代表のイクバル・スタルトの呼びかけで開かれたのである。今回の参加者の多くは、洪水が始まって二週目にも一度ここに集まっており、この洪水の最大の原因は、政府による環境計画や環境法の不履行にあるという点で合意に達していた。今回、イクバルはまず一同にそのことを思い出してもらった。「この点についてはみなさんご承知のことと思います。ジャカルタ市内の主要な不履行三件と、ジャカルタ上流地域での不履行数件については、ほとんどの方に同意していただけるでしょう。ジャカルタ市内には、集水用地として指定された土地が不法に開発されている例がいくつかあります。また、用水路と集水池の建設が許可証の記載のなかで義務づけられているにもかかわらず、開発者がその義務を履行していない例もあります。さらに、ジャカルタにはゴルフ場が過剰に建設されており、今やその数は三一にのぼります！　しかも、そのほとんどがそれぞれの許可証に記載された環境に関する明細にしたがっていません。ハルワント・アミン、エリス・ムハンマド、アシク・メントゥートの三人は、とくにプンカク、ボゴール、シアンジュールを、ジャカルタ上流地域の不法開発の例として指摘しています。これらの地域では、下流のジャカルタへ流れる水を集めるための集水区域として指定された丘の斜面や森林に、富裕層の住宅が建設されています。こうした土地が開発されたために、川は侵食から生じたシルト（沈泥）と吸収されない雨水でいっぱいになっています」

イクバルはここで、ジャカルタの地方政府が洪水の効果的な予測と予防と対応を怠っていることに対し、市民のあいだに不満が広がっていることを説明した。洪水の余波で、被害にあった地域の不動産価値が急落し、富裕層も貧困層も一様に影響を受けている。その背景にはこの国が一九九七年半ばの経済危機からまだ立ち直っていないという事情もある。そのため、こうした洪水が二度と起こらないよう、政府は何らかの対策を講じるべきだとの声が、あらゆる階層から上がっているのである。

「われわれにとって今がチャンスです」イクバルは言った。「人びとが洪水による被害を忘れないうちに、こうした災害を防ぐための組織的な環境計画を実施すれば、ジャカルタは計画的に成長でき、ジャカルタを取り囲む環境も守られるでしょう。問題はこれをどう進めていくかということです。どなたかご意見は？」少しの沈黙のあと、エリスが口を開いた。

「わたしたちの関心は団体ごとに異なります。とくにジャカルタの都市計画に関心のある団体と、上流地域の森林保護に関心のある団体とに分かれるでしょう。ですが、洪水はこのどちらにも関係しています。また、どちらに向かって努力するにしても、わたしたちの誰もがもっと基本的なところで同じ問題に直面します。そのひとつは、政府の役人が地位を問わず堕落しきっているという問題です。もうひとつは、スハルトの独裁政権が民主主義に替わったことにより、国民のあいだに広がってきた意識の問題です。インドネシア人は自然という資源は国民のものだと考えるようになっているのです。この考え方はたいてい、自然は最初に奪った人のものだという考え方につながります」

「そして、さっそくこの国民の財産を奪った人たちがいます」アシクがプンカクで発見したことについて話し始めた。「過去四年間、つまり独裁政権崩壊後からの四年間に、約四〇〇〇戸の住宅が建てられました。その多くは中庭やテニスコートや駐車場、さらにはプールまで完備された大邸宅です。なかには、本邸の近くに小さなゲストハウスを備えた家もあります。もちろん建物やテニスコートまで長い道路が敷かれており、その一部は舗装もされています。こうした道路のせいで水の吸収が妨げられ、シリウング川の増水を招いています。こうした開発によって天然の湖も様変わりしました。ボガールには一九四九年には一二二個の湖がありましたが、今では一〇二個です。もっとひどい上流地域もあります。一九四九年の湖の数は、タンゲラングでは四五、ベカシでは一七でしたが、現在ではタンゲラングでは一九、ベカシでは八です。シリウング川の土手沿いはとくに邸宅の数が多いので、地表面の水が土地に吸収される間もなく直接シリウング川に流れ込んでいます。

地方紙や資料を調べたところ、こうした邸宅の所有者の大半は将官か政治家、あるいは軍隊や政府にコネクションのある裕福な人たちです。このうち許可証を持っているのはたった四割で、その許可証も不法なものです。というのも、この土地は政府のもので、明らかに保護森林またはコミュニティ森林に指定された土地なのです。保護森林とはご存じのとおり、あらゆる人間の活動が禁止されている森林です。コミュニティ森林とは、伝統森林とも呼ばれるもので、切り開くことが禁止されているため、人が住むことや農作業をすることは許されないが、そこから枯れた枝を取ってくることや、ニワトリなどの小動物に餌を与えたり、それらを集めたりすることは許されている森林です。しかし、地元の森林管理局の職員は、建築許可証を持たない、あるいは建築許可証を賄賂で手に入れた自家所有者に対して、法を守らせる努力をしていません。こうした自家所有者たちには力があるので、地元の職員には太刀打ちできないのです。裁判になったとしても、結局、途中で告訴が取り下げられたり、判事が買収されたりすることになるのです。またプンカクの森林管理局の職員はたいてい地元の出身なので、身内の人間がよく料理人や運転手や守衛としてこうした邸宅に雇われています。ですから職員自身、邸宅を潰したくないのです。また、彼らは建築許可証を売った地元の役人を恐れてもいます。不法許可証で建てられた家を摘発して、それを売った役人を攻撃することになってはまずいのです」

一同はアシクの言葉に考え込んだ。

「ジャカルタにも同じ基本的な問題があります」イクバルが話し始めた。「集水用に指定された土地の宅地開発や商業地開発の多くは、不法に購入された許可証によるものです。ですが、そうした開発を行なっているのは、富裕層の人びとであり、多くは陸軍将官や政治家です。警察もほかの政府職員も有力者の怒りを買っては困るので、逮捕状を出すことはおろか、取り壊しの通告さえしようとはしません。それに加え、集水用地に建物が建ったことで人口が密集し、水に関する別の問題も発生しています。ジャカルタには下水管がほとんどなく、汚水処理は浄化槽に頼っています。また、この市は水の七割を地下から揚水しており、井戸のほとんどは個人の浅い井戸です。しかも、そうした井戸は、浄化槽からの距離が、推奨されている一〇メートルよりもはるかに近いところに掘られています。そのため、ジャカルタ市の水質がしだいに悪化しています。さらに、過剰な揚水のせいで海水が地下に浸入し、市の中心にある有名な独立記念塔、モナスまで達しているのです。海水は毎年四〇メートルから八〇メートル内陸へ進行し、水質を悪化させています」

「でも、どこかに計画を始める取っ掛かりがあるはずですよね」とハーマン・スパルジョが言った。彼は国際的なNGOの職員である。「ジャカルタ市はゴルフ場をふたつ取り壊して集水用地に戻すことを発表していますし、中央政府はジャカルタにおける集水の必要度に関する調査の結果が出るまでの半年間は新たな建築許可証の発行を停止することや、洪水を防ぐためのダムを五つ建設することを発表してもいます。こうしたことが確実に今後の計画の基盤になるでしょう」

ハーマンが発言を終えると、怒りのざわめきが起こった。エリスはハーマンに向かってテーブル越しに身を乗り出した。「でもハーマンさん、ジャカルタ知事は建築許可証の停止に同意するのを拒絶したのですよ。開発業者と建築業組合から、半年も停止したら失業者が九〇万人出ると抗議されたとたんにです。それに今はまだ地方自治法が正確に定まっていない状態ですから、国の政府が停止を決めるのが合法かどうかもはっきりしていません。しかも、あなたはわたしたちが中央政府と手を組むべきだとでもいうのですか？」

「そこですよ、重要なのは」アンチュ・パミンが話に加わった。「ここにいるみなさんのほとんどはご存じでしょうが、中央政府は環境計画や環境規則を発表するのは得意ですが、それを実行する力もなければ、その妨害となる賄賂の習慣をなくす努力もしません。残っている森やサンゴ礁や漁場を守るには、地元の住民や地元の役人に協力してもらうしかありません。地元の人間であれば、自分たちの環境を守ることに関心があるでしょう。ですから、地元の人びとが自分たちの環境を守ることで短期的にも長期的にも利益を得るのを、わたしたちが助けるというかたちをとるしかないのでは？」

インドネシアでは、スハルト政権崩壊後の四年間、環境政策も破綻していた。インドネシアのどこの島でも、伐採業者が国有林を切り開くのに精を出した。伐採業者は村人たちを、切り開かれた土地での建設や農業を許すとの約束のもとに、低賃金で木の切り出しに雇った。

その後、地方の主要な森林がすでに切り開かれてしまってからのことではあるが、いくつかの環境保護団体が森林への侵入を食い止めるプロジェクトをかろうじて成功させてはいる。そうしたプロジェクトでは、環境保護団体は森林管理局とともに、すでに切り開かれてしまった土地のうちの周辺部分については、村人たちが使ってよいという妥協案を採用せざるをえなかった。また、あらゆる関係団体の協力を得て、保護森林とコミュニティ森林との境界を定めた。さらに資金を捻出して村人たちを雇い、切り開かれた森の最重要区域に新たな木を植えさせ、森林管理局とともに森林を監視し、伐採業者の侵入を防いだ。

こうしたプロジェクトは国内の環境保護運動家にはほぼ受け入れられた。環境保護のための法が整備されていない状況では、インドネシアの森林や野生生物の生息地が壊滅するのを防ぐために、これ以上のことは何もできないと思われたからだ。しかし、国際的な環境保護団体の多くからは、こうした妥協したかたちの環境対策は、未来に対する望ましくない前例だと批判する声も上がっていた。

イクバルは一同の注意を喚起した。「この会議に先立って、いくつかの団体と話をしたところ、とくに議論を呼びそうなのは五つのダムの問題なのです。ですから、ここでその件に話を移したいと思います」

ジャカルタ都市計画連盟のウィリス・ブレクトが最初に話に乗ってきた。「わたしは、五つのダム計画がジャカルタの問題に対する最高の解決策だ、などと見え透いたことを言うつもりはありません。理想的には、一九九九年から二〇〇〇年の環境基本法で定められた集水用地を回復させるべく、住宅や商業施設をすべて取り壊し、許可証にしたがって排水路や用水路を建設することを開発業者に要求するのがいいでしょう。ですが、それは現実的ではありません。それをめざしたところで、要求にしたがって排水路を設ける開発業者は少ないでしょう。また、インドネシア政府が、国の指定した集水用地に建っているからといって、八〇万から二〇〇万平方メートルのショッピングセンターを取り壊すということは考えられません。ですから、五つのダムと四つの揚水施設を建設し、東部洪水調節水路用の土地を引き続き確保することが、ジャカルタの洪水対策としては最善の計画だと思います」

エリスはテーブルを取り囲む全員の顔を見渡すと、激しい口調で言った。「耳を疑うようなご意見ですね。そんなのどう考えても環境によくないでしょう？　ダムそのものが悪いと言っているのではありません。ここにいるほとんどの方と同様に、わたしはダムを使うことに疑問を持っています。そもそも提案されているダムは、ひとつを除いてどれも川を堰き止める役には立ちません。それどころか川をよけいに氾濫させるでしょう。本格的な洪水には何の役にも立たないのです。仮にジャカルタの人口がこれから先ずっと変わらないとして、新たな開発もいっさい行なわれないとすれば、今年被害のあった地域の半分か三分の一程度の洪水は防げるかもしれません。ですが、ジャカルタでは毎年、集水用地が開発によって失われ続けているのです。あと一、二年もすれば、失われた集水用地に収容できたはずの水の量は、これらのダムの容量を超えるでしょう。そうなれば、洪水の被害は今年よりさらに大きくなります。ダムの提案なんてPR活動にすぎません。市民をばかにして、これで安心だと信じ込ませようとしているだけです」

「いや、わたしはそこまで言い切れないと思いますね」野生生物保護基金の職員であるアグス・ウィニクが発言した。「成功の可能性のあることはどんなことも考えてみたほうがいいと思うのです。ダムも役に立つかもしれません。ダムに反対する一般的な理由もここでは当てはまりません。ダムがあれば広域が冠水することはなくなるので、動物や人間が移動を迫られることも少なくなるでしょう。また、ダムは平常時の川の流れにも影響しないでしょう。集水用地が必要であるというあなたの意見には賛成ですから、それらが失われていくのをただ黙って見ているわけにはいきません。ですが、ダムを建設すれば、少し余裕を持って、集水用地の維持と回復の努力ができるのではないでしょうか。もちろんより重要なのは、市政府の企みに乗せられないことです。あなたがおっしゃるとおり、市政府はダムさえつくれば安心だと市民に思い込ませようとしています。集水用地の維持と回復は強く訴えるべきでしょう」

アグスが話を終えると、一同は椅子に深く身を沈め、頭を垂れた。少しの沈黙のあと、ハーマンが口を開いた。「集水用地を回復することと、当然ですが、残っている集水用地を守ることには、みなさん賛成ですよね？　しかし、問題なのはその方法ですね」

イクバルが話を遮《さえぎ》った。「昼食が届きました。各団体を得意分野や関心に応じてグループに分け、それぞれ食事をしながら話し合うことにしましょう。上流地域の開発について話し合うグループ、ジャカルタの集水用地について話し合うグループ、ダムと運河、そして東部洪水調節水路のための土地獲得について話し合うグループに分かれるということでどうでしょうか？」

全員が同意したので、イクバルは続けた。「では、ジャカルタグループはこのままここに残り、上流地域グループは応接室へ、ダム／運河グループはわたしのオフィスへ移動しましょう。一時間後にここに集合ということでよろしいですか？」

それぞれのグループが昼食を終えて戻ってきたとき、ダム／運河グループとジャカルタグループは計画が合意に達しており、どちらの計画も今回の参加者全員の統一見解として受け入れられた。市による洪水対策用ダムの建設を全員が支持することが決定し、ダム／運河グループに属する団体は、建設許可証どおりに運河が建設されていない大規模開発一〇件から一二件をメディアを利用して公表することと、開発業者に開発地への運河設置を要求し、それが受け入れられない場合には罰則として運河設置にかかる費用を負担させるよう市の行政機関に働きかけることが決定した。

ジャカルタグループは、根本的な問題は市内の集水用地であるということで合意に達し、団体ごとの仕事の分担も決めていた。ひとつの団体は、市に対し、約束どおりに三六ホールのゴルフ場を二つ取り壊し、排水池を設置し、もとの地形を再生するよう要求し、それを監視する仕事を引き受けた。ほかのふたつの団体は、一九九九年から二〇〇〇年の環境基本法に違反している市の北部および西部の開発を調査し、それぞれの取り壊しが現実的かどうか、失われた集水用地を回復することが可能かどうか、可能な場合、回復にかかるコストはどれだけか、各開発に対する要求は政治的に可能か、などを評価する仕事を引き受けた。また、三つの団体が、ジャカルタ市に残っている集水用地の開発計画と建築許可証を監視するという難しい仕事と、監視メディアを利用して不当な開発計画を阻止する仕事を担当することになった。それぞれの仕事に当てられた人手がじゅうぶんでないのは明らかだったが、まだ仕事を当てられずに残っている人手も少なかったため、とりあえずの合意は得られた。

しかし、上流開発グループの膠着《こうちゃく》した議論は、すぐに参加者全員を巻き込んだ。最初に意見が分かれたのは、一九九九年から二〇〇〇年の西ジャワ州の環境基本法について、その遵守を主張するべきかどうかという問題だった。環境基本法で定められた「グリーン」地区はすべて維持するべきだという意見と、そうしたアプローチはもはや現実的ではないので、それよりも人口や貧困、開発の問題に目を向けるべきだという意見とに分かれたのである。アンチュが立ち上がって話し始めた。

「インドネシアは一万三六〇〇余りの島々から成り立っていますが、面積としては七パーセントにも満たないジャワ島に人口の六〇パーセントが集中しています。ジャワ島の一億二八〇〇万の人口のうち、都市部に住むのは三九パーセントで、その他の人びとは村や町で農業に従事しています。インドネシアの人口計画は発展途上国としては成功してきました。女性ひとり当たりの出産数は二・九人で、七人近くだった四〇年前よりは減っています。とはいえ、人口補充水準の二・一人にまで下がるには、あと二〇年はかかるでしょう。つまり、それまでは人口は増加し続けるということです。今すぐ工業化が始まらないかぎり、過剰になった人口は農業に従事するしかないでしょう。わたしたちは三年前からすでに基本食品である米を輸入しています。人口が増えれば家を建て作物を栽培する土地がさらに必要になりますが、土地を確保するには森林を切り開くしかありません。開墾はもちろん規制しなければなりませんが、人口が増加している現実を無視して単純に全面禁止することもできません。工業化が起こればそれなりの利益はあるでしょうが、工業化に必要な資本は、木材や石油や鉱物などの天然資源を売ることでしか得ることができません。環境基本法によって〝生産森林〟に指定された地域もあるほどです。スハルト政権崩壊後からこれまでの数年間、〝生産森林〟はチェーンソーを持っている人のものであると解釈されていましたが、じつは〝生産森林〟も環境計画の一環なのです」

アンチュが椅子にかけると、エリスが立ち上がった。

「人口が増えるからといってジャワ島から森を消すことは許されません。ジャワ島のすべての川を農薬で汚染させることも許されません。ジャワ島のどの村の人たちも、何百年も前から、新たな土地を開拓するためにほかの島へ移り住んできました。どうしてジャワ島の生態系を破壊してまで、インドネシア内での移住を阻止する必要があるのですか？　森や動物の生息地を守らなければならないのはどの島も同じです。何の権利があってわたしたちは、ジャワ島に限って、ほかの動物種や植物種の利益より人間の利益を優先するのですか？　ジャワの文化を象徴する動物や植物、ジャワの食品、ジャワの伝説を失ってまで、ジャワはジャワと言えるのですか？　なぜわたしたちは、ニューギニア島やスマトラ島やカリマンタン島（ボルネオ島）のような広くて人の少ない島の森や動物や川だけを守ろうとするのですか？　このジャワの種が絶滅していくのを見過ごすべきだというのですか？　いったいどんな環境政策だとそんなことになるのですか？　どんな環境計画であれ、いちばん大切なのは、工業化や住宅や農業のために土地を開発しながら、どうやって〝グリーンスペース〟を残すかということではないでしょう？　ジャカルタをどうやって洪水から守るかということでもないでしょう？　いちばん大切なのは、人間以外の種が生き延びるのに必要な土地をどうやって守るかということではないですか！」

議論は行き詰った。イクバルは、上流開発グループには来月また環境基本法に関する提案を持ち寄ってもらうこととし、次回こそある程度の合意が得られることを期待して、会議を打ち切った。いっしょに会議室を出たアシクがイクバルに重い口調で言った。「誰のための環境かで意見が分かれているのに、どうやってそれを守る方法を決められるのでしょうね」

――解　説

この事例における議論の膠着は、環境倫理の議論のなかでとりわけ新しいものでも珍しいものでもない。これは環境倫理という分野全体に関わる基本的な問題なのである。人間が仮にほかの種より優先されるべきなのであれば、どんな点で優先されるべきなのだろうか？　生物圏が相互依存のもとに成り立っていることに異を唱える環境保護論者はほとんどいない。しかし、人間の役割についての意見はさまざまである。もちろん、地球は人類の要求に応えるために存在しているのだというような極端な人間中心主義に賛成する環境保護主義者はまずいないと言っていいだろう。しかし、大多数の環境保護論者は、人間はほかの種の個体よりも優先されなければならないとしたうえで、人間はその優先権を責任を持って使わなければならない、と考えている。たとえばジェイムズ・ナッシュは、どんな生物も「道徳的配慮」を受けるべきだが、すべての生物に同等の「道徳的重要性」があるわけではないと主張し、「生物平等主義」に反対している。[*1] ジョン・ハートはどんな生物にも手段としての価値だけでなく固有の価値があると主張しており、以下のように述べている。

ある種の生物に手段的価値があるという事実は、その生き物に固有の価値があるという事実を否定することにはならない。種の個体は本来、ハゲワシや微生物の餌食となるまで価値の状態の変化を経験せず、生来の固有の価値を保ち続けたまま死んでいくことができる。人間はあらゆる生物の固有の価値を認め、それを尊重しなければならない。また、生物の価値を固有のものから手段的なものに変えるときは、謙虚に、責任を持って行なわなければならず、そのように価値を変えるのは、人間が生きるために必要なとき、あるいは人間の文化の発達にとって必要なときに限らなければならない。人間がこうしたことを守ったとき、生態系の全体性と地球のより大きな安寧が守られるだろう。[*2]

人間が種全体の価値を責任を持って固有の価値から手段的価値に変えた例があるとすれば、それは天然痘ウイルスの根絶やヒト免疫不全ウイルス（ＨＩＶ）根絶の努力かもしれない。これらはウイルスが人間にもたらすマイナスの影響が、その固有の価値では補えないほど深刻な例である。ピーター・シンガーなどの環境保護思想家は、感覚を持つすべての種が生存の権利を人間と同等に持っているが、人間であれほかの種であれ、ともかく個体が存続する権利は、究極的には、機能的すなわち手段的な価値にもとづくと主張している。要するに、種を問わず個体に固有の価値があることを否定しているのである。

ナッシュは人間にはより高い「道徳的重要性」があるとしながらも、生物の「権利」も主張している。この主張は、権利は人間の政治的コミュニティのなかにしか存在しないというホームズ・ロールストン三世の考え方と対立する。*3 ナッシュはこれを、種の価値や種の個体の価値についての議論は、人間の政治的コミュニティのなかでしか起こらないため、必然的に、そのコミュニティの言語を使って行なうことになるのだと説明している。

> 人間以外のものの権利を強調するのは、どんな生命も神聖で固有の価値があり、人間の道徳的配慮の対象として扱われるにふさわしい値打ちがあると主張したいからである。実際、人間以外の生物の固有の価値を認めることは、人間のコミュニティから適切な扱いを受けたいという人間以外のものの正当な要求を暗黙に認めること――したがって、あるレベルの権利と責任を認めること――である。こうした主張の根本にある関心事は、自然に対する人間の責任であり、権利を強

調することによって、責任を考えるうえでの客観的な道徳基盤ができる。……自然の権利の擁護とは、環境に対する配慮は慈悲の表明であるだけでなく正義を全うする義務でもあるという主張である。この正義とは、単純に人間の利益に対する正義という意味でなく、人間以外の生物の利益に対する正義でもある。西洋の文化では権利は重要である。道徳的配慮を伴わない権利は存在しない。[*4]

インドネシアは、三〇〇〇年近く前からヒンドゥー教、仏教、イスラーム、キリスト教が容赦なく押し寄せたせいで、部族の伝統的な文化に根ざした環境観のようなものをほとんど失ってしまった。その事実は、村人たちが土地の資源を自分たちの支配下にあるもの、自分自身や自分の子供が生きる手段として重要なものとみなしていることからも明らかである。第二次世界大戦後にインドネシアが独立すると、資源は中央政府に厳しく管理されるようになった。今日でも、現在の民主主義や地方自治の公約はいつ崩れるともしれない脆弱なものだと言われている。そのため、村人の多くは、大量の資源の「収穫」(森林の伐採など)こそが、かつては自分たちの無尽蔵の宝だった資源から利益を得る唯一の道だと考えているのである。

インドネシアは宗教人口の多い国である。大多数はムスリム(イスラーム信徒)だが、キリスト教徒も多く、ヒンドゥー教徒(とくにバリ島)、仏教徒、儒教徒もいる。インドネシアの宗教はこれまであまり環境に関心を持ってこなかった。現在は多少状況が変わり始めているとはいえ、環境を宗教的寛容、平和、教育、成長などと並ぶ宗教のテーマにしようとする動きは、環境を扱う宗教的な方法が明確になっていないため、道を阻まれている。

イスラームとキリスト教は「代理人制度」の倫理を説いている。イスラームでは、人間はアッラーから地球の管理を託された「カリフ」すなわち「代理統治者」であり、キリスト教では、神から地球の管理を託された「信託管理人《スチュワード》」である。しかし、歴史的にどちらの宗教でも、スチュワード／カリフの役割は、現在と未来のすべての人間が地球を利用するという、いわば人間の利益のための地球の管理であるという点、そして、人間はほかの種より優れているという点が強調されてきた。

インドネシアのほかの宗教もその意味で大きな違いはない。人口の大多数がムスリムであるにもかかわらず、人びとの意識のなかにはヒンドゥー教の文化的価値観が広く浸透している。ヒンドゥー教は自然を崇拝するさまざまな要素を正式に保ち続けているし、ヒンドゥー教の、瞑想を助けるものとして森林を重要視する姿勢や、万物は一体であるという基本思想は、環境倫理を考えるうえでの基盤となる可能性がある。それでも、生物はおもにその利用価値によって評価されてきた。

儒教は、もっぱら社会的な人間関係に関わるものであり、自然を平和を導くものや瞑想を助けるものとしては捉えていない。そのため、環境倫理を築くうえであまり役に立つとは言えない。インドネシアではおもに中・上流階級のビジネスマンや投資家のあいだで普及したという事情もあるため、なおさらだ。さらに、儒教徒の多くは同時にキリスト教徒でもある。若者のあいだに儒教の文化的な伝統はほとんど残っていない。

仏教はインドネシアの公認の五宗教（プロテスタントとカトリックは法的には別の宗教とされており、儒教は公式には認められていない）のなかでもっとも信者数が少ない。仏教の「縁起」の考え方（すべての事物は他との関係が縁となって生起するという考え方）は環境倫理を導き出すすばらしい基盤となりうる。しかし、物質界は究極的には幻であるという考え方や、もっぱら瞑想を導く手段、つまり涅槃《ねはん》（理想の境地）への道としてのみ自然が評価されてきたという事実が、環境倫理の創出に水を差している。

こうした宗教のどれもが世界中で、その伝統を基盤とした、環境危機が求めるものに見合う環境倫理に向かおうと努力している。この試みはインドネシアでも始まってはいるが、まだじゅうぶんに発展しておらず、国民の考え方にあまり影響してもいない。しかし、インドネシアは宗教人口が多く、イスラーム化が今も進行していることを考えると、インドネシアの環境保護運動家は宗教的な環境保護思想を広める努力をするべきだろう。

しかし、この事例における論争で最大の争点となっているのは、こうした基本的な疑問、すなわち人間がほかの種よりどの程度優先されるべきかという疑問ではない。この論争での争点は、インドネシアの環境保護思想における別の事情から生じていると考えられる。アメリカのような先進国の環境保護に対する考え方と、インドネシアのような発展途上国の環境保護に対する考え方には大きな違いがある。国民の大半が危険にさらされて生きている状況では、国民の大半がたいした危険もなく快適に生きている状況におけるほど、環境に対する姿勢を検討している余裕はない。

インドネシアのような発展途上国では、人が生きていくだけのことが先進国よりも難しい。出産時に死亡する女性は、アメリカでは一〇万人中わずか八人だが、インドネシアでは一〇万人中六五〇人である。インドネシアでは訓練を受けた専門家に出産を助けてもらう女性は三分の一しかいない。[*5] アメリカは貧しい女性が妊娠時に適切な配慮を受けにくいという事情のせいで、先進国のなかでは突出して乳児死亡率が高い。*6 そんなアメリカでさえ、生後一年以内に死亡する乳児の数は一〇〇〇人中七・一人であるのに対し、インドネシアでは一〇〇〇人中四六人である。一九九九年（世界保健機関〔WHO〕が知るかぎりの最新情報）には、一七万五〇〇〇人のインドネシア人が結核で死亡している。結核はアメリカではほぼ絶滅した、いわば「貧困病」である。しかし、これらがインドネシア人の主要な死因というわけではない。インドネシアは今もマラリアやデング熱、例の洪水で広がったレプトスピラ病などの熱帯の風土病に苦しめられている。

ひとり当たりの国民総所得はアメリカが三万一〇〇〇ドルであるのに対し、インドネシアは二六六〇ドルである。ひとり当たりの国民総所得は当然ながら、医療や教育の受けやすさに影響する。インドネシアでは人口の一一パーセントが完全に文盲であり、中等教育を受ける子供はわずか五〇パーセントである。

事例のなかでも言われているように、インドネシアの人口統計によれば、女性ひとり当たりの出産数は二・九人である。二〇〇一年の人口は二億三〇〇〇万人で、人口密度は一平方マイル（約二・五九平方キロメートル）当たり二八〇人である。ジャワ島の人口密度は一平方マイル当たり一〇〇〇人で、ヨーロッパのとくに人口密度の高い国を超えるほどである。これに対し、二〇〇一年のアメリカの人口は二億八四〇〇万人で、人口密度は一平方マイル当たり七七人である。インドネシアの出産率はまだ人口補充水準（女性ひとり当たり二・一人）を大きく上回っているため、国の人口は二〇二五年には二億七二〇〇万人に、二〇五〇年には三億四八〇〇万人になることが予想される。

しかもこの人口増加は不均衡にもジャワ島でのみ起こっているのである。[*7]

インドネシアは今後、職や医療や教育を、現在の人口にだけでなく将来の人口にも供給できるようにすることを望んでいるが、それが実現するかどうかは、国が人びとの基本的な要求（とくに食料の）を満たし、資本を得ることができるかどうかにかかっている。そして、資本を得るための手段として考えられるのが、木材や砂、熱帯の魚や鳥を売ることなのだ。これは贅沢品に囲まれて快適に暮らしている人たちが、ほかの種を救うために多少の犠牲はがまんしようと考える状況とはまるで違う。ほかの動物種や植物種の生存を助けようとすれば、膨大な数の人びとが死に、人びとの基本的な要求を満たすことができる程度に国が発展することさえ阻まれる状況なのである。

人びとの悲惨な状況を目の当たりにしても、人間以外の感覚のある生物も人間と同じだけの要求を持っていると主張し続ける環境保護運動家もいるかもしれない。しかし、先進世界だけを見たときには人間以外の種の生存を優先すると思われる環境保護運動家の多くが、発展途上国を見た場合には、不本意ながら、食料や住居、医療、教育などの人間の基本的要求を満たすことを優先させるという妥協案に賛成していることも事実である。北西部では残っている森林の伐採が禁止されたことで失業者が激増しているが、一般のアメリカ人はこの問題に対し、失業者を再教育したり移住させたりすることで解決すればよいと考えるかもしれない。失業程度の苦しみでは、残っている森林に手をつけ、動物や植物の固有の価値を手段的価値に変えるだけの正当な理由にならないと考えるからである。しかし、深刻な栄養不良や乳児死亡率や出産時の母親の死亡率の高さ、蔓延する病気、文盲率の極端な高さなどを知れば、伐採を禁止することこそ不当だと考える人もいるだろう。人間に対する脅威のレベルが上がれば、ほかの種にとって許される脅威のレベルも上がるのである。ただ、そのレベルはどこまで上がりうるのだろう？

エリスのグループはジャワ島独自の問題に対する答えとして、移民という方法を提案している。これは土地を持たない農民の窮状に対し、冷酷すぎる提案だろうか？　それとも、一万三〇〇〇以上の島に人が不均衡に住んでいるこの国では妥当な解決策だろうか？　おそらく、どちらとも言える。ジャワ島の人びとは確かに、過去二〇〇年以上にわたって、土地と仕事を求めてほかの島々へ移住し続けてきた。一九〇五年以降は、オランダ人が六〇万五〇〇〇人のジャワ島民を農場労働者としてスマトラ島へ移住させた。一九五〇年の独立後は、中央政府が国民七〇〇万人を、おもにジャワ島とバリ島から移住させた。移住させられた人びとはおもに貧しく、土地を持たない（農業経験のない）人びとだったため、移住した先でも農業に成功せず、結局貧しいままだった。ジャカルタから移住した人びとも一割ほどいたが、そのほとんどは新しい土地になじめず、やがて都会に戻っていった。

だが、政府の移住計画は一九九〇年以降にはほとんど実施されなくなった。理由はひとつには、人口増加の抑制には家族計画の実施のほうがはるかに有効だからであり、ひとつには、移住によってさまざまな弊害が生じることがわかったからである。ジャワ島民はほかの島々から反感を買ってきた。それはインドネシアが優れた多文化国家だという事情による。インドネシアでは公用語であるインドネシア語のほかに、三〇〇種類以上の言語が話されており、人びとがさまざまな民族意識を持っている。人びとは宗教的にも、イスラーム、キリスト教、ヒンドゥー教、仏教、儒教、（一部地域では）部族の宗教の信者に分けられる。こうした人びとを民族や言語や宗教の異なる島へ移動させることは、ダイナマイトの導火線に火をつけるようなものだ。それがジャワ島からの移動であればなおさらである。ほかの島の人びとはジャワ島の人びとを、富や力を独占し中央政府を思うままにしていると恨んできたからだ。インドネシアは二〇〇二年三月には、国軍と市民軍による東ティモールでのカトリック教徒虐殺に続く人権裁判、アチェのムスリム武装集団との停戦交渉、モルッカ諸島におけるキリスト教徒とムスリムの争いの調停、バリ島でのキリスト教徒に対する襲撃への対処、ジャカルタの中国系住民と彼らを襲撃して暴行や殺戮を繰り広げたその他の民衆とのあいだの長引く調停などを同時に行なっていた。このような状況で、政府がジャワ島民をほかの島へ集団移民させる政策を容易に実施するはずがない。とくに独裁的なスハルト政権が崩壊し、地方自治法が成立してからは（ただし完全には実施されておらず、さまざまな状況で解釈に混乱が生じている）、それぞれの土地の資源（とくに森林）は土地の人びとのものであるという考え方が広がっている。ここに中央政府が介入し、リアウの森林の一部をジャワ島民に与えたとすれば、リアウの人びとは異議を申し立て、おそらく政府による森林の利用の制限を無視することになるだろう。ジャワ島民が経済的な機会を求めて個人的にほかの島へ移住することは今も続いているが、政府による大規模な移民政策はすでに実現不可能なものとなっているのである。

この事実はジャワ島の森林にとって何を意味するだろうか？　現在わずかしか残っていないジャワのトラやオランウータンは消えてしまうのだろうか？　その可能性はじゅうぶんにある。アメリカの東部でも人が入植する過程で多くの動物種や植物種が絶滅した。環境保護運動家たちは世界中のこうした絶滅を食い止めようとしているが、発展途上国の人びとはそのことに納得していない。貧しい発展途上国の人びとが世界の生物多様性を維持する義務を負わされれば、いつまでも貧困やそれに伴う不幸――高い乳児死亡率や出産時の母親の死亡率、高い文盲率、伝染病、栄養不良、失業、不完全就業――から抜け出すことができない。にもかかわらず、この義務を先進国から強制的に負わされるのは、彼らに言わせれば、あまりに不公平である。

しかし、上流開発グループで対立したふたつの立場は、実際的なレベルでは、ある程度の合意に到達することができるだろう。まず、どちらの立場も、森林の保護を最優先事項とするべきだろう。森林を保護すれば洪水の予防ができ、動物の生息地も保護されるため、人間にとってもほかの種にとっても利益になる。もしもジャワ島の絶滅危惧種の生息地が、その種が生き続けるのにじゅうぶんなだけ残っていれば、その生息地をこれ以上の侵入から守る必要がある。一九九九年から二〇〇〇年の環境基本法では一貫した戦略として、コミュニティ森林や生産森林に取り囲まれた保護森林のなかに最重要区域を指定することを決定した。この最重要区域に、そこに生息する動物種や植物種の存続にとってじゅうぶんな広さがあり、最重要区域を指定することによってそこを人びとの侵入から守ることができるのであれば、こうした指定は対立するどちらの立場からも受け入れられるべきだろう。事例のなかでも言われているように、三種類の森林を伐採者や入植者から守るためには、地元の人びとを巻き込んで森林を監視しなければならない。そうすることによって、人びとは自分たちが森林を守っているのだと自覚するようになる。最重要区域を守るためには、それを取り囲む生産森林やコミュニティ森林を守らなければならない。伐採業者が生産森林への植栽の義務を果たし、人びとがコミュニティ森林は住居や農作のために切り開かないという規則を守ることができて初めて、最重要区域も守られる。地元の人びとは、コミュニティ森林でだけは、枯れ木を集めることも、小動物を獲ることも、それに餌を与えることも許されている。人びとがこの事実を、彼らや彼らの子供たちの利益が尊重され、守られていると理解するなら、そして、彼らに生産森林での伐採や植栽の仕事を与えるなら、最重要区域は手つかずのまま保たれるだろう。

難しいのは、ジャワ島で最重要区域を何箇所、どのような基準で指定するかという問題である。何より重要なのは、種類の違う生物の生息地をもれなく指定することだが、最重要区域がジャワ島のなかで地理的に分散することも考慮する必要がある。また、コミュニティ森林はできるだけ多くの村民が利用できるようにしなければならないし、生産森林は、農地に適していながら農地が不足している土地、または、植栽が比較的容易で、伐採による侵食が最小限で済みそうな土地でなければならない。また、(道や川を利用して) 伐採者が非生産地域へ容易に侵入できないような土地でなければならない (こうした侵入は深刻な問題となっている。伐採者が、生産用に指定された場所を見つけることができなかったと言って、川沿いなどの行きやすい場所で伐採してしまうことがあるのだ)。

さらに注目してほしいことがある。この事例における会議では、先進国であれば緊急に解決しなければならないと考える問題、すなわち一一〇〇万人を抱える都市の飲料水が下水と海水で汚染されている問題[*8]について、まったく話し合われていない。これにはいくつかの理由がある。まず、海水の侵入についての情報は最近入ってきたばかりだからである。また、下水による汚染に対処するには衛生的な下水処理施設を建設するしかないと考えられており、そのための予算を市や国が出せないからでもある。ジャカルタはじゅうぶんな水の確保ができず、すでに西ジャワ地区の水に頼り始めている。

このような状況で地下水の利用を廃止することはできない。市内の井戸が禁止されたところでそれに代わる水など存在しないのだ。この会議の参加者たちは、意見を述べる意味があることしか話題にしていない。話題を絞らざるをえないのである。

飲料水の問題が顧みられないのはさらに、この会議に参加している人たちが明らかに、ボトル入りの飲料水を買う余裕のある人たちばかりだからでもある。インドネシアはボトルウォーター消費量が世界のトップ一〇に入る（二〇〇〇年の年間消費量は五〇億リットル）。一九九九年から二〇〇〇年にかけてのインドネシアのボトルウォーター市場の伸び（六三パーセント）は、パキスタン（一四〇パーセント）に次いで世界二位である。*9 それでも、貧しい大多数の人には飲料水を買うゆとりはない。

最後にもうひとつ疑問を提示しよう。インドネシアの人口は二一世紀の終わりには安定していることが予想されるので、そのころには大多数の人が貧困から抜け出しているかもしれない。しかし、そのとき、いったいジャワ島の森林はどれだけ残っているだろうか？　この疑問には、今はまだどんな組織も答えることができない。今後さまざまな決定のなかで、中央政府や地方政府、伐採業者、インドネシア中の数えきれない村々が繰り返し、少しずつ、答えを見つけていくことだろう。二一世紀のインドネシアでは、環境への配慮が、政策を決定するさいのひとつの要因となっていなければならない。環境への配慮とは、あらゆる生物の固有の価値に対する配慮のことである。森林を固有の価値のあるものとしてでなく手段的価値のあるものとみなす（今日のインドネシアで言えば、森林を伐採するためのものとみなす）決定は、取り返しのつかない決定である。森林に新たな木を植えることはできる。しかし、そこに存在していた植物種や動物種が生息地を奪われて消滅したとすれば、原初の森林の個性は永久に失われる。これは悲劇である。だが、もちろん、これだけが悲劇なのではない。子供が死ぬこともまた悲劇である。子供が飢えることも悲劇である。二度と戻らない森と同様に、飢えた子供も未来に悲劇を残す。人間が今すべきことは、多くの種をできるだけ平等に扱った決定をすることだ。あらゆる種にとって、今よりも悲劇の少ない未来をめざさなければならない。

――ディスカッションのために

1．ジャカルタで二〇〇二年に起きた洪水の主要な原因を挙げてみよう。

2．環境に関する公共政策を決定するさいに、アメリカとインドネシアとではどのような事情の違いがあるだろうか？　インドネシアでの環境保護団体の仕事は、どのような点が難しいのだろうか？

3．アンチュとエリスの最後の主張を比べてみると、どちらがアメリカにおける環境保護の考え方により近いだろうか？　とはいえ、どちらもインドネシアにおける環境保護の代表的な考え方ではある。その理由も考えてみよう。

4．著者たちはインドネシアの環境保護運動家は、宗教や宗教の指導者たちを環境問題に関わらせるべきだと考えている。それはなぜだろうか？　宗教や宗教の指導者に何が期待できるのだろう？

第6章 生き埋め——未来の世代と放射性廃棄物の永久処分

「こんな狭い会議室で待っているより、ラスヴェガスに行ったほうがずっと有意義に過ごせるのですがね」デイヴィッドはいらいらして腕時計を見た。

「きょうのユッカマウンテン・ツアーには意味がないということですか？」ステファニーは訊いた。

「たいして意味はないでしょう。あの貯蔵施設なら、原子力エネルギー協会で働いてきたこの二〇年のあいだに何度も見ましたよ。そして見るたびに、あそこが高レベル放射性廃棄物の地層処分地として適正である、という確信は強まるばかりです。もうこんな会議は必要ありません。ばかげていると言っていいですね。原子力発電所が出す使用済み燃料棒の貯蔵の問題はもう解決済みなんです。これからは計画をどんどん進めるべきですよ。過去の話をこれ以上蒸し返してもしかたがありません」

「おっしゃるとおり、こんな話題はもう古いですよね。地層処分のメリットなんて四〇年も前から言われ続けていることですもの。でも、今回の会議には新たな展開もあるじゃないですか」

「わかっていますよ。新たな、というだけじゃなく、まったくばかげた展開のことでしょう？　わたしたちが今回、それぞれ原子力エネルギー協会とエネルギー省の代表としてここへ差し向けられたのは、〝未来世代の公式な擁護者〟とやらに、産業と政府の事情を説明することです。大統領はいったい何を考えて環境保護庁に〝未来世代擁護局〟なんかつくったのでしょうね？　議会も議会ですよ。何だって大統領のばかな提案を認めたのだろう」

「彼は来年の再選に向けて意気込んでいますよ」ステファニーは周知の事実をあえて口にした。

「二〇一二年の選挙はユッカマウンテン地区の人たちの信任投票ということになりますよね。彼が再選されれば大量の使用済み核燃料がこの砂漠に埋め続けられることになるのですから。でも落選すれば、次期大統領がこの計画を中止して、原子力産業自体が危うくなるかもしれませんね」

「確かに。しかし、なんだって未来にこだわるのでしょうね。意味がわかりませんよ」

「インパクトを与えるためでしょう。でも大きな賭けですよね。世界中で温暖化が進行している今、温室効果ガスをまったく出さない原子力発電こそ、必要な電力をすべてまかなうべき完璧な手段なのですから」

「そうです。だからこそ原子力産業はこの九年で新たな原子炉を堂々と九基も稼動させたのです」

「でも、みんなが引っかかっているのは、全国の原子炉から出る高レベル放射性廃棄物がすべてユッカマウンテンに埋められるということですよね。マスコミにもさんざん叩かれて、放射性廃棄物は一万年以上は危険なままだとか、廃棄物の種類によってはもっと長く危険が続くとか言われてきました。その考えからすれば、人間は子供にも孫にも、その子供や孫にも、とにかく歴史が続くかぎり、

料金受取人払郵便

赤坂支店
承認

2610

差出有効期間
平成21年12月
31日まで

郵便はがき

1078780

235

東京都港区赤坂
9－6－44

日本教文社

愛読者カード係 行

書 名

書名	良い	普通	不適	製本	良い	普通	悪い
印刷	良い	普通	悪い	装丁	良い	普通	悪い

本書の内容についてのご感想をお知らせ下さい

（〒　　-　　）

ご住所

e-mail

ふりがな ご芳名	西暦 明治 大正 昭和 平成 年生まれ	男 女

ご職業　1 会社・団体役員　2 会社員・団体職員　3 公務員　4 自営業　5 サービス業　6 農林漁業　7 教師　8 学生　9 主婦　10 医師　11 無職　12 その他（　　　　）

お買上げ書店名　　市町　　書店

ご購入の動機　1（　　　）新聞の広告　2（　　　）雑誌の広告　3 書評（　　　）　4 書店で見て　5 人にすすめられて　6 プレゼント　7 小社からの案内　8 小社月刊誌を見て　9 生長の家講習会で見て　10 ホームページ　11 その他（　　　）

ご購読新聞・雑誌名	下記の月刊誌をご購読されていますか 光の泉　白鳩　理想世界 理想世界ジュニア版

どのような分野に興味がおありですか

1 宗教　2 心理　3 超心理　4 心身医学　5 健康　6 繁栄　7 能力開発　8 人生論　9 文化評論　10 歴史　11 女性　12 教育　13 童話　14 絵本　15 社会　16 政治　17 経済　18 文学　19 言語　20 環境　21 その他（　　　）

今後とりあげてほしいテーマ、ご意見などがあればお聞かせください

小社の最新版図書目録をご希望されますか　　**必要**　　**不要**

ご協力ありがとうございました。なお、ご記入の個人情報は、サービス向上のための統計データの作成ならびに当社のご案内以外には利用いたしません。

ユッカマウンテンは巨大で危険な埋立地だと伝え続けなければならないということになりますよね」

「だから未来の擁護者とやらは、まだ存在しない人間に代わって発言するというのですか?」技術畑を歩んできたデイヴィッドは、実体のないものの話が苦手だった。

「そのとおりです。その人は未来世代の擁護者であり代弁者だということでしょうね」

「それを言うならこっちだって同じですよ。あなただってわたしだって未来の世代を守ろうとしているじゃないですか。原子力を使うことにも廃棄物をここに埋めることにも正当な理由はいくらでもあります。われわれにとっても未来の世代にとっても正当である理由がね。放射性廃棄物を適当にどこかに隠しておいて、未来の人間にどうにかしてもらおうというのとは違うんだから」

そこへ二人の人物が入ってきたので、デイヴィッドとステファニーは話を中断した。

「遅れてすみません。環境保護庁未来世代擁護局のキャリー・デリングと申します。こちらはカリフォルニア大学バークリー校で哲学と人類学を教えていらっしゃるナワラジ・シャルマ先生」

「はじめまして。エネルギー省のステファニー・ハイタワーです」

「原子力エネルギー協会のデイヴィッド・アールです。シャルマ先生、先生は確か有名な未来学者ではありませんか?」デイヴィッドは手を差し出した。

「ええ、そんな話題の記事か何かでわたしの名前をご覧になったことがあるかもしれませんね。それがわたしの研究分野なのです」ナワラジは応えた。

「わたしには未来学というのがよくわからないのです。まだ起こっていないことや存在しないものをどうやって研究するのですか?」デイヴィッドは尋ねた。

「よくその質問を受けます。まだ存在しない歴史の研究とでも言いましょうか」

「なるほど」デイヴィッドはうなずいた。「SFみたいですね」

「まあ、そうですね。ですが、重点はF（フィクション）よりもS（サイエンス）にあります」

「そうかな、ほとんどフィクションって気がするな」デイヴィッドは聞こえないようにつぶやいた。

「そろそろ、実情確認会議を始めましょうか」キャリーが言った。「このあとユッカマウンテン見学ツアーが予定されていると聞いています。時間が限られていますからね。まずは放射性廃棄物の安全な地層処分という〝SF〟について話し合いましょうか」

「そうですね」ナワラジは言った。「未来学者というのは、未来について何がわかるかだけでなく、何がわからないかに関心があるものです。そのため、わたしはひとりの哲学者として、あなたがたがなぜそれほどまでに自信を持って、ユッカマウンテンが長期的に安全だと言い切れるのか、その背景にある論理に深い関心を持っています」

デイヴィッドはこの問いに対する答えを用意していた。「評価委員会による一九九二年の処分地適正に関する報告書の性能可能性評価によれば、水脈、火山活動、地震活動などの影響因子から推定される長期的な地質状態はきわめて良好です。したがって、放射線核種の放出の可能性も、浸出の可能性も……」

「アールさん、ちょっと待ってくださいよ」キャリーが遮った。「そのように専門的なことをおっしゃられても、わたしには理解できません。わたしの専門は地質学でなく神学なのです。正確に言えば、アフリカ系アメリカ人のフェミニストによる神学です。わたしが扱うのは地震の圧力ではなく社会の圧力なのです。あなたのお話を理解するよう最大限の努力はしますが、わたしがきょうここへ来たのは、世代間の平等を確実にしたいからなのです」

「でも世代間の平等は、処分地の適性とおおいに関係があるのではありませんか?」ステファニーが言った。

「そのとおりです」ナワラジが言った。「その地層処分地としてのユッカマウンテンの適性こそ、わたしがまさに疑問とするところです。われわれが考えるべきは、何十年先や何百年先の問題だけではない。その程度の未来なら、多少なりとも自信を持って予測することができます。しかし、われわれは何千年先、何万年先、さらにそれよりも先のことを考えねばなりません。人間はまださほど長い時代を経験していない。記録に残る歴史など短いものです。エジプトにピラミッドが建てられたのでさえ、わずか四〇〇〇年前のことです。われわれはそれより最低六〇〇〇年は長いスパンで、ユッカマウンテンの健全性のことを考えねばならないのです!」

「シャルマ先生、それは大げさすぎですよ」デイヴィッドは少し不機嫌になって言った。「ユッカマウンテン地区ではこれまで一万年も火山活動がなかったのです。地震があったようすもありません。ここは雨の降らない不毛の砂漠の真ん中です。まずありえないことですが、今後仮に降水量が増えるとしても、水文学の研究によれば、貯蔵容器が水で腐食し、溶け出した廃棄物が地下深くの帯水層に到達することはまずないのです。反対派のなかには貯蔵される廃棄物の大きさを誇張して言う人もいます。確かに廃棄物はかなり重く、何千トンという単位です。ですが、放射性廃棄物は密度が水の二〇倍もありますから、体積はかなり小さいのです。一五メートル四方の立方体に収まってしまう程度でしょう。この体積ですと、保護するのが意外に簡単なのです。証拠でしたら、この研究報告書のなかにいくらでも書かれています」

「なるほど。しかし、この二〇年のあいだにユッカマウンテンの適正の科学調査が大規模に行なわれてきたことはわたしもよく知っているのですよ。わたしの研究室にも技術スタッフがいて、教えてくれますからね。わたしが知りたいのは、あなたがたがこうしたデータからなぜ、おっしゃるような結論を導き出すことができるのかという、その論理なのです」ナワラジは言った。

「シャルマ先生、どのあたりが疑問なのかもう少し説明していただけませんか?」ステファニーが言った。

「わかりました。いいですか、地質活動についてのあなたがたのリスク推定は予測モデルにもとづいています。しかし、地質学という科学は、説明は得意ですが予測は得意ではありません。山の尾根や谷の形状といった地形の特徴は地質学によってきわめて正確に説明できます。しかし、次にどこに尾根と谷ができるかを地質学で正確に予測することはできないのです。その証拠に、火山の噴火や地震を地質学的に予測してもまるで成功していません。現存の火山の噴火時期すら予測できないのに、新たな火山の出現をどうやって予測できますか? また、あなたがたは、地表の水が地下に浸透し、放射性廃棄物の容器を腐食させ、帯水層に行きつくことはないと推定しておられます。ですが、その推定はユッカマウンテン地区の経験、すなわち膨大な年月にわたるあの土地の地質学的・水文学的活動の経験にもとづいた推定ではないのです。あなたがたは現在から遠い未来を空想しているにすぎません。あなたがたの推測は多分に主観にもとづいています。そのような推測はじつに疑わしいものです。

未来学者なら誰でも、斉一観［訳註：過去の地質現象は現在と同じ作用で行なわれたとする考え］など愚の骨頂だと言うでしょう」

「シャルマ先生、先生のような未来学者の方はその分野の専門知識をお持ちでしょう。その分野の知識や経験がわたしにあるとは言いません」デイヴィッドは礼儀正しく応えたが、内心は怒りがこみ上げていた。「ですから先生も同じことです。ユッカマウンテンの適性については、関係分野の大勢の専門家が長年にわたって科学的に調査し、慎重に分析して結論を出したのです。先生はご自分の専門でないことに対して、性急に決めつけるようなことをおっしゃるべきではないと思います」

「要するに、正確なリスクを教えてくれるのが科学なのですよ、シャルマ先生」ステファニーがデイヴィッドの言葉を引き継いだ。「素人はリスクを漠然と感じることしかできません。ですから、科学者の推測と素人の推測とどちらが正確で信頼できるかは考えるまでもありませんよね、先生。それに誰もが認めている事実があります。貯蔵された物質の放射性は時間とともに低下していくのです。一〇〇〇年も経てば、人間にとっての危険など、自然に存在するウラン鉱と変わらない程度になってしまいます。今許容できるものは、一〇〇〇年後にだって許容できるでしょう？」

「うむ、それではですね……」ナワラジはわざと大げさに考え込むようなそぶりをした。「ハイタワーさん、アメリカでは毎年どれくらいの人が、自然発生するバックグラウンド放射線［訳註：自然界に遍在している微量の放射線］の影響で癌になっているかご存じですか？」

「さあ、わかりません。数百人ぐらい？」

「いや、数千人でしょう。これは許容できる数値ですか？」

「もちろん許容したくはありませんよ。でも、だからと言ってどうすることもできないのですから、許容するしかないじゃありませんか」

「ハイタワーさん、あなたの論理はおかしいですね。リスクや害を許容することは、それを許可したり是認したりするのとは違います。バックグラウンド放射線のようなものは自然に起こるといっても、必ずしも価値が中立ではありません。たとえば、肺癌にかかる〝自然な〟リスクを、喫煙という二次的な行為で増大させるとしましょう。このとき、肺癌のリスクを自然であるという理由で許容するべきですか？　あなたは地下からのバックグラウンド放射線も自然に発生する自然なものと思い込んでいらっしゃるようですね。わたしたちはいつから自分のしたことを自然のせいにするようになったのですか？」

ステファニーが黙っているので、デイヴィッドはこの質問を攻撃手段に変えた。「科学の解釈について先生がどうお考えになろうと、これだけは変わりません。つまり、先生がおっしゃるような長い年月にわたって、許容できない量の放射性核種が放出されるという確かな根拠などどこにもないということです。エネルギー省の報告にも、〝発見された証拠はこの場所が適性でないという事実を示していない〟という言葉があったのを記憶しています。これ以上のことは誰も望めません。この仕事の途方もない複雑さを考えれば、これでじゅうぶんなのです」

「これほど大きな賭けでなければ、それでじゅうぶんと言ってもいいかもしれません」ナワラジは言った。「しかし、そのように二重否定を肯定に解釈しておられるということは、知らぬという事実を頼みにしておられるわけですね。〝発見された証拠はこの場所が適性であるという事実を示している〟と言われたのならば、今よりはずいぶん安心できますよ。ですが、あなたがたはデータの不足と予測の不確かさを証拠と呼んでおられる」

「先生はこの件だけでなく、科学的なプロジェクト全般を非難されるおつもりですか?」デイヴィッドは尋ねた。「お聞きしているとそういうことになりますよね。そもそも科学というものは、最大の努力をしても何かを証明できるということはほとんどありません。科学にできるのは、実験を何度も繰り返し、反対の証拠、つまり理論が間違っているという証拠を探し、それが見つからないとわかるたびに、少しずつ確信を深めていくことだけなのです。要するに、理論に対する確信は、それを覆すことに失敗するたびに深まっていくのです。もちろん、覆す何かがあす発見される可能性はつねにあります。ですが、ユッカマウンテンほど綿密な地質調査がなされた場所はほかにありません。わたしは科学者たちが行なった評価を信頼しますね。〝ユッカマウンテンは放射性廃棄物を不特定期間処分できる安全な場所である〟――この命題を揺るがすような発見は何もされていません。この理論は確固たるものです。科学によって、永久の地層処分の安全性はきわめて信頼できるものとなったのです。ですから、〝永久〟という言葉も無条件に使うことができるのです」

「予測と言えば、廃棄物を葬った場所に今後人間が侵入することは予測されないのですか?」キャリーが質問した。

「そこですよ、そこ、デリングさん。地層処分の根本的な問題はそこなのです。放射性廃棄物をできるだけ隔離することによって、事故であれ故意であれ、とにかく人が絶対に侵入できないようにすることが大事なのです」ステファニーは言った。

「これから未来の世代に対するわたしたちの義務について話を進めていきたいと思うのですが、わたしも貯蔵場所の安全性がどれほどのものか心配です。ユッカマウンテンの貯蔵場所には、一度封印されてからも、わたしたちが入ろうと思えば、掘るなり穴を開けるなりしてもう一度入ることはできるのですか？　つまり、そうした技術はあるのですか？」キャリーは尋ねた。

「あります」ステファニーは答えた。

「だったらなぜ、未来の人に同じ技術がないと言えるのですか？」

「あるとしても、彼らがそこへ入るときは正当な理由があってのことと考えられます」

「未来の世代が封印を解くのにじゅうぶんな技術を持っているとすれば、彼らが封印を解いて危険に陥るシナリオはいろいろ考えられるではありませんか」キャリーは反論した。「たとえば、危険な放射性物質があるとは知らずに採掘を始めるかもしれません。ユッカマウンテンのすぐ近くに鉱物資源があることが報告されているのですから。あるいは、スターリンやヒトラーのような専制君主が放射性物質を兵器に利用しようとして、誰かを埋蔵地に差し向ける可能性もあります」

「失礼ですけどデリングさん、あなたのシナリオは突飛すぎて、実際にはありえないでしょう」ステファニーはきっぱりとした口調で言った。「過去三〇〇年のあいだに社会も科学も技術も、それに道徳だって劇的に進歩しました。未来の社会は今の社会より進歩しているはずですから、放射性廃棄物の扱い方だって今より進歩していると考えるのがふつうでしょう」

「もちろんわたしのシナリオは推測にすぎませんし、ほとんどありえないかもしれません。ですが、あなたが楽観的に想像されている未来社会だって、同じようにありえないのではないですか？　この砂漠の真ん中のラスヴェガスがアメリカでもっとも成長の速い大都市になるなんて、五〇年前に誰が想像したでしょう？　人間の社会のことなんて、それほど遠くない未来のことでさえ容易には予測のつかないものなのです。わたしたちは認めなければなりません。未来の世代が、地下深く埋められた、人間がつくり出したきわめて耐久性が高く有害な何千トンもの物質の影響を受けるかもしれないということを」

「でも大統領はあなたに、そうした想像のつかない正体不明の人間の代表としての地位を与えたのですよね」デイヴィッドは信じられない、というふうに首を振った。

「ええ、ですが、未来の人びとは、まったく正体不明の人間というわけではありません。未来の人びとは必ず、わたしたちの世代の子供として生まれてきます。世のなかには、弾圧された人びと、犠牲になった人びとがたくさんいます。わたしの祖先もそうです。わたしの祖先は文明的で進歩的な、あなたがたが信頼しきっているこの社会に奴隷として連れてこられたのですから。ハイタワーさん、わたしはそうした犠牲者たちの立場に目を向ける解放の神学の徒としてあなたに言います。名の知れぬ未来の人たちも道徳的配慮の対象なのです」

「ええ、おっしゃるとおりです」ステファニーは認めながら、話題がキャリーの好みの方向に変わってしまったのを感じた。「でも、遠い未来のことはわからないからこそ、永久の地層処分が正しい方法なのです。放射性廃棄物が取り出されないようにするためなら、どんな努力だってするべきでしょう。掘ってはいけないという警告として、あの山の上にピラミッドを建てたっていいと思います」

「それが何の役に立つのかわかりませんね」ナワラジが反論した。「どんな記念碑もその意味はやがて失われるものです。何か価値あるものがそこに埋められているというしるしにはなるかもしれませんがね。古代エジプトのピラミッドも歴史を振り返れば何度も荒らされているのです。シンボルの意味が何千年も続くと決めつけてはいけません」

「難しい仕事だということは認めます。でもこれだけは確かに言えます。わたしたちに未来の世代に対する義務があるとすれば、それは彼らをわたしたちが出した放射性廃棄物から守るということでしょう。その義務を果たすための最善の策が、ユッカマウンテンなのです」ステファニーは言った。

「ずいぶん父権主義的《パターナリスティック》なお考えですね、ハイタワーさん」キャリーが言った。

「そうかもしれません。〝パターナリスティック〟という言葉を、〝他人を守るための責任ある警戒と慎重な行動〟という意味で使っていらっしゃるのなら」

「わたしとしては、未来の人間に対してわたしたちに何らかの義務があるということ自体、納得できないのですよ。とくに二、三世代よりもっと先の世代に対してとなるとね」デイヴィッドは言った。「彼らには不確定要素が多すぎます。要するに、わたしたちには彼らが誰であるかも、彼らの要求が何であるかも、彼らの価値観がどんなものであるかも、まったくわからない。それでどうしてわたしたちに何らかの特別の行動がとれるのでしょう？　なぜ、わたしたちの行為の結果が彼らにとって利益になると確信できるのでしょうか？」

「アールさん、あなたは物事を表面的にしか捉えていらっしゃらない」キャリーは言った。「わたしが旅客機を設計するとしましょう。わたしは今後数十年のあいだにその旅客機に乗るであろう何千人という乗客のことについて何も知りません。それでも、できるだけ安全な飛行機を設計するのがわたしの重大な義務です。遠い未来の人の要求はわからない、というご意見にも賛成しかねます。遠い未来の人の要求は、遠い過去の人の要求と同じ、そして、わたしたち自身の要求と同じなのです。どんな人間も、充実した人生を送るための物質的および社会的環境を求めています。わたしたちには確かに、姿の見えない人に対する義務がありますし、彼らのおおよその要求はわかっています」

「でも現代の人びとに対する義務を忘れてもいけませんよね」ステファニーは言った。「わたしたちは今、地球温暖化という深刻化しつつある危機のただなかにいます。二酸化炭素などの温室効果ガスの発生量を減らすことは、現代人の差し迫った要求じゃないですか。原子力エネルギーはその要求に応えるもっとも合理的な対応策です。今持っている技術を最大限に利用しなければ、今の世代を不当に差別することになります。それに温室効果ガスを減らせば、明らかに未来の世代にとっても利益になります。温室効果ガスを減らすことで生じる放射性廃棄物の処分の義務を、あらゆる世代で負うのはじつに公平だと思いませんか？　みんなが利益を得るのですから、責任だってみんなに平等に配分されるべきでしょう。そうは思いませんか？」

「思いませんね」ナワラジはきっぱりと言った。「地球温暖化について言えば、利益はある程度平等に配分されるでしょう。しかしリスクについては違います。未来の世代はわたしたちよりもはるかに大きなリスクにさらされるのです。そうした〝時代〟格差は、ネヴァダの人びとが今苦しんでいる〝地域格差〟に似ています。ネヴァダの住民の八割がユッカマウンテン計画に反対しているではありませんか。なぜ彼らだけが地域最大の都市からわずか一五〇キロのところに潜在的な害のある放射性廃棄物を置かれるという義務を負わねばならないのですか？　世界中のほかの誰もが、その利益のみを享受するというのに」

「ワシントンのある新聞に載っていたコラムに、その疑問に対する答えがありました。〝自分の州に廃棄物を貯蔵することを望んでいない上院議員が九八名であるのに対し、ネヴァダ州にそれを貯蔵することを望んでいない上院議員はわずか二名である〟」ステファニーが言った。

「その情報は、わたしの主張を支持することになるのではないですか？　あなたのではなく」ナワラジは言った。

「いいえ。議会制民主主義は、何らかの決定による損害をすべての人にできるだけ公平に配分する手段を持っています。でも、この配分はどうしても完璧にはできません。原子力を用いるという選択には犠牲が伴いますから。でも、その利益はネヴァダ州民を含むすべての国民に配分されます。この利益の大きさは犠牲をはるかに上回ります。ですから、この決定は道徳的に正しいのです」

「そのお話を聞いて思い出しました。一九世紀の奴隷所有者たちは、まさにそれと同じ理由で奴隷の慣習を正当化したのです。わたしたちの未来世代擁護局がつくられたのも、世の中にはこの種の不公平が存在するからです」キャリーが言った。

「デリングさん、わたしには神学や哲学のことはよくわかりません。しかし、技術畑のわたしにさえ、あなたのように完璧な道徳だけを求めていたら、幸福は決して得られないことがわかりますね。永久的な地層処分によって、今の世代の大多数の人が確実に原子力エネルギーの恩恵を受けることができるのですよ。大多数の人の幸福を考えるのは倫理の理想と決まっているではないですか」デイヴィッドが業《ごう》を煮やして口を挟んだ。

「そうだとすれば、あなたはご自分の首をしめることをおっしゃっていますね。最大多数の人とは、まだ生まれていない人たちのことなのですから。放射性廃棄物のリスクという害を被《こうむ》る未来の世代の人たちの数は、わたしたちの数よりはるかに多いのです。わたしたち少数派が彼ら多数派に、原子力エネルギーの利益と損害の分配のしかたを押しつけているのですよ。少数派が最大の利益を享受し、多数派が最大のリスクを負うことになるのです。あなたの道徳計算の方法はそれを許さないはずでしょう?」キャリーは言った。

「わかりました。ではデリングさんの抗議にわたしが別の角度からお応えしましょう。あなたもご存じだと思いますが、原子力産業は未来の世代のために遺産信託を提案しています。原子力で生産される電力に税金をかけ、集まった資金をユッカマウンテンによって不当な犠牲を負うことになった未来の世代への補償として使うのです。この計画でしたら、あなたの未来世代擁護局にも受け入れていただけるのでは?」ステファニーが言った。

「ええ、その提案なら知っています。それについては賛否どちらの立場をとるか迷うところですね。確かにそうすることによって、埋蔵物によって生じる経済的な負担は軽減できるでしょう。ですが、道徳的な意味では、不公平に対する何の補償にもなっていません。とくに膨大な苦しみと命の喪失に対する償いには」キャリーは言った。

「あなたは奴隷時代にアフリカ系アメリカ人が受けた不正に対して賠償金が支払われることには賛成ですか?」ステファニーは尋ねた。

「もちろん賛成です。アフリカ系アメリカ人は世代にかかわらず、自分自身が奴隷にされたわけではなくとも、あの奴隷の慣習の社会的・政治的・経済的・情緒的影響に苦しみ続けています。わたしもアフリカ系アメリカ人のひとりとして、いま考慮の対象となっている未来世代に大きな連帯感を覚えます」キャリーは答えた。

「では、遺産信託という提案は、ユッカマウンテンによって多大な被害を受けるとあなたが考える、まだ生まれていない人たちに対する賠償金には相当はしないということでしょうか？　前払いの賠償金には？」ステファニーは続けた。

「相当するのかもしれません。ですが、事情が違います。わたしたちのコミュニティが過去の苦しみから解放されるためには、賠償金以外の戦略はほとんどないのです。ですが遺産信託の場合は違います。あなたがたはその戦略を、未来に害をもたらす行為を正当化する手段として使っているではありませんか。未来の人たちを買収して、彼らが自分たちのリスクに対して決断を下す権利を奪っているだけです」

ステファニーはとうとう声を荒げた。「もう、やってられません。だったら廃棄物をどうすればいいと言うんですか！　すべてを解決できる方法があるなら教えてくださいよ」

「わたしがお教えしましょう」ナワラジが言った。「未来の世代の自治権や決定権を最大にするために、監視付き、かつ回収可能な貯蔵設備を全国に配備し、そこに高レベル放射性廃棄物を貯蔵するのです」

「それでは問題をただ否定しているだけではないですか」デイヴィッドが言った。

「とんでもありません。そうしておけば、今後技術が進歩したときに、廃棄物を最初に埋蔵したときよりもよい方法で処理することが可能になります。さらに重要なことに、リスク管理の方法の選択権を未来の世代に残しておくことができます。要するに、この回収可能の貯蔵方法とは、おそらくあなたがたがおっしゃる遺産信託とともに、未来の人びとに権利を与えることになります。じつに正義にかなった方法ですね」

ステファニーは少し考えてから応えた。「先生のご提案も、結局わたしたちの提案と同じ問題を抱えています。いつか地質活動の影響でユッカマウンテンの完全性が損なわれるかもしれないと先生はさきほどおっしゃいました。まさにその地質活動の影響で、回収可能な貯蔵容器は地下深く埋もれてしまい、忘れられてしまうかもしれません。そうなったときは、その後の世代が思い出すはずもなく、むしろ密閉された容器が埋もれているより危険だと思いますね。いえ、それよりです、未来の何代目かの世代が力を行使し、処分の方法を決めることになるかもしれないのです。そうなれば彼らの立場は今のわたしたちの立場と同じです。その後の全世代の選択権を奪うかもしれないのです。先生は、未来の全世代に選択権を残すとおっしゃいますが、それは未来の世代がまるで一世代であるかのようなご発想ですよね。あるひとつの世代が一度だけ力を行使すれば、その後のすべての世代にその深刻な結果を残すことになるのです。皮肉な話ですけど」

「ステファニーさんの言うとおりです。さらに言うなら、テロ攻撃や事故のリスクにはその計画では対応できないでしょう」デイヴィッドが言った。

「そうかもしれません。しかし、リスクがあるとしても、ユッカマウンテンに放射性核種が放散されるリスク以上のリスクはありません。したがって何よりも重要なのは、最優先されるべき義務すなわち正義の義務を果たすことでしょう」ナワラジが言った。

「でも、無防備な地上での貯蔵法では、わたしたちの科学的な推定によれば、テロ攻撃や事故があったときに永久の地層処分よりもはるかに危険です。先生もやはり完璧な道徳をお求めのようですね。先生は目の前にある現実の問題を見ようとなさらずに、やみくもに正義の義務のことばかりおっしゃいます。先生はご自分をたちの悪い〝善人〟になさっています」ステファニーはきっぱりと言った。

「正義について考えているのはわたしたちも同じです。ただ、それをどう実行に移すかについての考え方が、先生とわたしたちとではまったく違いますね」

そのとき、キャリーの同僚が車の到着を知らせにやってきた。彼らはこれからその車でユッカマウンテンにいくことになっている。翌日に話の続きをすることを約束し、四人は会議を打ち切った。

会議室を出るとき、ナワラジがキャリーに言った。「あなたはキリスト教、わたしはヒンドゥー教。わたしたちのまったく異なる宗教上の使命が、この件において一致しているのは興味深いことです」

「どういう意味でしょう？」

「あなたの世界観は、あなたが属するコミュニティやアフリカ系アメリカ人女性の抑圧された経験から引き出されている。そのため、虐げられている人びとに対する正義への配慮が、あなたの基本的な道徳原則になっている。その人びとが今を生きているか未来を生きるかを問わず。違いますか？」

「いいえ、おっしゃるとおりです。では先生の世界観は？」

「わたしの世界観は複合的なのです」ナワラジは少し考えてから次の言葉を口にした。「宗教とは無関係にひとりの哲学者として、わたしは人間の内在的価値と尊厳という概念と、わたしたちの何ものにも害を与えないという義務を深刻に受け止めています。一方ヒンドゥー教徒のひとりとして、輪廻転生とカルマの思想を拠りどころとしています」

「現世での行為が、来世の状況を決めるということですね？」

「そうです。世代間の正義は、カルマの法則が働くことによって達成されるのです。しかし、未来の人間の問題となると、もうひとつ捻《ひね》りが加わります。きわめて実質的な」

「と、おっしゃいますと？」キャリーはしだいに話に乗ってきた。

「いいですか。わたしたちの誰もが、未来のいつの時代にも存在するのです。したがって、わたしたちはみな、未来の世代の福祉に関する今日の決定の受け手なのです。わたしたちの誰もが未来の世代の一員なのですから」

「では、もしも五〇〇〇年後にユッカマウンテンに貯蔵された核廃棄物が地下水に溶け出すとすれば、未来の先生とわたしは、その水を飲むことによってリスクにさらされる、ということですね？」

「そのとおりです。わたしたちはわたしたち自身の行為の潜在的な犠牲者なのです。自分が蒔いた種の有害な結果を収穫するということです。今回の話で言えば、その種とは、わたしたちが埋める高レベル放射性廃棄物のことです」

「それは先生ご自身がお考えになったことですか？」

「このようなことが学術出版物に書かれているのを何度か見たことがあります。しかし、それらは利己的な動機で善行を勧めるものであって、ヒンドゥー教の倫理である崇高な意図を表わすものではありませんでした」

「そうですか。いずれにしても先生、先生のそのお考えをハイタワーさんとアールさんにもお伝えすべきだと思います。そうすれば、あの人たちだって、わたしたちの意見をもっと尊重してくださるかもしれません」

「わたしはそうは思いませんね。彼らは地層処分の科学に強く傾倒しています。ですから、現世での自分の決定がもたらす結果に、自信を持って、何の疑いも持たずに、来世の自分を委ねるに違いありません」

「そうかもしれませんね。そのような疑いでしたらすでにわたしたちが投げかけましたものね」

それから二人はユッカマウンテンの深い洞窟のような地下道へ向かう車に乗り込んだ。

――解説

原子力発電所が最初に稼動したのは一九五五年である。当時は核分裂による電力の商業用生産はまだ実現途上の夢だった。豊富で安価な、ある楽観主義者の言葉を借りれば「安すぎて計測の必要もない」電力が期待されていたのである。この夢はある意味で実現した。商業用原子力を支持し、今も夢を追い続けている原子力エネルギー協会(NEI)によれば、アメリカでは現在一〇三基の商業用原子力発電所が稼動しており、国の電力の二〇パーセントを供給している。ヴァーモント州の場合は電力の三分の二を原子力発電でまかなっている。[*1] 原子力発電は石炭や石油やガスを用いる火力発電に比べて経費が少なくて済む。原子力はじつに安価なエネルギーなのである。

原子力発電が重要視されつつあるのは、原子力発電では硫黄酸化物や二酸化炭素（主要な温室効果ガス）が大気中に放出されないからである。一九七九年のスリーマイル島での事故や一九八六年のチェルノブイリでの炉心溶解《メルトダウン》は、老朽化した原子力発電所の廃炉に膨大な費用がかかるという事実とともに、原子力発電所の安全性に対する人びとの懸念を強めるもとになった。にもかかわらず、環境問題への関心の高まりや国内自給電力への政治的関心の高まりから、原子力拡大への期待が復活してきている。

だが同時に、夢は悪夢に変わる可能性を帯びてもきている。原子力エネルギー協会は、「原子力産業は産業革命以降に確立した産業のなかで、すべての廃棄物を巧みに処理し、その責任を負い、環境への悪影響を防いできた唯一の産業である」[*2]と主張している。確かに、責任は負っているだろう。だが、巧みに処理できているのだろうか？　この主張は多くの人にとって疑問であり、そこがこの事例でも最大の論点となっている。

原子力発電をごく簡単に説明しよう。発電には酸化ウランが用いられる。ウランのセラミック粒の詰まった金属の燃料棒が多数合わせられ、原子炉に投入されて、核分裂を起こす。このときに生じる大きなエネルギーが水を沸騰させ、その蒸気がタービン発動機を作動させ、電力を発生させる。この燃料棒の合わさったもの（燃料集合体）は一、二年で消耗し、新しいものと取り替えられる。

問題は、この放射性の高い使用済みの燃料集合体を、どう貯蔵するかである。原子力発電所一基から、一年に二〇トンほどの使用済み燃料が排出される。産業全体で言えば、過去四〇年にこの「高レベル放射性廃棄物」が四万トン排出されている。これらはどこに貯蔵されているのだろうか？　現在のところ、廃棄物処理の責任は、それぞれを排出した原子力発電所にある。どの原子力発電所もたいてい、近くに設置した鋼鉄製かコンクリート製の保管庫に廃棄物を貯蔵している。しかし、このように危険物を「庭の隅の物置」にしまっておく方式をいつまでも続けることはできない。場所に限りがあるし、安全性への不安が高まっているからである。

原子力産業全体が抱えるこの問題に答えるために制定されたのが、一九八二年の放射性廃棄物政策法（NWPA）である。これによって、放射性廃棄物は今後建設する地下埋蔵施設に貯蔵するものと決定し、長期保管のためのほかの選択肢は排除された。さらに一九八七年の放射性廃棄物政策修正法では、綿密な科学調査を行なった数箇所のうち、ラスヴェガスの北西約一六〇キロメートルに位置するネヴァダ州のユッカマウンテンを唯一の処分候補地とすることが決定した。その後、ユッカマウンテンはブッシュ政権下のエネルギー省によって正式に処分地と認められ、二〇一〇年の運用開始をめどに貯蔵施設の建設の指示が出された。ネヴァダ州の必死の抵抗にもかかわらず、上院では圧倒的多数で計画が承認された。これは驚くまでもない結果と言える。上院議員の多くは自分の州に原子力発電所を抱えており、使用済み燃料を自分の州に溜め続けることも、自分の州を全国の放射性廃棄物の捨て場にすることも、州の有権者たちから望まれていないからである。こうした反応を、Not In My Back Yard（自分の裏庭にはあってほしくない）の頭文字をとってNINBY《ニンビー》という。

この事例における倫理問題は、地理的にはネヴァダ州のユッカマウンテンに限定されているが、時間的には限定されていない。使用済みウラン燃料の放射性による危険は数万年続く。核分裂の過程で生じるその他の副産物の危険はさらに長く、数十万年続くとも数百万年続くとも言われている。したがって、私たちの世代は、膨大な年月にわたる安全性を考慮して、この危険物を処理する責任があることになる。この責任が、さまざまな理由で、独特な倫理的かつ哲学的な問題につながる。

まず問題にされるのはたいてい、未来の人びとに対する道徳的配慮についてである。一部の思想家によれば、現代人がまだ存在もせず性格的特徴も文化的信念も価値観も好みもわからない未来人に対して義務があるというのは疑問だという。[*3] たとえ私たちが未来の人びとに対して義務があると認めたとしても、その義務をどうやって果たせばいいのだろう？　私たちが何かをすれば必ず、その意図が未来の世代に対する善意であるかどうかにかかわらず、未来を——したがって未来人の個性を——私たちが何もしなかった場合とは違ったものにすることになる。これは興味深い哲学パズルである。とはいえ、何らかの宇宙的な事変によって人類が絶滅しないかぎり、一〇〇〇〇年後か五〇〇〇〇年後か一万年後かの誰かが、私たちが安価な電力の恩恵にあずかった結果溜め込んだ放射性廃棄物のせいで、危険にさらされる可能性はある。未来の住民が私たちと同じ恩恵を受けられるかどうかはわからないのに、彼らがリスクを負うことだけはわかっているのである。私たちの夢は未来人にとっての悪夢となるかもしれない。ＮＩＭＢＹ《ニンビー》が今度はＮＩＭＧ《ニング》（Not In My Generation ——自分の時代にはあってほしくない）となるかもしれないのだ。これは問題の解決でなく問題からの逃避である。現にＮＩＭＢＹの結果、ユッカマウンテンが問題を背負わされているのだから。

こうした哲学的な疑問はあるとはいえ、地層処分の支持者も反対者もたいてい同様に、私たちの世代には未来の世代に対して廃棄物処分の義務があると考えている。意見が分かれるのはそれをどう処分すべきか、という点だ。当初は、これは科学技術の問題であって倫理問題ではないと考える人もいた。だが、それは間違いである。哲学や倫理学の前提も微妙に関わっているのである。

この前提のひとつが、ユッカマウンテンという「領土」に対する父親主義的《パターナリスティック》な態度である。ステファニーとデイヴィッドは、放射性廃棄物の処理についての最終決定をする最適任者は私たちの世代であると考えている。これは一見、「自分の問題は自分で解決しようとする」責任ある態度に見える。しかし実際には、廃棄物を回収できないかたちで永久処分してしまうことによって、最善の処分法を決定する権利を先取りし、未来の人びとの自主性を奪う結果となっている。未来人の権利を正当な理由なく奪っているのである。

しかも、現代人の権利の提唱者たちは、話を追求されると、自ら矛盾を暴露する。貯蔵地に人が侵入する可能性をキャリーから問われると、ステファニーは、未来の世代は技術的にも道徳的にも現代より大きく進歩していると考えられるので、そうした侵入も完璧に防げるはずだと答える。ステファニーが進歩を当然と信じ込むのは前提が間違っているからだ。彼女は歴史を都合よく偏って読み取っている。そのことは、キャリーが指摘した現代の進歩的な西洋の文化に存在した奴隷の慣習からもわかる。未来が本質的に予測不能であることを知らずに主張する強みは、ひとつには技術的進歩も道徳的進歩も一様に信頼して主張することができる点である。

技術的・科学的な判断のなかに主観や無知が入り込むと、別の影響も生じる。ユッカマウンテンの科学的分析や「土地の特徴づけ」は、後述する理由により、功利主義的な道徳理論にもとづいている。つまり、行為がもたらす結果の損益分岐点分析にしたがっているのである。放射性廃棄物の長期間の貯蔵というきわめて複雑な状況では、大規模プロジェクトがもたらす利益の見込みと損害のリスクが分析の対象となる。

地質学上の最大の危険は漏出である。いつの日か、未知量の放射性物質が貯蔵容器の腐食部分（現在の技術では、三〇〇年後に容器が無傷であることは保証できない）から漏れ出し、その地域の地下水を汚染するかもしれない。この危険を知らないであろう未来の人間は、その水を飲み、病気になるかもしれない。漏出物が地下水に溶け込む可能性はどれくらいあるのだろうか？　誰も確かなことは言えないだろう。にもかかわらず、科学調査にもとづいた確率が示されている。そのようなリスク分析は、おそらく膨大な不確定要素にもとづく価値判断である。地質学者たちは、今後何千年にもわたるユッカマウンテンの状態を自信を持って予測できるほど、この土地の火山や地震や気候変化や水脈についてよく知っているのだろうか？　専門家たちは、楽観的なリスク評価を発表することができるほど知識豊富なのだろうか？

しかし、この答えを確実に知っているのは、というより、確実に知っていると思い込んでいるのは専門家たちだけである。科学の発見そのものの確実性とは無関係に、ユッカマウンテンの提唱者たちの主張と態度のなかで、有無を言わせぬ「専門家の推論」が働いている。確かに、廃棄物の長期処分のリスクを数値化することは科学者にしかできない。しかし、リスクの許容度を評価することも科学者にしかできないと考えるのは誤りである。にもかかわらず、ステファニーは、素人が「感じるリスク」の評価より、専門家が示す「現実のリスク」のほうがはるかに信頼できると主張する。要するに、客観的な判断は専門家にしかできないと言いたいのである。だが実際、どんな状態であれば安全で、どんな状態であれば危険なのだろう？　科学者は、リスクの許容度を決めるための知識が素人より豊富なわけではない。しかも、平等主義にしたがうなら、影響を受けるすべての人たちの判断を平等に扱わなければならない。ステファニーは、「自然の」リスクであれば許容できるというのがリスク評価のための実用的原則だと思い込んでいる。だがその論理もナワラジの検証によって破綻する。

ユッカマウンテンの提唱者のアプローチのもうひとつの問題点は、「知らないこと」にもとづく否定形の前提をもとに、断定的な結論を導き出していることである。二五年と七〇億ドルをかけて行なった科学調査の結果、ユッカマウンテンが安全ではないという理由は何ひとつ見つかっていない、したがって安全である、というのである。理論が成り立たないという証拠が見つからなければ、理論が成り立つと結論づけるのは、あまりに奇妙である。とはいえ、これが科学の手法なのだ。科学の仮定は、実験や観察を繰り返すことによって誤りであることが証明されなければ、とりあえず真実として受け入れられる。このとき、仮定は「証明」されていないことに注目してほしい。反証に失敗することによって、「真実らしいこと」に対する信頼が築かれるのである。この事実を考えると、科学は仮定が否定されないかぎり進歩しないと言われるのもうなずける。ユッカマウンテンが安全であるという仮定は、それを覆す事実（その地域に火山や地震があったという事実など）を発見することを目的にさまざまな検証を受けている。そうした事実が何も見つからなければ、仮定の信頼性は高まる。ステファニーとデイヴィッドは長期にわたる綿密な科学的調査に絶対の信頼を置いている。その結果、「科学者や技術者が発見していないこと」を強調する結論をためらわず受け入れているのである。一方、ナワラジは、ユッカマウンテンの安全性が肯定的な発見によって証明されなければ安心できないと言う。ナワラジは確かに法外な要求をしているのかもしれない。とはいえ、ユッカマウンテンの地質の途方もない複雑さ、安全性を考えなければならない期間の膨大さ、影響を受ける人びとの数（数えきれない世代にわたる数えきれない個人の数）、そして決定は二度と変えられないという事実を考えれば、極端な警戒が必要なのかもしれない。しかし、ステファニーとデイヴィッドは、極端な警戒ならすでになされたと信じている。

さらなる問題は、科学が功利主義による倫理判断へのアプローチと結びついている点である。科学そのものは「価値の中立性」と客観性に信頼が置かれている。にもかかわらず、科学の方法論が功利主義の倫理理論と密接に結びついているために、ユッカマウンテンのような事例ではほかの倫理的アプローチが検討されることはない。[*4] ある行為の道徳的な是非を功利主義によって計算する場合、その計算結果の正しさは、その行為がなされたときに生じるであろう結果をどれだけ正しく予測し評価することができるかに左右される。要するに、このアプローチは予測力がなければ成り立たない。そして科学には予測力がある。したがって、道徳に関わる状況についての知識を集める手段が科学のみであるときには、この予測による知識にもとづいて行なわれる考察は、ほぼ例外なく功利主義になる。ユッカマウンテンに何千年も埋められる放射性物質のリスクと、それらが未来の人びとにもたらしうる損害は、地質学・水文学・気候学などにもとづく事実を評価することによって導き出される。それから、リスクと利益が比較され、社会的効用にもとづいた、つまり、行為によって影響されるすべての人を考慮した決定がなされる。

この事例では、地球温暖化が、放射性廃棄物の処分についての道徳問題を考えるさいの重要な要素となっている。デイヴィッドとステファニーは、地球温暖化の進行を遅らせ、その破壊的な影響を食い止めるためには、原子力産業の発達は必須だと主張する。彼らに言わせれば、廃棄物の永久地下埋蔵によってもたらされるかもしれない損害など、地球温暖化によってもたらされる損害に比べれば取るに足らない。気候にやさしい電力源の普及のために行動を起こさなければ、未来の人びとが受ける被害はよけいに増大する。したがって、できるだけ多くの原子炉を設けることは私たちの重大な責任である。彼らの主張はおもに、こうした行為によって利益を受ける人びとの大多数は未来人であるという理由によって正当化される。

しかし、たとえ地球温暖化による被害を抑えることが未来の世代にとって大きな利益になるとしても、未来の世代にリスクを引き渡すことの道徳的な問題がなくなるわけではない。放射性廃棄物を永久に地下処分するという決定は、道徳的には、地質学的状況の予測できない土地に住む、性質もわからない未来の人びとのために、彼らの選択肢を責任を持って限定する、という決定である。ステファニーとデイヴィッドはこの決定こそ、自分たちが未来人の安寧を確実にするためにできる最大限の警戒だと信じている。だからこそ、彼らは自信を持って、これ以上によい計画があるかと、キャリーとナワラジに問いかけるのである。ナワラジは「ある」と答える。

ナワラジによる提案は、「協定にもとづく監視付き回収可能貯蔵[*5]（NMRS：negotiated monitored, retrievable storage)」である。NMRSの科学的・技術的な利点は、道徳的な利点と一致する。廃棄物を全国の指定地に（おそらく強固な容器に入れて）貯蔵し、そこで高度な警戒のもとに維持することによって、最適な処分法を選択する権利を未来の世代に与えることができる。未来の世代は廃棄物のリスクを引き継ぐことにはなるが、同時にそれをどうするかを決める力も引き継ぐことになる。したがって、NMRSは、未来人の自主性を最大にするという私たちの義務を満たすものである。未来人に変更不可能な決定を強制的に受け入れさせるのではなく、彼らの自主的な行動を認めることによって、すべての人は公平に扱われ、自らに被害が及ぶ可能性のある行為に対して発言権を与えられなければならないという手続的正義の要求が満たされることになる。

キャリーとナワラジは最後の会話のなかでそれぞれの倫理的立場の基盤となる宗教上の信念を明らかにしている。キャリーはアフリカ系アメリカ人のプロテスタントであり、ナワラジはヒンドゥー教徒である。キャリーの倫理観の中心には、迫害された貧しく弱い立場の人びとのために正義を求める姿勢がある。ナワラジの倫理観は、行為が未来の出来事を決定するというカルマの思想に根ざしている。来世の人間の身に降りかかる不幸は、その人間が現世でとった行為の結果だというのである。倫理観のもとになる宗教的基盤が大きく異なるにもかかわらず、キャリーとナワラジは、放射性廃棄物の地層埋蔵は未来の人間を正当に扱う行為ではないという点で、合意しているのである。

――ディスカッションのために

1. 一部の思想家は、未来の世代の人はまだ存在しないので、私たちには彼らに対する義務はないと主張している。あなたはこれに同意できるだろうか？　つまり、私たちの行動の長期的な結果を考えるとき、未来人のことを考慮に入れる必要はないのだろうか？　また、まだ存在しない人間を道徳的配慮の対象とするべきだと主張するには、どのような根拠を挙げればいいだろう？

2. 風力、地熱、太陽光などの代替エネルギー源は、最善の場合でも、私たちのエネルギー需要のごく一部に当てることしかできないと言われている。しかし、適切なエネルギーがなければ、未来の世代は苦しむことになる。放射性廃棄物を未来人に残すことと、原子力エネルギーの発達を阻むことによって未来人にその利益を与えないようにすることと、どちらがより悪いだろうか？　功利主義的な視点で考えてみよう。

3. この事例では、放射性廃棄物の処分がもたらす長期的なリスクをどの程度許容できるかという問題が大きな論点になっている。リスク評価はひとえに科学者に任されている。あなたは、科学者の判断にどの程度信頼をおきたいと思うだろうか？　また、あなたはふだん日常の安全や幸福をどんな専門家に託しているだろうか？　そうした専門家たちは、彼らの判断に影響される人びとに対し、どの程度の責任があるのだろう？

4. この事例では、高レベル放射性廃棄物をユッカマウンテンの貯蔵地に輸送するさいの安全性については話し合われていない。しかし、その点に関しても、ネヴァダ州の住民がアメリカのほかの州の住民より大きなリスクを負っていることは明らかである。このリスクは道徳的に正当と認められるだろうか？

第二部　生態系の再生と再創造

第7章　生態系の応急処置？——傷ついたサンゴ礁の再生

「ラバクとスバキのサンゴ礁は急速に回復しています」ワヤンは宣言した。彼はバリ島西部の海沿いの村、ビンギンの村長である。「ラバクとスバキの住民たちからは、サンゴ礁は相当に破壊されていると聞いていました。ですが、わたしたちは新たなサンゴと小さな魚を確かに見ました。あの〝柵〟のなかのサンゴは、健康な自然のサンゴ礁のサンゴに負けない速度で成長しています。新たなサンゴはすでに、一時は消えていた小さな魚の群れを引き寄せてもいます。これはインドネシア中のサンゴ礁の破壊対策のすばらしいモデルになります。これこそ、わたしたちのサンゴ礁にも望むことです」

「ワヤンさん、あの柵は確かに有効ですが、それですべてが解決するわけではありません」イスマイル・ムタラーが忠告した。「どうかサンゴ礁を救うために必要なほかのことにも目を向けてください。ラバクとスバキの地方政府はサンゴ礁を警備して、ダイナマイトやシアン化物を使う漁や観賞魚を獲るための罠の使用をなくす努力をしていたではないですか。そして、畑から農薬が直接入り江に流れてくるのを防いでもいました。彼らはこれからもそうしたことを続けていくのです。柵を置けば確かにサンゴ礁は再生しますし、魚も戻ってきます。しかし、それだけではダイナマイトやシアン化物を使う漁師も戻ってくるし、観賞魚を獲る網が新たなサンゴを傷つけるのです。サンゴ売りもまたやってきて、古いサンゴを盗んだように新しいサンゴを盗むでしょう。こうしたことが二度と起こらないように手段を講じなければ、新たな技術を用いたところでサンゴ礁を救うことはできないのです」

ここで話題となっているのは、サンゴ礁を守るための新しい道具である、イオンコーティングした固定式の柵のことである。インドネシアの一万三六〇〇の島々の周りでは数多くのサンゴ礁が破壊されつつあるが、そのうちすでに三箇所にこの柵が導入されている。この柵は新しいサンゴの成長を誘発するもので、一時的にはサンゴに直接栄養を与えているようにさえ見える。柵を開発したのはアメリカの団体を中心とする複数の国際的な環境保護団体である。この柵は法外な価格というわけではなかったが、田舎の村にはもちろん、州政府にも容易には手の出せない価格だった。イスマイルがリーダーを務める環境保護グループは、この柵を用いたサンゴ礁回復プロジェクトをほかの村で成功させており、その情報を聞きつけたワヤンの村が、彼らに連絡をとってきたのである。村の委員会は三つのサンゴ礁のうちふたつが回復しているようすをすでに確認しており、ぜひ自分たちもこのプロジェクトに参加してサンゴ礁を回復させたいと考えていた。

過去一五年にわたって――とくに一九九七年のアジアの財政危機とスハルト政権崩壊以降――魚の乱獲、ダイナマイトやシアン化物の使用、海外や旅行者に売るためのサンゴの収穫、観賞魚（淡水魚とサンゴ礁に生息する魚）の海外向け販売の急増などによって、ビンギンのサンゴ礁は破壊され続けてきた。漁師は魚を見つけるために、しだいに沿岸から離れざるをえなくなった。漁だけで生計を立てていかなければならない人びとは今、彼らの古い小さなボートでは危険な遠い沖に漕ぎ出し、そこで漁をしている。サンゴ礁はかつて村民の主要な蛋白源であっただけでなく、スキューバダイビングやシュノーケリング目的の旅行客を引き寄せてもいた。ところが、今残っているのは、魚を奪われ、傷めつけられて死にかけた、あるいは、すでに死んでいるサンゴの塊である。その多くはダイナマイト漁法によって散乱したシルト（沈泥）や岩屑に覆われていた。

イスマイルは村長に、新しい柵だけでは問題は解決しないということを理解してもらおうとしたが、うまくいかなかった。村長はただ、「村のみなさんはいい人たちばかりですから、ダイナマイトやシアン化物や罠の使用はやめるようにお願いしておけば大丈夫でしょう」と言い、それから、「しかし本当はお願いするまでもないのですよ。魚はすでにいなくなって、漁師たちはみんなほかへ行ってしまったのですから」とつけ足した。イスマイルと彼のグループの職員のエルマはやりきれない気持ちで村をあとにし、バリのデンパサールのオフィスに向かった。

「村長はきっとわかってはいますよ。こちらの話もちゃんと聞いていました。ただ、いざこざになるのがいやなのでしょう。イスマイルさんのお国のようにね！　でも気性の荒いアチェ人であるはずのイスマイルさんも、ほかのインドネシア人の気質が移ってきたみたいですね」

イスマイルは微笑んだ。エルマは言葉を続けた。

「インドネシア人はいかにもアジア人で、西洋人と気質が全然違います。何でも遠まわしに言うのが好きで、正面切って人と対立するのを嫌うのです。バリの村の村長たちは、村民に向かって〝こうなるのが好ましい〃みたいな言い方をします。それだけでみんなちゃんとしたがうのです。したがわなければ村長からはもちろん、村じゅうから顰蹙《ひんしゅく》を買うのがわかっているからです。でも今回は問題がふつうとは違いますよね。こちらは村の人たちの生活や収入や食料にかかわる話をしているのですから。こちらとしては村長に、ダイナマイト漁やシアン化物漁を全面的に禁止し、違反した場合の罰則をつくってほしいと思っています。でも、村長や村長の家族もそんな漁をしているかもしれないのですよね！　村長にはサンゴ礁を監視してもらいたいし、警察を動かして違反をしている人を捕まえてもらいたい。観賞魚捕獲用の罠をサンゴ礁の上に仕掛けるのも禁止してもらいたい。せめてサンゴ礁が完全に回復するまでの三、四年だけでもサンゴ礁での漁を禁止してほしいのに、それを言い出すことすらできませんでしたね」

「そうだね。ワヤンは、人間がいちばんの原因である複雑な環境問題を、技術的な処置だけで解決したがっている。そのほうが人間の態度を変えるよりも簡単そうに思えるからね。わたしが彼の立場でも同じように考えるかもしれない。こんな魔法の解決策みたいなのがあったら誰だって飛びつきたくなるよ。村には何の負担もかからないし、海外からの寄付に頼る必要もないのだからね。ワヤンにとっては、自分の責任を認めることなく村の問題を解決できるというところも魅力なのだろう。しかし、そこが、わたしがあの村長とあの村に引っかかっている点でもある。村自身が積極的にサンゴ礁の回復に努めないなら、回復後のサンゴ礁をどうやって守り続けることができるんだ？　次に破壊されたら、また別の援助者と別の解決法を探すつもりだろうか。柵を置いてサンゴ礁を回復させることはできるけれど、一〇年もすればまた今と同じように破壊されるだろう。この村はわたしたちのプロジェクトのよいモデルにはなりそうもない」

二人はオフィスに着くと、ニョマンとケトゥトという別の二人の職員をまじえて話を続けた。ニョマンとケトゥトはどちらもバリ出身だった。ケトゥトはイスマイルに同意し、サンゴ礁を守るために必要な対策はもっと強引に進めてもらうべきであり、厄介な仕事を引き受けようとしない村はモデルにするべきではない、と主張した。「ここのサンゴ礁はハワイやカリブと比べると白化がひどくありません。一九九八年の酷暑のときのグレートバリアリーフと比べてもです。おそらくここは昼夜の温度差が大きく、浅瀬は夜に水温が下がるからです。ですが、地球温暖化の最新情報によれば、サンゴ礁の破壊がこれから進行していくことは明らかです。一九八六年と八七年にスーザン・ソロモン博士が南極で実地観測を行ないましたよね。そして、スプレーの噴射剤のクロロフルオロカーボンが極地に蓄積してオゾン層を破壊していることを証明しました。世界気候研究計画の合同科学委員会での博士の説明によれば、成層圏の化学汚染によってオゾンに穴があくと、世界中の気候パターンが乱れるということです。南北両極上空の低気圧の中心気圧が低下して、それまでは極地の周りでゆっくりと渦を巻きながら中緯度地域に冷気を送っていた気候パターンが、その渦を縮め、冷たい空気を極の中心に閉じこめてしまうというのです。その結果、世界のあちこちの気象が狂い、南極半島の先端の棚氷が溶けやすくなっています。博士が合同科学委員会でこれを説明したまさにその日に、ラーセンB棚氷が崩壊して粉々になりました。博士の発表がすごく説得力を増したというわけです！」

ニョマンはイスマイルとエルマに向かって顔をしかめて言った。「今、ケトゥトさんにその報告書を読まされたところなんですよ。確かに恐ろしいことです。でも、この発見の前から、科学者たちは海水の温度が上昇しつつあることに同意していました。すでにサンゴ礁の多くが白化の危機にさらされていることにも」

イスマイルはエルマに向かって尋ねた。「あの村、つまり、あの応急処置男の村のことだけれど、あの村は、たとえサンゴから利益を得ることができなくなっても、サンゴを村の内外の人びとから守る努力をしてくれるだろうか？　そして、たとえば白化が起こるなどで新たな手段が必要になったときは、村の人たちがちゃんと協力して、必要な作業班などを結成してくれるだろうか？」

「それはわかりません。でも村長以外の人にも話をしてみたほうがいいと思います。村の一般の人たちや漁師さんたち、魚市場で働く人たち、ダイビングボートの所有者、ホテルの経営者などに会ってみてはどうでしょう。彼らはみなサンゴ礁に生活がかかっています。必要な努力をしてもらえるかどうかはわかりませんけど、今からあきらめるのは早すぎると思います」

イスマイルはエルマの意見に賛成し、こう言い足した。「急いだほうがいい。来月までにプロジェクトの実施地をあと二箇所決めなければならないからね。ビンギンはだめだということになれば、さらにもう一箇所探す必要も出てくるし」

二人は村長に連絡を取り、サンゴ礁の維持に利害関係のある人たちを翌週集めてもらうことにした。エルマはこのとき村長に、この村でプロジェクトが実施されるかどうかは村長が決めることではなく、村が選ばれなければならないのだということ、そして、選ばれるかどうかは、村とその有力者たちが今後数十年にわたり、責任を持ってサンゴ礁を守る意志があるかどうかで決まるのだということを必死で説明した。また、村長を説得し、翌週の会議には州政府の渉外担当者と環境担当者、地元の警察署長——村長の従兄——にも出席してもらうことにした。

六日後、四人はデンパサールからビンギンまでの道をライトバンに揺られていた。車のなかでニョマンは地球温暖化とサンゴの白化の話を続けている。「われわれもサンゴの遺伝研究の動向を知っておくべきでしょうね。高温による白化に強い種類のサンゴを見つける努力はされているのか、とか、その種類のサンゴに必要なものは何か、とか。サンゴを人工的につくるのは難しいのでしょうか?」

「ちょっと待ってくださいよ」ケトゥトが抗議した。「そうやって技術的な処置に頼ろうとするのではワヤン村長と同じじゃないですか。そうした対症的な処置でなく、成層圏の化学汚染を止め、地球温暖化を止める努力をするべきでしょう。サンゴ礁の抵抗力を研究したところで、気温が上がり続ければ、抵抗力の強い種にもやがて限界がきます。そうしたら何もかも最初からやり直しです。だからイスマイルさんだって、ワヤンの村がサンゴ礁の乱用をやめようとしないのを心配しているんじゃないですか。エルマさん、あなたはどう思いますか? あなたの意見を聞かせてください」。

「そうですね。わたしはニョマンさんの意見ももっともだと思います。だって、アメリカが京都議定書を拒否していますよね。世界人口のわずか六パーセントの人たちで世界中の二酸化炭素の二五パーセントを排出している世界一豊かな国が、どうして経済的地位に傷がつくなどと言って、二酸化炭素のわずかな削減目標にさえしたがおうとしないのでしょう? こんなことではたぶん、あと最低でも一〇年くらいは温暖化対策の効果は望めないでしょうね。効果が現れ始めるのはずっと先のことだと思います。そう考えると、地球温暖化が逆行し始めるか、少なくともこれ以上進行しなくなるまでは、技術的な手段もある程度は利用して、大きな環境破壊を食い止めたほうがいいように思うのです」

誰もそれ以上質問しようとしなかった。地球温暖化対策が政治のせいで行き詰まる悔しさについては、これまでいやと言うほど話し合ってきたからだ。

しばらくして、イスマイルが沈黙を破った。「わたしの机の上に〝シーリーフ〟という環境保護団体からのメモが置いてあったのを、誰か見なかったかな」三人が首を横に振ったので、イスマイルは話を続けた。「そのメモには、今シーズン白化がある程度進んでいるインドネシアのサンゴ礁が、ほかの地域のサンゴ礁と並んで六つ挙げてある。シーリーフによれば、海面水温だけがそれらのサンゴ礁のストレッサー（ストレス要因）であるのかどうかはわからない、ただ、今現在白化しているサンゴは熱に弱い品種である、ということだ」

「だからわたしたちはこの地域で白化しているサンゴを見つけ、その白化の独自の原因を判断しなければならない、というわけですね」エルマは憂鬱そうにつぶやいた。

「いや、もっとすることがあります。熱に弱い品種と熱に強い品種についてのデータを集め、それらを総合して仕事に活かすべきでしょう。これまではプロジェクトの実施地を決めるのにサンゴの種類は考慮してきませんでした。でも、これからは、エルマさんが言うようにサンゴを監視して、知りえたすべてのストレッサーに対する反応を調べなければならないでしょう。熱に強いサンゴの集中しているサンゴ礁でばかり柵を試しても、そのサンゴ礁には熱に強いサンゴが弱い別のストレッサーがあるとすれば、意味がありませんからね」ニョマンが言った。

「集められるかぎりのデータを集める必要がありますね。サンゴの品種についても、プロジェクトを実施するサンゴ礁の状態についても。実施地の選定や監視の過程で白化を進ませてしまうことがないように」ケトゥトが言い足した。

イスマイルは最前列の座席から振り返って二列目の座席に座っている三人を見た。「それはいい考えだ。それこそわれわれがするべきことだろう。ニョマン、きみには、オーストラリアの〝シーリーフ〟と〝エイムス〟という団体に問い合わせて、サンゴの白化に関するデータを、熱に対する抵抗力についても、ほかの環境ストレッサーについても、できるだけたくさん集めてもらいたい。それからケトゥト、きみの仕事は、プロジェクト実施地の選定と監視のための手続き全般をチェックすることだ。そしてデータが集まった時点で、修正しなければならない点があれば報告してほしい。そしてエルマ、きみの仕事は、最後に候補の村や環境担当者やメディアに送る書類をチェックすることだ。そして、われわれの新しい方針を正確に伝えるために修正すべき部分があれば教えてほしい」四人は少しのあいだ、新たな責任の重大さを感じて沈黙した。

それからイスマイルは話題をもとに戻した。声を少しやわらげ、ゆっくりと慎重に、話し始める。「環境にどこまで介入していいかは本当に難しい問題だ。あるレベルでは、エルマが言うように、わたしも両方が必要だと思う。環境を守るためには世界的な行動が必要だ。有害物質の排出を抑え、川や湾を汚染する化学農薬を別のものに切り替え、魚の乱獲を防ぐことを、世界規模でやらなければならない。だがその一方で、今われわれが使っているイオンコーティング柵のような技術を用いてダメージの修復に努め、救えるものは救ったほうがいいとも思う。ただし、人工的な対策は長期的に見れば環境を悪化させるおそれもある。バリ島の農薬がいい例だ。〝緑の革命〟によって収穫率の高い品種が導入される以前は、農薬なんか使われていなかった。新しい品種には農薬が必要だったんだ。

しかも虫はしだいに農薬に耐性をつけていくから、散布するたびに量を増やさなければならなかった。だが農薬は川や魚を殺し、海にも攻め込んで殺戮を続ける。われわれはイオン柵を時間の許すかぎりテストして、とりあえず〝安全〟の確認をした。それでもいつか、あの柵がサンゴ礁に生息する何らかの種に有害な影響を及ぼしたり、繁殖のプロセスを妨げたりすることがわかるかもしれない。あの柵にサンゴを助ける以外にどんな力があるのかは誰にもわからないんだ。しかし、だからといって、見つけられるかぎりのあらゆる種に対してテストをしていたら、テストが終わるまでにどれだけのサンゴが死んでしまうだろう？　もしかしたらすべて死んでしまうかもしれない。わたしは、環境を救うためにここまでは環境に介入することが許され、ここからは許されない、という境界線を、もし引けるとすればだが、どこに引くべきだろうかと考えている。これはわれわれが取り組むべき実際的な問題じゃないだろうか。熱に強いサンゴを人工的につくることと、柵を使ってサンゴ礁を回復することとのあいだに、大きな違いはあるだろうか？」

「もっと安全な、昔ながらの地球の守り方に、できるかぎり戻るべきですよ。トロール船がやってくる以前、地元の漁師だけがサンゴ礁から魚を獲っていた時代には、乱獲などなかったのですから。昔に戻るべきなのです。人びとを昔のやり方に戻してくれるような物事こそ重要です。そして人間と自然との新たな関係を迫るような物事は危険なんです」ケトゥトが応えた。

ニョマンは首を横に振った。「それは夢物語ですよ。過去のやり方には戻れません。人口増加を考えただけで明らかに無理です。トロール船がやってくるのは、ひとつには、小規模な地元の漁師だけでは増加した人口に対応できるほど魚が獲れないからです。バリ島の現実に目を向けてくださいよ。

残留農薬を悪くいうのは簡単ですよ。でもだからといって昔の米種に戻ることはできないのです。死亡率が下がって人口が激増した今、昔の米種ではその需要に応えるほど大量に生産できませんからね。地球を維持する新しいバランスを見つけるしかないのです。そのバランスは昔とは違います。人口が昔とは全然違うからです。これからは自然を破壊することなく自然に介入する方法、資源を枯渇させることなくより多くの食と住を引き出す方法を見つけなければならないのです」

伝統主義のケトゥトは反論を続けた。「でも最初の介入の結果を見極めないうちに次々に〝人工化〟を進めるわけにはいきませんよ。それでは変化の原因を知ることができませんからね。これは科学のきわめて基本的な原則です。サンゴ礁について言えば、その土地のサンゴ礁のことをいちばんよく知っている住民に監視させ、サンゴ礁を破壊する習慣を廃止するだけでなく、最初の介入の結果、何がどんな速さで回復し、何が回復しないか、そして、回復の速さの違いがそれぞれの種にどう影響するかを観察しなければならないでしょう。だからこそ、プロジェクトだって年に二つか三つしか実施しないことにしているんじゃないですか。しっかり監視して効果を確認するために」

「イオンコーティング柵を導入することとサンゴの新種を人工的につくることとでは意味が違うと思います」エルマが言った。「だって柵は自己再生しないでしょう？　だから、柵が特定の種にとって有害であるとか、柵がもたらす危険が利益より大きそうだとか、そうしたことがわかった時点で、柵の導入をやめればいいじゃないですか。場合によっては、簡単なことではないかもしれませんが、すでに設置した柵も撤去すればいいのです。でも、サンゴを人工的につくってしまったら、理論上は、それが自己再生して世界中に増殖し、もうもとに戻せないことになります」

「エルマさん、確かにそのふたつは意味が違います。しかし、それでは適切な境界はどこかというイスマイルさんの疑問に答えたことにはなりませんよ。イオン柵がサンゴ礁という生態系の基本要素の再生を妨げた場合についてはどう考えるのですか？　たとえば特定の魚の餌になる特定の藻の再生を妨げた場合です。そのときはサンゴ礁全体の食物連鎖が変わってしまうかもしれない。ある魚が減ることによって別の魚が減り、絶滅する種もあるかもしれないし、増加する種もあるかもしれない。そして、その影響は沿岸全体、あるいはもっと遠くにまで広がるかもしれない。介入のメカニズムにこだわって遺伝子の構造が変わるかどうかだけを考えるより、介入によってどんな影響があるかをもっと広く考えるべきだと思いますね」ケトゥトは言った。

タイヤが地面の大きなくぼみを踏んで大きく揺れた。みんなが姿勢を戻すのを待って、イスマイルは言った。

「ケトゥトに賛成だな。われわれは広く影響に目を向けなければいけない。しかし、だからこそ難しいんだよ。広く影響に目を向けようにも、今はあまりにも多くの種や生息地があまりにも急速に失われつつあるからね。だから長期的な影響をまともに予測している時間がない。まるで目隠し運転しているようだ」

しばしの沈黙のあと、エルマが最初に口を開いた。「もうすぐ到着ですよ。相当な人数になるでしょうね。村長、漁師たち、市場で魚を売っている人たち、そして、もしかしたらダイブハウスの経営者たちやホテルの人たち。みなさんに納得してもらえるでしょうか？　サンゴ礁が破壊される以前の生活には戻れないけれど、それでもサンゴを救うべきだということに」

四人は会議室に入ると、ワヤンから紹介された環境担当者と渉外担当者に挨拶し、地元の人たちの活発な討論に加わった。村の委員会がプロジェクトの実施地で見た魚とサンゴの話や「魔法の柵」の話をすると、一同は興奮気味に聞き入った。漁師たちはサンゴ礁の回復にどれくらい時間がかかるのかをしきりに知りたがった。しかし、彼らが本当に知りたいのは、いつになれば以前のようにサンゴ礁で漁ができるようになるかということだった。そのため、三、四年は漁を禁止しなければならないという回答を聞くと、漁師も魚商人もたちまち不満を示し、その間の生活はどうすればいいのかとイスマイルに詰め寄った。

イスマイルはとうとうかっとなって質問を返した。「だったらあなたがたは、自分たちのサンゴ礁を破壊してから今までどうやって生活してきたのですか？」

エルマでさえ、イスマイルのこの質問のぶしつけさにたじろいだ。このひと言がここにいるバリ人たちの神経を逆《さか》撫《な》でしたのは明らかだった。しかし、イスマイルはひるまなかった。

「サンゴ礁はひとりでに壊れたのではありません。サンゴ礁の破壊は事故でも自然災害でもないのです。ビンギンのサンゴ礁を破壊したのは、長年にわたる乱獲、ダイナマイト漁、シアン化物漁、商売目的でサンゴを獲るダイバー、観賞魚を獲るためにサンゴの上に仕掛けた罠、ダイビングのフリッパーでサンゴを傷めつける旅行者たち、ダイブボートが降ろしたアンカーなのですよ。あなたがたは直接的か間接的かはともかく、誰もがこの破壊に加担しているのです。魚商人はダイナマイトや毒でやられたとわかっている魚を平気で売り買いしています。ダイブハウスの経営者はアンカーをサンゴ礁の上に平気で降ろし、旅行者のダイバーにサンゴを傷つけないよう指導していません。あなたがたはみな、この破壊を何年も前から見ていたはずです。にもかかわらず、それを止める努力を何もしてこなかった。あなたがたのサンゴ礁を回復してさしあげる責任はわたしどもにはありません。こちらが知りたいのは、サンゴ礁を回復させようという意志があなたがたにあるのかどうか、ということです。あなたがたに確かな計画があり、それをやり遂げる意志があるとこちらが判断すれば、道具をお貸ししますし、計画のお手伝いもします。しかし、これはあなたがたのコミュニティの問題です。こちらにはあまり時間がありません。この二、三週間のうちに、来年のプロジェクトの実施地にどの村を選ぶかを決めなければならないのです。あなたがたには今のところ何の計画もないようですね。これから計画を立て、その方法を決めることができますか？　わたしどもに連絡してくるのはそれができてからにしてください」

イスマイルは向きを変えて部屋を出ていき、車に向かって歩き出した。三人がイスマイルに続いて車に戻るとき、エルマはニョマンとケトゥトにささやいた。「イスマイルさんのアチェ人気質はここ数年欧米人のなかで働いてきて強化されたようですね。インドネシア人の慎み深さなんて完璧に消え去ったみたい！」

――解　説

サンゴは群生する動物であり、大量の微小な藻類と共生関係にある。植物である藻類は、動物であるサンゴが排出する二酸化炭素を日光とともに用いることにより、サンゴが摂取する酸素と栄養をつくり出している。サンゴの茶や緑の色はこの藻類の色素なので、サンゴが何らかのストレッサーへの反応として藻類を追放し始めると、白化が始まる。そして、藻類がある程度以上失われると、サンゴは白い骨格だけになり、死にいたる。白化は、早い段階でストレッサーが除去されれば解消できることもあるが、完全に白くなってしまうと、回復不可能になる。

サンゴ礁とはサンゴの群落のある海底の地形のことを言う。そこにはたいてい生きているサンゴも死んだサンゴもいる。サンゴ礁は比較的浅瀬にあることが多いので、辺りの水は比較的温かく、魚などの海洋生物の培養場となっている。

東南アジアには世界のサンゴ礁の三四パーセントがあり、礁を形成する世界中の八〇〇種のサンゴのうち六〇〇種がある。世界資源研究所の報告書『東南アジアの危機に瀕したサンゴ礁 *Reefs at Risk in Southeast Asia*』には、「(東南アジアでは) ひとつの島の周りに、カリブ海のすべてのサンゴ礁で見られるよりも多くの種が見られることが珍しくない」と書かれている。東南アジアのサンゴ礁の七七パーセントがインドネシアとフィリピンにあり、その八〇パーセント弱が危機的な状態にある。危機の原因のうち、魚の乱獲は六五パーセント、ダイナマイトや毒を用いた破壊的漁法は五六パーセント、沿岸地域の開発や農業による沈澱・汚染は三七パーセントを占めている。

サンゴ礁の保護にあたっては、いくつかの環境問題を考慮に入れなければならない。とくに重要なのは、地球温暖化と人口密度の高さである。このふたつのうち、人口密度のほうはきわめて切迫した問題であるのに対し、地球温暖化は長期的に影響を及ぼすものである。過剰な人口は、魚の乱獲や (シアン化物やダイナマイトを使う危険な漁の習慣の背景にある) 貧困の原因でもあり、農地から流れてくる農薬や、伐採された森林からの侵食土がサンゴ礁を汚染する原因でもある。一方、世界には、カリブ海のように、地球温暖化によるサンゴ礁の白化がすでに深刻な問題となっている地域もある。この事例で言われているように、加速しつつある（と思われる）地球温暖化によって、海の水温が上昇し、サンゴ礁やあらゆる種類の海洋生物が危機的状況に追いやられている。

◎人口圧力

世界人口は今七〇億に近づいている。一九五〇年代から二〇億の増加である。二〇億とは、一八〇〇年の世界人口よりも多い数値である。この劇的な人口増加は、世界の主要な海水魚の漁場の半分近くが衰退している事実と直接関係がある。すでに消えてしまった種や、近い将来、商業ルートから消えると思われる種は、人間の味覚を満足させてくれる種にほかならない。一方、人間の食卓用に不向きとみなされた魚は、あまり関心を持たれることがない。しかし、最近ではそうした魚のなかにも、サケなどの養殖に用いる餌として大規模に捕獲されているものがある。それらもいずれは食卓用の魚と同じ運命をたどるのかもしれない。

人口増加は、今日の世界中の貧困の主要な原因でもある。人口増加とともに農地が不足するため、貧しい農民は必要に迫られて、切り開いてはならない土地を切り開く。少数の恵まれた農民も山腹を切り開いて農地化するので、それがもとで土地が侵食され、小川がシルトで満たされる。生活に適した場所も不足するので、貧しい農民は森のほか、畑を仕切る防風林などを伐採し、土地の侵食を悪化させる。土地を休ませずに耕し続けることや、効率を上げるために単作栽培することも、土地の栄養分を枯渇させる原因となる。土地の栄養分が枯渇すれば、農民たちはさらに土地を切り開かなくてはならない。この悪循環によって、広い範囲にわたって土が蝕まれ、蝕まれた土が川を満たし、やがて海に流れ込む。

食料を安く保ち、すべての人の需要に応えるために、世界の漁業は驚くほど技術化してきている。大きな工場ほどもある船を用い、電子技術や人工衛星を用いて魚を探知し捕獲するのである。一度に群れ全体を根こそぎ獲ることさえある。インドネシアの場合、この事例に限らず、「海上の魚工場」がそこまで高技術《ハイテク》かつ大容量《ハイボリューム》であることは少ないが、インドネシアの比較的小さなトロール船も、特定種の魚の存続を阻む程度にハイテクではある。ただ、インドネシアで問題なのはハイテクそのものではない。小さな村という枠のなかだけで考えてみても、人口が増えているという事実は、ある世代の漁師が次の世代に漁師になる子供を二人以上残すことを意味する。漁師と農夫の比率は変わらないかもしれないが、どちらも増えていることは確かである。それでもサンゴ礁や土地の大きさは変わらない。

魚の乱獲は世界的な現象である。現在の世界の年間漁獲量は八四〇〇万トンである。この数値には合法的に漁獲されたものしか含まれていない。不法に漁獲された量は正確に知ることはできないが、推定では、合法的に漁獲された量の三〇～三五パーセントと言われている。世界の海洋漁業において、年間一億トン以上の漁獲は持続可能でないと推定される。要するに、年間に一億トン前後の漁獲をすれば種の個体数を減らすことになり、そうした漁獲を続ければ、種を絶滅させることになると考えられるのである。米国学術研究会議（ＮＲＣ）による一九九九年の持続可能な海洋漁業のための環境管理委員会の報告によれば、海洋生物種の四パーセントが絶滅の危機に瀕しており、三〇パーセントが過剰に漁獲されており、四四パーセントが持続可能な限界量かそれに近い量を漁獲されている。

ＮＲＣによれば、過剰な漁獲を減らすためには、世界の漁業に大幅な制限を設けることを最優先しなければならない。漁業への投資額（漁船や漁業設備への投資額）を削減したり、コミュニティ単位の漁業に実験的に切り替えたりしながら、漁場技術の利用を制限していくなどの対策が必要なのだ。要するに、漁業人口も漁業設備の効率も削減しなければならないのである。

過剰人口とそれに伴う貧困は、ダイナマイトや毒などを使う破壊的な漁の習慣と直接関係がある。こうした漁に手を染めているのがおもに、貧困者や地方の漁師たちであるというだけではない。堕落した官僚文化、すなわち破壊的な漁の習慣を法的に禁止するのを阻む官僚文化の最たる原因が貧困なのである。インドネシアの判事の月収は二〇〇ドルに満たない。警察官の月収はそれよりずっと低い。低所得の公務職の魅力のひとつは、賄賂で稼ぐチャンスがあることだと言われる（賄賂収入が正規の収入を上回ることもある）。不正行為が起訴されることはほとんどない。たとえされたとしても、被告が有罪となることはめったにない。証拠はもみ消され、証人は証言しないように、あるいは証言を取り下げるように買収され、裁判官は無罪の判決を下すように買収されるからだ。公的機関と民間企業による複数の大規模な不正が、新聞の記事とならずに一日が終わることはない。不正が白昼堂々と行なわれることもある。バリ島の多くの地域では、旅行者が路上でよく警察官に通行を止められる。すると地元のガイドや運転手は警察官に金を渡して通行を認めてもらう。警察官の目的は、じつはこれだけなのである。こうした事態は法の整備なしには変わらない。サンゴ礁での漁を法的に禁止し、破壊的な漁をする人たちや、サンゴ礁にアンカーを降ろすために賄賂を使うダイブハウスの経営者たちの罪を法的に問わなければならない。賄賂を渡された警察官は、その金で子供が小学校へ行くための制服や教科書を買い、賄賂を渡された裁判官は、その金で子供を大学に行かせているのである。

◎地球温暖化

地球温暖化についての熾烈《しれつ》な議論が始まって二〇年近くになる。人間の活動が地球の気温の上昇を加速していると主張する科学者もいれば、今の温暖化は単に正常なサイクルの一部——寒冷化していく期間に入る前に数百年間続く温暖化の期間——であるにすぎないことを否定してしまうには証拠が不十分だと主張する科学者もいる。ただ、今が温暖化の期間であることは誰も否定していない。争点は、人間の活動に温暖化の責任の一端があるかどうかなのである。

この五年から一〇年のあいだに、人間の活動、とくに二酸化炭素をはじめとする数種類のガスの排出が地球温暖化を促進しているということについては、大多数の科学者が合意するようになった。最近の研究によって、クロロフルオロカーボン（CFC）と、それよりやや害の少ないハイドロクロロフルオロカーボン（HCFC）（どちらもスプレーの噴射剤や、エアコンや冷蔵庫の冷却剤として広く使われている）が、地球の両極の上空のオゾン層にあいた穴の原因であることが明らかになった。この発見を受けて、一九八七年のモントリオール議定書では一九九六年までにCFCを全廃することに、一九九二年の改正ではさらにHCFCも全廃することに各国が同意した。

地球温暖化に複数の要因があることは証明されている。また、地球の気候が過去にも大きく変動していたこともわかっている。それでも最近、地球温暖化に人間が加担しているという証拠が増えてきたのは事実である。科学者たちはすでに、南極の氷床の深層部から円柱型の氷（氷コア）を採取し、その層を調べることにより、過去四万年間の年毎の平均気温を比較することに成功している。その結果、最近一〇〇年間の毎年の平均気温の上昇率は、過去四万年間におけるどの一〇〇年間と比較しても有意に高いことがわかったのである。さらに、過去五〇年間における二酸化炭素の排出量の増加が同じ期間における気温の上昇と直接結びついていることも明らかになった。世界気候研究計画の合同科学委員会の最近の報告によれば、地球温暖化のプロセスの包括的なモデルも完成しつつあるらしい。

一九九七年の京都議定書では、人口当たりの温室効果ガスの排出量が過剰な国々（すなわち先進工業国）は、その排出量を二〇〇八年から二〇一二年までの期間に一九九〇年の排出量を基準とした目標値まで下げるという提案に一七〇カ国が同意した。各国は排出量が目標値を下回っている国から排出枠を購入することも認められた。二〇〇一年一月、発足当初のブッシュ政権が最初に決断したことのひとつは、京都議定書の締約を行なわないということだった。一九九〇年比で七パーセントの削減というアメリカの目標にしたがえば、アメリカ経済が深刻な打撃を受けるというのがその理由である。この決定は、世界中の、とくに一九九〇年比で八パーセントの削減という目標を受け入れているヨーロッパの国々や、アメリカの参加の有無にかかわらず議定書を受け入れているアジアの国々から怒りを買った。世界の温室効果ガスの四分の一以上はアメリカが排出していることや、アメリカに倣《なら》って同じように京都議定書を拒否している国があることを考えれば、削減の効果が近い将来現れる見込みはほとんどない。

海面水温の上昇によるサンゴの白化は今は一部地域に限られた問題だが、今後はインドネシアを含むサンゴ礁のあるすべての国の深刻な問題になるかもしれない。オーストラリアのグレートバリアリーフは多くの箇所で白化が起こっており、深刻なほど破壊されてしまった箇所もあれば、回復が可能な箇所もある。サンゴはさまざまなストレッサーへの反応として白化しているが、ストレッサーが長く続かなければ、回復が可能である。しかし、白化が進み、そこで生息していた植物がすべて消えてしまうと、サンゴは死ぬ。サンゴが死ねば、新たなサンゴをそこで育てないかぎり、サンゴ礁は再生しない。一九九八年の猛暑で、雲が少なくほとんど変化のない静かな気候が続いたとき、グレートバリアリーフの広域で白化が起こった。その多くの箇所は二〇〇二年の時点でまだ回復していなかった。それればかりか、二〇〇二年にはグレートバリアリーフで一九九八年と同じ現象が起こるという懸念もあった。

オーストラリア海洋科学研究所はサンゴの白化の研究を行ない、海面水温が上昇したときの白化に対する抵抗力はサンゴの種類によって異なることを発見した。この発見はインドネシアのサンゴ礁にとって喜ばしいことではある。インドネシアには多様な種類のサンゴがいるので、そのなかには抵抗力の強い種類もあると思われるからだ。とはいえ、この発見によって言えるのはただ、海面水温が最初に上昇した時点では生き残るサンゴもいるというだけのことかもしれない。海面水温がある限界を超えて上昇すれば、どんな種類のサンゴも生き残ることはできないかもしれないのだ。

サンゴが研究されるようになったのは比較的最近である。そのため、たとえば世界中のサンゴ礁を示す包括的な地図はない。東南アジアの国々はたいてい、自国の半数以上のサンゴ礁の正確な位置を知らない。ましてや、それぞれのサンゴ礁に生息するサンゴの種類や魚その他の海洋生物の種類などまったくわかっていない。サンゴ礁の遺伝子操作も技術的には可能かもしれないが、すぐには実現しそうもない。サンゴそのものとサンゴ礁に生育する植物との共生関係を考慮するとなると、遺伝子操作は極端に複雑になるからだ。また、サンゴの種類ごとに適した環境条件が正確にわかっていないなどの理由で、遺伝子操作はまだリスクが大きすぎる。

◎境　界

この事例では、倫理上の原則に関する問題が重要なテーマとなっている。まずひとつは、サンゴ礁を守る責任が誰にあるのかという問題、もうひとつは、イスマイルが提示した、どこまで環境に介入してよいか、という境界線に関する問題である。

境界線に関して言えば、適切な介入とそうでない介入とを分けるための単純で唯一の原則はない。特定の介入の適否は、ほかにどんな介入が可能であるかということや、どの程度の状況でその介入が行なわれるのかといった、さまざまな条件に左右される。たとえば、環境破壊の程度がひどいほど、リスクの高い介入も認められやすくなる。サンゴ礁の例で言えば、白化の初期段階で、比較的リスクの低い介入手段があるにもかかわらず、まだ試験がじゅうぶんに行なわれていない新しい介入手段を用いるのは明らかに不適切だと思われる。しかし、サンゴ礁の壊滅が差し迫っており、これまで用いたどの手段も功を奏さなかったとなれば、同じ介入手段が適切と認められるかもしれない。

技術と呼ばれるもののなかには、状況を問わず不適切と考えられるものもある。だが、環境に介入することを目的とした技術に関して言えば、そのようなものはほとんどない。というのも、ほとんどの環境技術は膨大な時間と知識と資金の投資が必要であるにもかかわらず、大きな金銭的利益を見込めるものではない。そのため、状況を問わず不適切な技術が開発されることはめったにないのである。一方、環境にマイナスの影響を与える商業目的の技術のなかには、たとえば「海上の魚工場」や化学農薬や森林の伐採など、一部の科学者や環境保護運動家が廃止すべきだと考えているものもある。こうした技術は環境に介入することを目的としているとはいえ、環境保護を目的としたものではない（ただし、もちろん環境の破壊を目的としたものでもない。これらの技術の開発者が環境に与える影響をじゅうぶんに考慮しなかっただけである）。

エルマは、柵は比較的リスクが少ないと言っている。柵は遺伝子を組み換えたサンゴと違って増殖することはないからだ。エルマのこの意見は今日の生命倫理学《バイオエシックス》における共通の見解、すなわち体細胞の遺伝子操作と生殖細胞の遺伝子操作の違いについての見解を反映している。つまり、こういうことだ。ある人が病気の遺伝子を持っている場合、その遺伝子を体細胞系のなかだけで操作すれば、その人の病気は治癒する。しかしこの場合、その人はその病気の遺伝子を子供に引きわたす可能性がある。したがって、子供も、その遺伝子が優勢になれば、同じ病気にかかるかもしれない。一方、生殖細胞系で病気の遺伝子を操作すれば、子供に病気は引き継がれない。子供の染色体を決めるのは生殖細胞だからだ。しかし、この操作のときに何らかの問題が生じることがある。そうなればその「問題」は未来の世代に限りなく引き継がれるかもしれない。そのため、生命倫理学者の多くは、生殖細胞の操作は、少なくとも遺伝子操作の意味やそのリスクがもっと明確になるまでは見送るべきだと警告している。

エルマの意見は、ケトゥトからは退けられているが、まじめに考慮するべきものである。完璧とは言えないまでも、価値のある意見ではあるだろう。また、環境への介入は無制限に続けるのでなく、可能なかぎり短い期間で打ち切るべきだというのも重要な考え方である。この考え方は、事例のなかで言われているように、結果を評価することが重要だからでもある。ここで言う結果とは、生態系全体にもたらす影響のことだ。ある特定の種（ここではサンゴ）に対して行なった介入も、結果的に、同じ生態系のなかにいるほかのたくさんの生物に直接的・間接的に影響を与える。結果を分析するさいには、生態系全体と生態系のなかでのあらゆる相互関係を考慮しなければならない。イスマイルが「まるで目隠し運転しているようだ」と言ったのは、「われわれは結果を予測できるほどサンゴ礁の生態系のことを知らない」という意味だ。介入は短期にすべきだという理由は、まさにこの知識不足にある。

伝統の価値についてのケトゥトとニョマンの対立からも学べることがある。どちらの意見にも重要な意味がある。ケトゥトの意見はある意味正しい。彼が言うように、伝統的な慣習のなかには環境への対し方の知恵があり、私たちはそれを尊重することにより、より安全に自然に介入することができる。しかし、ニョマンの意見も間違ってはいない。伝統はその一部を利用する価値は大きいけれど、伝統的な生活習慣そのものは、人間のコミュニティや生態系を幸福に導く手段とはならない。生態系はかつて、それをとりまく環境とのバランスを保ちながら存在していた。しかし、今の生態系はすでにさまざまな介入を受けている（そうした介入の筆頭に挙げられるのが、乳児死亡率や伝染病の罹患率の低下による人口増加だろう)。こうした介入を受けた生態系はすでに、増加しつつある人口の需要に応えることも、介入の副作用(ごみや有害ガスの排出)を処理することもできなくなっている。先住民の伝統のなかには確かに、生態系の保護に役立つ貴重な知恵がある。しかし、私たちは、持続可能な生態系と人間のコミュニティ全体の幸福とのあいだに、今日必要なバランスを見つけなくてはならない。その意味では、伝統的な生活習慣は役に立たないのである。

境界線を探すための最善の鍵はおそらく、疑問が答えと同じくらい重要だと認識することだろう。むしろ明確な答えは持たないほうがいいのかもしれない。答えを持てば、私たちは疑問を持って介入の適否を考えるのをやめてしまうかもしれない。それは危険なことだ。有名なロバート・フロストの詩のなかで、隣家との境にある石垣を修理していたニューイングランドの農夫が言う。「よい垣根はよい隣人をつくる」。しかし、彼はその後考え直す。隣との境界をつくり、権利と財産を明確にしたことで、何かを犠牲にしていないだろうか、と。そして結局、よい垣根は本当によい隣人をつくるのだろうかと疑問を持つようになる。ここで考えている境界線についても同じで、環境へのどんな介入が許され、どんな介入が許されないかという疑問に明確で普遍的な答えを出してしまったら、私たちは何よりも重要な問題——人間とほかの生物との関係——から目をそらし、それについて考えなくなってしまうかもしれない。

◎サンゴ礁を守る責任は誰に?

この事例は最後に、サンゴ礁を守る責任は誰にあるのかという疑問を残している。イスマイルは明らかに、その責任は地元の村であるビンギンにあると考えている。しかし、インドネシアの人びとは一般に、個人としてもコミュニティ全体としても、地元の天然資源を利用する権利は自分たちにあると主張しながらも、金銭的な余裕がないために、社会問題や環境問題に自ら取り組むのは無理だと決めつけていることが多い。多くの国の例にもれず、インドネシアの人びとも、自分たちの問題は国の政府が解決してくれるものと思い込んでいる。そればかりではない。技術や資金がとくに不足している国の人びとは、国際的な組織が国の求めに応じて手を差し伸べてくれ、問題を解決してくれるものと信じ込んでいるのである。

イスマイルはサンゴ礁を破壊した責任は村にあると考えている。しかし、村人たちは、サンゴ礁の破壊は、彼らが食料と仕事を何とか手に入れようとした結果起きたこと、要は生きていくために必然的に起きたことなのだと考えている。彼らは自分たちが生きるためにこれほど苦労しなければならないことを「天災」のように考えているのだ。その陰には、一九九七年に始まった財政危機がインドネシア人の生活に膨大な影響をもたらしているという事情がある。また、インドネシアの村民たちは、裕福な人が貧しい人を助けるのは当然の義務だと考えている（これは発展途上国の貧しい人びとの典型的な考え方でもある）。この考え方からすれば、村のサンゴ礁の問題は、村民の問題であるだけでなく、世界中の人びとの問題でもある。

この事例の最後のシーンでは、村民たちとイスマイルとのあいだで話の食い違いが起きている。そして、どちらの言い分も部分的に正しい。どちらも、相手のグループに関わってもらう必要を認識している。イスマイルのグループと村との違いは、イスマイルのグループには選択権があり、村にはない、ということである。イスマイルのグループから見れば、サンゴ礁に柵を設置するプロジェクトの実施を希望する村はビンギンのほかにもたくさんある。しかし、ビンギンにとって、サンゴ礁を回復させる資金と技術を提供してくれるグループはイスマイルのグループのほかにない。したがって、イスマイルは強い立場で発言することができる。

　イスマイルによれば、村は回復の見込みのあるサンゴ礁を守る責任を受け入れなければならない。この意見はもっともである。宗教的な発言でさえある。イスマイルはサンゴ礁や公共の財産を汚したかどで村を責めており、村がその罪を認め、悔い、行ないを改めると誓うことを要求している。ところが、村にとって、サンゴ礁を回復させることは、村民たちの不安定で苦しい生活を改善する手段にすぎない。二〇〇一年から二〇〇二年の時点で、インドネシア政府は国民の四分の一以上が極貧の生活をしており、それを除く国民の半分が貧困線［訳註：生活に必要な最低限の物を購入することができる最低限の収入水準にあることを表わす統計上の指標］以下の生活をしていると推定している。二〇〇二年四月の学童調査では、きわめて多くの地域のさまざまな地区のさまざまな学校の生徒全体の四七パーセントが栄養不良であることが明らかになった。村民たちは確かにサンゴ礁の問題の全体像を見ていないし、イスマイルが指摘するように、応急処置ばかりに気を取られているのかもしれない。けれども、村民たちのこうした態度は、彼らの福祉——なかでも生きていくこと——を、サンゴ礁を救うために必要な社会計画の一環として、真剣に考慮してもらいたいという要求の現れでもある。サンゴ礁も重要だが人間も重要なのだ。

◎宗教の力

この事例は、舞台がバリに設定されていることにも大きな意味がある。ジャワ島の東海岸沖に位置するこの小さな島は、ヒンドゥー教人口が圧倒的に多い島である。バリ・ヒンドゥーは、自然の恵みを尊重する土着の宗教と混ざり合った混合宗教である。バリには豊富な儀式があり、人びとが土地や森や海などの環境に依存して生きていることに感謝するための祭りもたびたび行なわれている。バリの村を車で走っていると、鮮やかな色の衣装を着た女性の一群が、色とりどりの果物や花などの供え物を頭上に美しく積み上げて、寺院に向かう姿をよく見かける。各家庭でも草花を神々に捧げるために家の前の色鮮やかな小さな祭壇に置いたり、庭じゅうに撒き散らしたりといったことが日常的に行なわれている。バリの儀式は、神々が環境を通して人間の要求に応えていることを思い出させる要素にあふれているのである。

したがって、バリの宗教は、人びとが環境保護主義に向かう原動力となる可能性を秘めている。バリの宗教は、環境は神聖なものであること、人間が環境と依存し合っていることを正式に認めている。寺院、寺院の儀式や活動、僧侶などの力が合わされば、ビンギンの人たちがサンゴ礁の回復と維持に対する相応の責任を受け入れるための大きな力となるだろう。宗教関係者に会議に参加してもらい、プロジェクトに協力してもらうことが必要かもしれない。

環境保護に成功するためには、世界中の人びとが、人間と環境が依存し合っていることを単に頭で認め、宗教上の規律や法律にしたがっているだけではじゅうぶんではない。人間は環境とのつながりを、そして、環境の神聖さを心で感じ、その心を、伝統的なかたちであれ新しいかたちであれ、とにかく何らかの儀式を通して表現することが、そして、表現し続けることが必要なのである。

――ディスカッションのために

1. イスマイルはビンギンが彼の組織による翌夏のサンゴ礁回復プロジェクトの実施地としてふさわしくないかもしれないと考えている。それはなぜだろうか？

2. バリ人の伝統のなかで、どのような宗教や文化の習慣が、人びとをサンゴ礁の保護へと駆り立てる原動力となりうるだろうか？　理由も考えてみよう。

3. イスマイルは組織のなかで自分が行なっている仕事の影響について、ある疑問を持っている。それはどのような疑問だろうか？　また、彼の疑問を解決することは可能だろうか？　理由も考えてみよう。

4. 現在の地球温暖化が人間によって引き起こされたものであり、つねに起こっている温暖期と寒冷期のサイクルの一部であるだけではないという証拠はあるのだろうか？

5. 地球温暖化の影響を考えれば、サンゴ礁に関するデータはもっと必要になる。それはなぜだろうか？　また、データを集める責任は誰にあるのだろうか？　理由も考えてみよう。

第8章

流れる川、堰き止められる川——自然の流れか水力発電か

「もう少し左に寄ってください。そのほうがダムがしっかり入りますから」一八メートル下の放水路に落ちる水の轟音のせいで、デイル〔女性〕にはカレンの指示がよく聞こえない。

「はい、そこでオーケーです。あとはカメラに向かってにっこりするなり、それらしく厳粛なお顔をするなり、どうぞご自由に」カレンは冗談を言って、写真を続けて三枚撮った。

カレン・ヘンソンは小規模な日刊紙「クースベイ・クーリエ」の記者兼カメラマンである。この新聞の一面を飾るのはたいてい地元の野球チームや芸術祭のニュースだ。しかし、カレンとデイルがきょう、車で一時間と徒歩で二〇分かけて、コキール川のチャップマン・ゴージ・ダムの上までやってきたのは、商工会議所が発行するこの新聞に載せる写真のためではない。今、このダムの所有者であり管理者であるクース郡の公共事業部は、築五〇年のこのダムを大手電力会社のパシフィコープに売却する計画を急速に進めており、カレンはそれについてのシリーズ記事を書いている。郡がこの所

有権の取引を成功させるには大きな関門があった。連邦エネルギー規制委員会（ＦＥＲＣ）によるダムの再認可の手続きが必要なのだ。クース郡とパシフィコープにとって、来週の聴聞会でＦＥＲＣの調査員の前でどのように発言するかは重大な問題だった。このプロジェクトが明らかに間違っていると考える人たちから猛反撃を受けることがわかっているからだ。

カレンにとって、これはきわめて興味深い、そして、クーリエ紙で数回の連載にする価値のあるドラマだった。カレンは主要な関係者の紹介文も書くつもりだった。じつはデイルもそのひとりなのである。デイル・レイニーはクースベイ市の四世代目の市民だ。クースベイ市は、オレゴン州南部の海岸沿いの盆地にある人口二万人の都市である。デイルの父も祖父ももとは漁師で、かつては大きな網を曳くトロール船で太平洋に乗り出し、ギンザケやベニザケを獲っていた。しかし、時代が変わり、経済の中心は漁業と伐採業から農業と観光業に変わった。地元の開業弁護士として一〇年以上の経歴を持つデイルは、クースベイ市の三人の行政委員のひとりに選ばれている。

カレンは写真を撮り終えると、カメラのチェックをするために、小道に沿ってピクニックテーブルに戻った。デイルは水の落ちる音に魅せられてしばらくそこに立ち尽くしていた。振り返って貯水湖を見ると、湖面にクラマス山地が映っている。この山地にコキール川の源流がある。山地からの冷たく澄んだ水がコキール川の南と東の支流に流れ込み、それらがダムの八キロ手前で合わさって本流になっている。

デイルはカレンのいるピクニックテーブルに戻った。カレンはすでにカメラを片づけ、暖かい日差しを浴びながらデイルを待っていた。四月の寒い日でも、午前半ばだけは太陽の直射で暖かい。カレンは報道者、デイルは行政者というまったく別の立場であるにもかかわらず、デイルはカレンと気楽に接していた。カレンは一部のジャーナリストがするような個人攻撃は決してしない。カレンの前では何も取りつくろう必要がなかった。それに町のさまざまな事情に通じているカレンからは、学べることも多かった。

「ここへ上ってきてからなんだか楽しそうですね」カレンは言った。

「ええ、ここには思い出がいっぱいあるんです。本当に美しい場所です」

子供のころ家族と何度もここへやってきたデイルは、懐かしい気持ちでいっぱいだった。八平方キロメートルのチャップマン・ゴージ貯水湖でカヌーに乗ったことや、ダムの下の谷まで小道を下っていったことを思い出す。水は谷を勢いよく駆け抜けていた。とはいえ、もしも川が自由に流れていたら、それよりももっともっと大量の水が力強く流れていたのだろう。

前回のインタビューでカレンは、デイルが行政委員としてだけでなく、この峡谷の美しさを純粋に愛するひとりの市民としてどれほど自分の責任を真剣に受け止めているかを知った。デイルは例の聴聞会にクースベイの代表者として参加することになっている。デイルの心には今、少なからず迷いがあった。おそらく自分は法廷に立つ弁護士のように毅然とした態度で臨むべきなのだろう。しかし、人生で出会うのは必ずしも、被告に立ち向かう検事のような人たちばかりではない。

「ケリー市長もここが美しい場所だと認めるでしょうか？」カレンが訊いた。

デイルは微笑んだ。さほど真剣に問われたわけではないが、この点はじつは重要である。

「ヘンリーとわたしの意見が一致することなんてありそうもないですね。彼が昨年市長に選ばれたときから一度だってないのですから。わたしの属する市政委員会が、ダムは修復するべきではあるけれど、拡大には厳しい制限を設けるべきである、という統一見解を発表してからはとくにそうです。市長はダムをパシフィコープに売って、構造を二倍にして出力を一五メガワットに増やそうとしているのです。ＦＥＲＣの聴聞会では自分の責任に反して、美観なんて無視した発言をするんじゃないでしょうか」

「要するに、あなたの意見に反して。そういうことですか？」カレンは訊いた。

「ええ、残念ながら。わたしが弁護士で、反対訴訟の経験が豊富だからという理由で、ほかの二人の委員が聴聞会への出席をわたしに押しつけてきたのです」

デイルはそこで一瞬間をおいてから、カレンの最初の質問に戻った。「ヘンリーだってこの峡谷や湖の美しさを認めないはずはないと思うのです。目の前のドル記号の向こうを見ることができるとすれば、の話ですけど。でも、彼のことはあなたのほうがよくご存じなのでは？　きのうインタビューしたばかりなのでしょう？　わたしはこの二週間、彼と個人的に話をしていません」

「ええ、記事はまだ書き終えていませんけどね。締め切りはあしたの午後なので、今夜は遅くまで仕事です。ケリー市長から興味深い話が聞けましたよ。彼には非公式の相談役がいて、その人にダム計画を駆り立てられているらしいのです。北西部水力発電改革連合のアダム・トーレンという人です。トーレンのことはとくに秘密にはしていないらしくて、電話番号まで教えてくれました。なので、連絡をとってみたところ、トーレンは毎年議会のときにポートランドへ行ってロビー活動をしているようです。パシフィコープをはじめ、川という川から水を絞りとって全部電力に変えようとしている会社の利益のために。トーレンには強い信念があります。彼の仕事にかける情熱が明らかに市長を変えたようです」

「まあ、そんなところでしょうね。去年の一一月にこの計画が動き出してからというもの、わたしの郵便受けは毎日、計画に反対する環境保護団体からの資料と計画を支持する企業からの資料とであふれんばかりです。そのトーレンという人の連合が送ってきた資料もよく覚えています。通信販売のカタログくらいの分厚さでしたよ」

「だったらあの連合のスローガンをご存じですね？〝水力発電がグリーンなわけ。それはCCRPだから〟――市長から五回くらい聞かされました。CCRPは〝グリップ〟と発音するそうで、〝安価で（cheap）、空気を汚さず（clean）、再生可能（renewable）な電力（power）〟という意味ですって」

カレンはあきれたように首を横に振った。「もう少し詩的センスのある広報係を雇えばいいのに」

「本当ですね。でも〝グリーン〟と言うなら、ドル紙幣も緑色ですよね。ヘンリーは新たな事業をもくろんでいます。とくにダムの拡大に伴って新たにできる巨大な貯水湖に目をつけているのです。まず、観光客を増やすために、広くなった湖畔に娯楽施設を建てるという大きな計画。それから漁業や運送業の振興。それから沿岸の盆地のさらなる農地開発。道路や学校の建設のために課税基準を引き上げようともしています」

カレンはうなずいた。「市長は新たなダムのメリットとして灌漑のことも強調していました。それから、トーレンの受け売りに決まっていますけど、もうひとつ強調していたことがあります。大きな貯水湖は、オレゴン南部でおなじみの洪水や旱魃《かんばつ》といった〝周期的な天候〟に役に立つというのです。

川の氾濫を防ぐために水を集め、雨が降らないときのためにとっておくのですって。そうすればこれまで川の氾濫原だった土地は農地にできると言っていました」

「そうそう、その洪水対策の話、忘れるものですか。例の通販カタログの二一三ページに書いてありましたよ」

「グリーンな電力の話に戻りますけど」カレンは言いながら、自分の皮肉っぽい声の調子に気づいていた。「水力発電は化石燃料による発電よりずっと安価ですよね。八割くらい安価だそうです。市長は主張を裏づけるために州北部の石油火力発電所のデータを持っていました。それにもちろん水力発電は公害もまったく出しません。市長もトーレンもこの話をするときは大興奮でしたよ。これこそ彼らの強みですからね。燃やさないから空気をまったく汚さない。地球温暖化の犯人と言われる二酸化炭素をまったく出さないっていうのは強みですよね。川は二度と戻らないかもしれないけれど、きれいな空気が吸えるようにはなる。水力発電は空気を汚さない電力としては唯一のライバルである原子力発電より強いですね。炉心溶解《メルトダウン》の危険もないし、処理に困る廃棄物だって出さないのですから」

「しつこくて申し訳ないですけど」デイルは遮った。「パシフィコープの目的は金儲けなんですよ。州の北西部で、というより国全体で、エネルギーが不足していることに目をつけているのです。彼らにとってコキールは〝水でできた金〟なんです」

「変ですね、トーレンはそんなこと何も言いませんでした！　それから、ええと」カレンは言葉を止めて、連合が主張する頭字語の三文字目を思い出した。「Rは〝再生可能（renewable）〟の意味ですよね。これもわかりやすくて魅力的です。貯水湖から出た水は、重力で発電機を動かしたあと海に送られる。それから蒸発し、やがて雨になってふたたび貯水湖に入る。これが繰り返されるわけでしょう？　エネルギーの供給源は太陽なわけだけど、太陽のエネルギーが枯渇する日はさすがに近づいていないですものね！」

「客観的な立場の記者さんにしてはずいぶん興奮していらっしゃるようですね」デイルはからかうように言った。

「そうかもしれません。でも、わたしは職業上はいつでも客観的ですよ。とくに新しい教会のソフトボールリーグとか学園祭のパレードの記事を書くときにはね。それで、あなたのお考えは、レイニー行政委員さん？」カレンはコートのポケットから小さなメモ用紙を取り出した。「わたしのインタビューメモによれば、あなたもダムの認可の更新に賛成のようですね」

「あら、あなたのメモには、わたしが賛成しているのはダムの修繕であって、新たな建設ではないということは書かれていませんか？　公共事業部が一九八九年に使用を停止した古い発電機を、効率のいい新しい発電機に代えれば、出力はまた五〇パーセント増えるんです。しかも環境にはほとんど影響を与えません。わたしたちは地元で供給される電力の恩恵にあずかることができるし、貯水湖だってこれまでどおり娯楽と適度な灌漑に利用できるんです」

「でも、一九五五年に最初のダムができたときは環境に深刻な影響がありましたよね？」カレンは少し攻撃的な口調で言った。デイルの正確な考えを引き出すための作戦である。「サケの群れはどうなりましたか？　ダムが道をふさいだせいで上流の産卵地までたどり着けなくなり、姿を消しましたよね。ダムの下流の川は泡立つほどの急流ではなくなり、周りの青々とした草もなくなりました。バンドンの湿地はどうですか？　コキール川が太平洋に注ぐあの場所も水の流れが減ったせいですっかり変わってしまいましたよね。そして貯水湖。あれが広い森を浸水させて先住民たちを追い出したのでしょう？」

「ええ、それについては誰にも否定できません。でも、当時はダムが国中で盛んにつくられていたのです。確かにクースベイの善良な市民たちは大切なものを奪われてしまうのを望みませんでした。わたしの父もそうです。でも、この峡谷は水力発電の設備を建てるのにちょうどいい場所だったのです。単純にダムを悪者にすることはできません」

デイルはここで一息つき、また話し出した。「確かに、ダムが環境にもたらした破壊的な影響については嘆くべきだと思います。とはいっても、それは五〇年も前のこと。当時はただ、影響のことがよくわかっていなかったのです。ここのダムの出力量はフーヴァーダムやグランドクーリーのような巨大なコンクリートのアーチダムに比べればわずかなものでした。それでも四メガワットという出力は郡の経済を大きく成長させたのです。環境も整備されました。貯水湖があの場所の美観に大きく貢献していることは、あなただって認めないわけにいかないでしょう？」

デイルの話はここからカレンが引き出そうとしている答えへ向かい始めた。「そして、よいことがたくさん起こったのです。先住民の人たちにさえ。そう、先住民の話を高校の社会の授業で初めて聞かされたとき、少なくともわたしはとても悲しい気持ちになりました。貧しく、国に保護されてもいない、権利の保留についてもほとんど理解されていない、そんな少数の部族が、自分たちの伝統の沁み着いた土地を追われ、散り散りになってしまったのですから。彼らの土地のほとんどは貯水湖になってしまいました。でも、クース族、コキール族、ローワー・アンクワ族はやがて同盟を結び、部族会館を建てました。最終的に認められた二万四〇〇〇平方キロの保留地に」

「それでも彼らは多くを失った。違いますか？」カレンが遮った。

「それは彼らの物語の半分、不幸なほうの半分です。その部族たちは生き残ったのです。彼らは最悪の状況で最善を尽くしました。そして今は幸せに暮らしています。保留地に学校をふたつ建て、道路もつくりました。湖沿いで小さな事業に成功してもいます。これもみな、ダムの周辺が開発されたおかげなのです」

デイルはここから語気を強めた。「わたしは真ん中の立場なのです。だから聴聞会に出席できることになってよかったと思います。ダムを壊し、貯水湖を空にしてコキール川を昔の流れに戻したい、という人たちには反対します。でも、市長や連合の相談役みたいに、ダムを建て直して貯水湖を拡大しようとしている人たちにも反対します。ダムを拡大すれば、今度こそ本当に環境に影響しますから」

「今のまま何も変えない、という手もありますよね？　ダムをこのまま公園のきれいな滝として残しておくという手も」カレンが訊いた。

デイルは信じられない、という顔をした。「クース郡の住民を助けるチャンスを棒に振れと？　電力費は上がり続けているし、ワシントン州の人口は増え続けています。このままでは石炭などの化石燃料にさらに頼るしかなくなるじゃないですか。どう考えたって〝役立たずのダム〟は復活させるべきですよ。経済的にも環境的にもそうするのが当然でしょう」

「真ん中にいるということは、両端から押されているということですね」カレンはあまり抑揚をつけずに言った。

「含蓄のあるお言葉ですね。まるで哲学者みたい。本当におっしゃるとおりです。確かに、ほどほどの立場というのはほとんど誰からも支持されません。だから二年前のあなたの言葉に慰められています。二年前、埠頭の近くに高層のオフィスビルを建てるかどうかで委員会が揉めていたとき、あなたはわたしが〝急進的穏健派〟だと指摘しましたよね。そのときもうまいことをおっしゃるなあと思いました。今もその言葉、気に入ってます」

カレンは微笑み、腕時計を見た。「そろそろ行かないと。わたしもあなたも、きょうは午後も仕事ですものね。それにお腹もすきました。ここへ上がってくる途中のバーベキューハウスでお昼にしませんか？」

「いいですね。ソースも〝ほどほどの〟辛さが好みです！」

数日後、デイルがオフィスに到着すると、ドアの前で待っている人がいた。それが誰か、デイルにはすぐにわかった。ノーマン・ジェンソン。クースベイ市の数キロメートル北に位置する広大なクランベリー湿地の所有者で、デイルの父の友人だった。彼はクース郡きっての熱心な環境保護運動家でもある。

「まあノーマンさん、お元気でした？」デイルは彼を軽く抱きしめて言った。「ごめんなさい。ずいぶんお待たせしたのでは？　お約束していたでしょうか？」

「いや、約束はしとらんよ。突然やってきたんだ。驚かせようと思ってね」ノーマンは微笑んだ。

デイルはドアの鍵を開け、彼を招き入れた。

「どうぞ、おかけください。コーヒーをお出ししたいのですが、先週コーヒーメーカーが壊れてしまって、まだ新しいのを買ってないのです」

「それはちょうどいい。カフェインよりもっと刺激のある話を持ってきたよ。ちょっとお時間いただけるかな？」

「もちろんです」デイルは彼の隣の椅子に座った。

「きょうのクーリエを読んだかい？」彼は持ってきた新聞を広げた。「市長へのインタビュー記事が出ている。チャップマン・ゴージ・ダムをパシフィコープへ売却する計画があるだろう？　市長がそれを来週の聴聞会で認めるという話だ。わたしはこのヘンリーという男を昔からよく知ってる。だからこそ、あの男には絶対投票しないんだよ。しかし、今回のは、やつがこれまで企んできたなかでも最悪だな」ノーマンは怒りをあらわにした。

デイルは微笑んだ。政治の話であれ何の話であれ、ノーマンほど熱く何かを語る人はめったにいない。しかし、デイルはこれまで、ノーマンがどれほど極端な発言をしようとも、彼の意見に敬意を払ってきた。彼はいつも理路整然と自分の意見を裏づける。デイルは自分が法律の道に進んだのは彼の影響もあると思っていた。

「きみの意見は知ってるよ」ノーマンは言った。「わたしの意見とは違う。だが、少なくとも市長の意見よりはずっとわたしの意見に近い。だから、きみになら、わたしの意見に納得してもらえるかもしれない、と思ってね」

「もちろん、お話は喜んでうかがいます。でも、聴聞会でわたしが言おうとしていることを変えるのは難しいですよ」

「そうかもしれん。しかし、ヘンリーの考えてることがどれほど危険なものか、調査員たちに説明してもらうことくらいはできるだろう？」

「ノーマンさん、わたしたちがダムの話をするのは今回が初めてですよね。でもノーマンさんはきっと、ダムを完全に取り壊すのがよいとお考えなのでしょう？」

「そのとおり。きみはダムがつくられる前、あの川がどんなだったかは知らんだろう。峡谷の下のほうには早瀬があり、シカとコケとシダでいっぱいだった。氾濫原の脇には小さな農場があった。その辺りではマスが釣れ、サケの大群が川を上って行ってね。今はときどき水がダムを越えて流れてくるから、マスも少しは戻ってきた。だが、誰もマスなど食べやしない。なんせ水銀漬けなんだからな」

「水銀ですって？」

「そう。昨年、州の漁業部がマスやほかの魚に水銀が高濃度で含まれていることを発見したんだよ。調べた本人たちも驚いていたな」

「発生源は？」

「報告書によれば、貯水湖には大量の細菌が棲みついているようだ。とりわけダムの裏手に長年にわたって蓄積したシルトのなかにな。そのシルトはバンドンの湿地帯にも達し、あらゆる生物の餌になっている。微量だがセレンも含まれていることがわかったようだ。セレンはずっと南のカリフォルニアのサンウォーキン川のダムで問題になっている」

ノーマンは話を続ける。「魚についてさらに言うなら、ダムをなくさないかぎり、サケは二度と戻ってはこない。ダムが拡大されれば、ダムの近くに魚のための梯子《はしご》を設ける隙間すらなくなるだろう。狭い峡谷にも同じことが言える。それに、別の種類の汚染もある」ノーマンはデイルのほうに身を乗り出した。「クリーンなエネルギーだなんて言うけど、ぜんぶでたらめさ。〝オレゴンの川を守る会〟という団体が発行した資料によれば、巨大な貯水湖のなかや周辺にある腐りかけた植物は、化石燃料と同様に温室効果ガスを出すそうだ。チャップマン・ゴージ計画では貯水湖が三倍に拡大されることになっている。そうなれば木も草も大量に枯れるだろう。安い電力だというのだけは本当だろうがね。だが、クリーンでグリーン？　そんなのは嘘っぱちだよ」

デイルは思い出した。そういえば、オレゴンの川を守るというその団体からも資料が送られてきていた。しかし、環境保護団体からのしだいに積み上がっていく資料の山の上に、ただ重ねただけだった。とにかく読む時間がなかったのだ。デイルはノーマンが自分の仕事を代わりに済ませてくれたことに感謝した。

「きみが忙しいことはわかってるよ。時間を割いて話を聞いてくれてありがとう。でも、あともう少しだけ聞いてもらえないかな。長くはかからんよ。わたしもこれから行くところがあるんでね」ノーマンは少し言い訳するように言った。

「喜んでうかがいます。めったにお目にかかれないのですから。楽しみながら大切な仕事ができるなんて、最高の時間の使い方です」

「わたしは〝湾の友〟という環境保護団体に所属しているんだが、その対象範囲はクース湾とその河口域で、もちろんコキール川のバンドンの河口もその範囲に入っている。あの湿地帯は特別な場所なんだ。あそこはチャップマン・ゴージがつくられたあとも生き残ったんだよ。しかし、今度の計画はきわめて危険だとわれわれは考えている。さらに大きなダムで川をほぼ完全にコントロールすることになるのだからな。あそこは海からの水と川からの水が混ざり合った栄養が豊富ですばらしい場所なんだ。だから、あらゆる種類の野生生物が集まってくる。川を堰《せ》き止めればバランスは完全に崩れるだろう。まず海水の割合が増えて栄養分が減り、言うまでもなく、貯水湖のシルトに混ざって流れてくる化学物質が増える。灌漑される耕作地も増えるから、流れてくる農薬や肥料も増えるだろう。チャップマン・ゴージは太平洋からわずか二五キロの距離なんだよ。この国では、この規模のダムはどれもそんなものだがね。ダムが拡大されれば河口域にどんな影響が出るか、正確なことは誰にもわからん。だが、破壊的な影響があることは確かだね」

誰かがドアを開けたので、話が中断した。やってきたのは、デイルがその日に最初に会う予定にしていた相手だった。デイルはその女性を招き入れ、椅子を勧めてから、ノーマンといっしょにいったん部屋を出た。

「時間をとらせてしまって申し訳ない。しかし、最後にもうひとつだけ言わせてほしい。余分につくられる電力はどこで使われると思うかい？　ここじゃない。ここではそれほど大量の電力は必要ない。それはユージーンやポートランドやシアトル、それから、なんとカリフォルニアまで送られるのだよ。それでも、そのおかげで新たな観光客が集まり、郡に職がもたらされるならけっこうじゃないか、というのが市長の考えだ。しかし、コキールインディアン同盟にとってはとんでもないことだよ。最初のダムができたときにすでに伝統の土地の多くが奪われているのに、今回さらに奪われることになるのだからね。彼らはせっかく最初の苦しみから抜け出したんだ。同盟長がわたしに〝ダムのあるところには部族がいる〟と言ったくらいだよ。それから、下流の零細農家はどうなると思う？　これ以上大量の水が灌漑に使われるようになれば、零細農家はもう大規模な農業組織に太刀打ちできなくなる。クリーンなエネルギーで地球温暖化を防ぐとか、北極圏野生生物保護区を石油業界から守るとか、ジャガイモやトウモロコシの値段が下がるとか、家庭のパソコンの供給電力が増えるとか、そんな綺麗事じゃないんだ。与えられていると言われながら失っている人びと、そして、破壊されているのに美しくなったと言われている湿地や川が問題なんだよ。妙なことを言っているように聞こえるだろうが、どうかこのことについて考えてもらえないかね」

「ノーマンさん、市長に立候補なさるお考えはないのですか？　あなたのお話にはとても説得力があります」デイルは半分本気で尋ねた。

「ありがとう。きみのお父さんは立派なお嬢さんを育てたものだね。きみは人の話にちゃんと耳を傾けてくれるすばらしい弁護士さんだ！　とはいえ、実際の行動を見るまではまだ、本当に納得してもらえたのかどうか確信できんがね。会議には市民も大勢来るんだろう？　彼らにも納得してもらわなければ」

二人はもう一度抱き合って互いに別れを告げた。それからノーマンは去っていった。

デイルはそのまますぐに顧客の待つオフィスに戻れなかった。カレンがクーリエ紙に書いた記事とノーマンの力強い主張が頭から離れない。ノーマンが言うように、ダムが拡大されればコキール川の環境は深刻な打撃を受けるだろう。しかし、市長とパシフィコープの代弁者の言うことも——彼らの動機は利益への飽くなき欲求であるにしても——ある意味では正しい。彼らの計画が実施されれば、エネルギー危機の問題は改善するにちがいない。だが次の瞬間、デイルは微笑んだ。環境保護主義の大切なモットーが心に浮かんだからだ。「地球規模で考え、地域規模で行動する Think Globally, act locally」。自分は今、ふたつの譲れない立場のあいだで揺れ動いている。もしかしたら、ふたつの中間にいることが、ふたつのバランスをとり、先住民や森林、バンドンの河口域、そしてこの故郷の枠を超えた広い地球に最大の正義をもたらす方法なのかもしれない。だがもちろん、そうではないかもしれない。

——解　説

この事例は、政治、経済、生態系、消費活動、社会正義など各種の問題が組み合わさって構成されている。どの問題もそれぞれ道徳的に意味のある幅広い選択肢を抱えており、どの選択肢にも利点と欠点がある。しかし、そうした複雑さにもかかわらず、チャップマン・ゴージ・ダムの未来をどうするかという一点に注目して考えることで、アプローチが可能になっている。この「役立たずのダム」は、クースベイ市長や彼の仲間のロビイストたちが主張するように、発電量を拡大する目的で使われるべきなのだろうか？　あるいは、デイルが言うように、修繕はすべきだが拡大はすべきでないのだろうか？　それとも、熱心な環境保護運動家、ノーマンが主張するように、ダムは完全に取り壊し、コキール川の自然な流れを取り戻すべきなのだろうか？

この疑問について考える前にまず、ダム一般の最近の歴史について触れておくべきだろう。二〇世紀のアメリカは、ひとつでも多くの川をダムで堰き止めようと国をあげて努力していた。大恐慌後に始まったコロラド川のフーヴァー・ダムやコロンビア川のグランド・クーリーの建設計画、大規模なテネシー川流域開発計画などを皮切りに、アメリカ人はとくに西部諸州で、発電、作物の灌漑、洪水制御、成長中の都市の旱魃対策など、貯水利用の可能性を追求していたのである。クリントン政権時代の内務長官であったブルース・バビットは「アメリカは独立宣言に署名がされてから、一日平均ひとつのダムを建設してきた」と言っている。アメリカには現在あらゆる規模と形態と機能のダムが合計七万五〇〇〇基あり、そのうち二三〇〇基は水力発電の施設である。*1

しかし、そんな時代は終わった。それはひとつには、水力発電に利用できそうな川のほとんどにすでにダムが建設されてしまったからであり、ひとつには、人びとの環境に対する意識が高まって、ダムが川の生態系や周囲の自然に与えるマイナスの影響が懸念されるようになってきたからである。実際、傾向は逆転し、近年、比較的小さなダムのいくつかが取り壊され、堰き止められていた川の自然な流れが取り戻された。今日、自然の川の擁護者たちは、ダムの再認可にあたって開かれる聴聞会に参加し、大きなダムの取り壊しを主張している。米連邦エネルギー規制委員会（ＦＥＲＣ）は各プロジェクトに対し、三〇年から四〇年に一度、この権限を行使している。五〇年前、最初にチャップマン・ゴージ・ダムがつくられたときには、苦情の声はほとんどなかった。しかし、のちにサケが川の流れの勢いと産卵地を失って激減することが最初からわかっていたら、おそらくこのダムはつくられなかっただろう。

しかし、アメリカの事情がほかの世界に当てはまるわけではない。世界の灌漑用地の四割はダムからの水に頼っており、世界の電力の二割はダムで生産されている。したがって驚くまでもなく、発展途上の国々は現在、川を征服するための大規模なプロジェクトに取り組んでいる。世界の大河の六割はすでに影響を受けている。この傾向はおそらく、この割合がさらにずっと高くなるまで続くだろう。[*2]

大きなダムをつくるメリットは計り知れない。安価な電力が（たいていは大量に）生産され、農業用水や生活用水の供給、洪水の制御などに役立つだけでなく、たいていはダムと同時に大きな湖がつくられるので、それを観光などのビジネスに利用することができる。ケリー市長のように、心と価値観が経済への関心で占められている人にとっては、こうしたメリットは非の打ちどころのないものだ。功利主義的な立場から見れば、ダムの改善によって、すべての人がある程度の物質的利益を得ることになる。これは先住民にさえ当てはまる。とはいえ、あとで説明するように、先住民が受ける利益には犠牲が伴う。この犠牲は、クース郡の大多数の住民の利益に伴う犠牲とは比較にならないほど大きい。私たちは、市長が単に自分の職務を遂行するために新ダム建設計画を推進していることに気づくべきだろう。クースベイ市の経済的福祉を保護し発展させることが彼の使命なのである。

水力発電には環境保護に役立つというメリットもある。少なくとも水力発電業界の代弁者であるトーレンによればそうだ。重力によって勢いを与えられた水がタービンを作動させ、電力を生み出す。重力は当然ながら公害を出さないので、このプロセスは完璧に「クリーン」である。水は蒸発と降雨のサイクルを通して貯水湖に戻り、タービンを作動させる仕事を繰り返す。無公害で安価で、大量生産と再生が可能な水力発電はライバルを持たない。経済の成長とともにエネルギー需要が増大しつつある今、いかに大量供給できるかがエネルギー産業の課題だからだ。風力、太陽光、地熱、水素などを利用した代替エネルギーに大きな期待が寄せられてはいるが、アメリカは今も発電を石油、天然ガス、石炭などの化石燃料に大きく依存している。

化石燃料を用いる火力発電は、大気を汚染し、健康上の深刻なリスクを引き起こすため、連邦政府に厳しく規制されている。火力発電の最大の副産物は、大多数の人が同意するところによれば、二酸化炭素である。二酸化炭素は温室効果ガスの代表格で、毎年大気中に数百万トン単位で放出されている。水力発電は、とくに電力の需要がピークとなる時間帯には、大気中の汚染物質の削減に直接役立っている。その時間帯に水力発電が行なわれなければ、火力発電が最大限行なわれることになるからだ。

しかし、ノーマンが指摘しているように、この見方は一面的である。水力発電そのものは確かに公害を出さない。しかし、もっと広く、貯水湖も含めた全体像を見れば、水力発電が決してよいことづくめではないことがわかる。腐敗した草木は、それ自体が二酸化炭素とメタンの発生源となる。ダムが拡大されれば貯水湖も拡大され、その建設に続くある一定の期間、水に浸された草木はこれらのガスを発生する。火力発電による汚染物質の排出を水力発電によってどれだけ削減できるかを考えるときは、こうしたガスの大気中への放出量も考慮しなければならない。

パシフィコープにとっての「電力」は、エクソンにとっての「石油」と同様に商品である。パシフィコープの代弁者であるトーレンは、環境を深く配慮しているかのような言葉を並べてはいる。だが、この企業の最大の関心事が、需要の高まりつつある商品の製造と販売であることは容易に想像がつく。もちろん、この企業が環境をまったく配慮していないということではない。ただ、競合的体制に必然のこととして、企業は社会的責任よりもまずは利潤追求を優先するものだと言いたいのである。パシフィコープは水力を〝CCRP〟というキャッチフレーズで売り込むことにより、州議会やクースベイ市民を味方につけ、FERCの聴聞会で有利な立場に立つことができる。トーレンやこの企業の態度が偽善だと言うつもりはない。自由市場というシステムのなかで重要なサービスを提供することにより、人びとの物質的な豊かさを広げるのはビジネスの正しいあり方である。企業とは、完全に自己利益と株主利益のために行動しながら、その行動が多数の人びとに利益をもたらすものだと喧伝するものなのである。

とはいえ、ダム拡大計画の擁護者たちが、その計画のメリットをどれほど強調しても、人間や人間以外の生物に関する道徳上の深刻な疑問がなくなるわけではない。そうした疑問はいずれも、正義と深く関わっている。そして、正義に関する疑問を象徴するのが、先住民である。地方の部族と連邦政府との関わりの歴史は決して愉快なものではない。部族たちは、部族として認知され、権利と地位の保留を認められるために何十年も闘ってきた。現在、アメリカでは、三〇〇を超える先住アメリカ人のコミュニティが部族としての地位を享受しているが、それ以外の部族の状況はさまざまである。少数部族のなかには、連邦政府からは法的に存在しないものとして扱われている部族もある。それは彼らが一九世紀にアメリカ合衆国と協定を結ぶことを拒絶したからだ。クースベイの周辺のいくつかの少数部族ももともとは連邦政府の視野の隅に追いやられていた。その結果として、彼らの先祖伝来の土地の一部が区分され、所有権が農民などへ移っていった。部族同士の同盟はある程度は役に立ったが、彼らの利益がじゅうぶんに認められるほどの力とはならなかった。新ダム計画が実施されれば、貯水湖が拡大されることで、彼らの土地はさらに奪われることになるだろう。

デイルは部族の人びとが過去に受けてきた扱いは非難されるべきだと認めているが、彼らの物語の残りの半分を強調してもいる。部族の人びとはその後、チャップマン・ゴージ貯水湖に関連したビジネスに成功した。そして、仕事、新しい道路、電力、学校、よりよい医療を手に入れ、経済的に以前より恵まれた生活を送ることができるようになったのである。

しかし、このハッピーエンドのさらに先を見据えるのが倫理的な配慮である。倫理的な配慮をすれば、影響を受ける最大多数の人間にとって最大の幸福をもたらす行為をめざす功利主義、すなわち「効用の原理」（第1章参照）のアプローチの弱点が明らかになる。このアプローチの落とし穴は、「行為によって影響を受ける人間」のなかに、影響を受けるすべての人間が含まれているとはかぎらないことだ。功利主義者は単純に、影響を受けるすべての人の利益の平均を最大にする行為が道徳的にもっとも望ましい行為だと考える。この考え方には、行為による利益と損害が関係者すべてに平等に配分されるべきだという主張は含まれていない。したがって、「配分の正義」の原則に違反して、一部の人間が正当な理由なくほかの人間より大きな利益を受ける可能性がある。また、「貢献の正義」の原則に違反して、一部の人間が、たとえ利益を受けたとしても、ほかの人間よりも大きな犠牲を負わなければならなくなる可能性もある。

部族同盟に注目してみれば、どちらの原則も守られていない。確かに部族は最初のダム建設によって大きな経済的利益を得ているし、ダムの拡大によってさらに利益を得ることになるため、配分の正義の要求は満たされているという反論も可能かもしれない。しかし、部族自身はそうは考えないだろう。いずれにしても、明らかに貢献の正義は無視されている。ダムの建設に影響を受けたほかのどんなグループも、受ける利益に対して大きすぎる犠牲を払ってはいない。新計画が実施されれば、貧しい農民と、おそらく漁師も、大きな犠牲を払うグループに加わるだろう。新たなダムが建設されて灌漑用水が豊富になれば、必然的に大規模な農業ビジネスが発展し、零細農家は太刀打ちできなくなる。サケの激減で廃業していた漁師もパシフィコープによるダムの購入が認められれば、復帰の望みを完全に失うことになるだろう。部族の人びとはすでに古くからの狩猟の場を失い、それに伴って文化のよき一面を失っている。ダムが利益としてもたらす発展や改善が文化の衰退に加担したのである。これほどの犠牲は、クースベイのほかのコミュニティにはもたらされない。ましてや、オレゴン州のほかの地域や北西部諸州の人びとが――彼らもチャップマン・ゴージの〝安価で、空気を汚さず、再生可能な〟水力発電の利益を享受するにもかかわらず――こうした犠牲を負うことはない。

利益と犠牲の不平等な配分のほかにも、正義についての疑問がある。これも先住アメリカ人、貧しい農民、漁師と深く関わっている。どんなビジネス取引にもある程度はリスクが伴う。それが資本主義というものだ。しかし、パシフィコープとクースベイ市は、負うリスクが比較的小さいうえ、自分のリスクをよく承知しているので、たとえ損害があっても、それを次のビジネスで解消できるように戦略を立てることができる。彼らは自発的にリスクを負っている。しかし、部族や貧しい農民や漁師たちは、自発的でなく不本意に犠牲を負わされる。彼らはダム計画によって最大のリスクを負う人たちであると同時に、自分のリスクをコントロールする力を持たない人たちなのである。そもそも「リスク」という言葉はここでは弱すぎるかもしれない。なぜなら、こうした人たちが新たなダム建設によって大きな被害を受けることはほぼ確実だからだ。彼らが自分の運命を決定する権利を奪われていること、自分の意志とは無関係の決定によって深刻な被害を受けることを考えれば、ここでも正義が破綻していることになる。

ノーマンは、新たなダムにより生産される電力はクースベイでは必要がないという点も指摘している。パシフィコープはそれをほかの地域へ輸送するつもりなのである。同様に、拡大された農業が生産する大量の作物は、オレゴン南部でよりもロサンジェルスで消費されるのだろう。クースベイにも経済的な利益があるとはいえ、このように地域や国や世界の企業が特定の地域の資源を、ほかの地域での消費のために収穫することは、「利益の再配分」であり、正義についてのさらなる疑問につながる。この問題は、発展途上国では――過密地域で増え続ける貧困者の数、政府の監視不足、どんな犠牲を負ってでも発展を優先させようとする姿勢、国際間の重い負債を支払う義務などがあいまって――アメリカ以上に深刻である。

デイルはノーマンの指摘に心を動かされるが、その後、環境保護主義のモットー、すなわち「地球規模で考え、地域規模で行動する」という言葉の皮肉に思いいたる。チャップマン・ゴージ・ダムを再建し拡大すれば、人びとにも、コキール川流域とバンドンの湿地の自然環境にも、善かれ悪しかれ必ず影響を与える。しかし、トーレンの話を信じるならば、〝安価で、空気を汚さず、再生可能な〟エネルギーは、すべてのアメリカ人に、というより、地球上のすべての人に、そして、ひとつの生態系としての地球全体に利益をもたらすことになる。水力発電の利用を大きく増やすことによって、大気汚染を大幅に減らすことができるからだ。チャップマン・ゴージを稼動させると同時に、ほかの代替エネルギーの利用も増やすことで、北極圏野生生物保護区を石油採掘による打撃から救うことさえできるかもしれない。

ノーマンはクースベイの自然環境を守ることに情熱を注いでいるが、地球全体の環境を配慮しない立場をとることに葛藤を感じないのだろうか？　ことによると感じているかもしれない。だが、おそらくそうではないだろう。それより彼は、すべての川が自由に流れ、アメリカ人が川の価値を尊重するなら、私たちにはそもそも石油も水力発電も必要ないと考えるのではないだろうか。これは決して無視できない考え方である。アメリカ人は物質を求めることによって自分の価値を見出そうとする傾向がある。また、これは人類全体の傾向にもなりつつある。私たちは物質的な限界から自由になろうと貪欲に力を求める。「限度額無制限」は、クレジットカード会社の魅力的な謳い文句だ。私たちは圧倒的に消費主義的な価値観にもとづいてエネルギーと商品を消費する。そして、この消費主義的価値観がしばしば善良な市民の伝統的価値観と対立する。

こうした話は説教じみたものになりやすい。というのも、これはじつは、功利主義の倫理から離れ、人間の尊厳と正義の倫理さえも卒業し、徳の倫理へ移行することを勧める話だからだ。徳の倫理で重要なのは、人のすることでなく人のあり方である。徳は人間の優れた態度を規定する。優れた態度とはたとえば「克己」や「剛毅」、わかりやすい言葉で言えば「節度」や「規律」などである。徳の倫理には、個人的な欲求よりも、もっと広くコミュニティの幸福を優先させること、すなわち、伝統的な市民の徳も含まれる。こうした徳は明らかに、極端な個人主義や自由市場経済の哲学によって強化されるものではない。世にはびこるそうした哲学は、個人的な達成感の表出として有形財の消費を促すものだからだ。「お金では買えない価値がある。買えるものはマスターカードで」というキャッチコピーも皮肉である。この名言で締めくくられるCMは決まって、家族や個人の幸せな出来事――クレジットカードがなければ手に入らないであろう幸せな出来事――を映し出すシーンで始まる。締めくくりの温かい言葉にもかかわらず「お金で買えない」経験にも請求書が送られることはあるようだ。

増大するエネルギー需要に応えるには化石燃料の使用を増やすしかないと考える人は、アメリカ人の「ライフスタイル」を崩したくないのだろう。しかし、別の方法があると考える人も、（ノーマンのほかにも）大勢いるだろう。誰もがある程度欲求を抑え、エネルギー消費を減らせばいいのである。そうすれば、膨大な数の発電所を建てる必要もなくなる。要するに、人類全体のあり方が、エネルギー危機に直接影響するのだ。

ダムの拡大によって犠牲になるのは人間だけではない。サケと海水の湿地も犠牲になる。太平洋岸北西地区のダムはどれも、天然のサケの繁殖に影響を与えてきた。サケが上流の自然の産卵地に上っていくのを阻まれると、長い歴史のなかで保たれてきた個体数が急激に減ってしまう。ダムの近くに魚梯《ぎょてい》［訳註：魚を遡上させるために設ける段状の水路］や人工の滝をつくったとしても、問題をわずかに和らげる程度の役にしか立たない。何とか繁殖に成功したとしても、小さなサケの稚魚は川の流れのままに下流へ運ばれる。そして多くは貯水湖に迷い込むか、タービンを通るときに死んでしまう。孵化場を導入することである程度の改善はできるだろうが、生物学者たちに言わせれば、人工繁殖の過程である種の遺伝子プール［訳註：繁殖可能な同種の個体群が持つ遺伝子の総体］が減少する懸念がある。漁師の生活だけなく海の多様性も危機にさらされていることは、各種のサケが絶滅危惧種リストに載り続けていることから明らかである。

河口の湿地帯もダムにより深刻な影響を受ける。そこは川下に流れる栄養分と川の急速な流れがあってこそ、生息する植物や動物の種類や質を保つことができる。流れる水の量が減れば、湿地帯は急速にバランスを失い、日和見種や外来種に侵入されやすくなり、近くの町や都市が排出する汚染物質も蓄積しやすくなる。

じつのところ、ダムそのものは意外に単純な構造物である。湖と電力を生み出す巨大なコンクリートと土の塊にすぎない。しかし、ダムの影響はあまりに広範であり、ダムによって提示される道徳上の疑問も複雑で深刻である。この事例の登場人物たちはそのことをよく理解している。

――ディスカッションのために

1. 水力発電は無公害で安価で再生可能である。これらは経済的にも環境的にもエネルギー源に求められる特徴である。それなのになぜ、環境保護運動家の多くが水力発電に反対するのだろうか？

2. 地元の先住アメリカ人の部族のコミュニティは、新しいチャップマン・ゴージ・ダムによって利益を受ける集団のひとつだと思われる。にもかかわらず、彼らがそれに反対するのはなぜだろうか？

3. アメリカでは新たなダムの建設は非難を受けるが、発展途上国の多くでは、ダム建設の大規模なプロジェクトが進行中である。インターネットを使ってこうしたプロジェクトを三つ探してみよう。それらの事例にはどのような道徳的問題があるかも考えてみよう。

4. デイルは古いダムを維持したいと考えている。彼女の立場は、古いダムを完全に取り壊してコキール川の自由な流れを取り戻したいという立場と、今より大きなダムを建設したいという立場のあいだにある。あなたは彼女の意見に賛成だろうか？ 理由も説明してみよう。

第9章 自然も砂漠をつくる——中国の砂漠化対策

リン・シューは省のオフィスのビルを出た。これからバスに乗って長い家路に着く。心は不安でいっぱいだった。次の会議では、政府が提示する三江源《サンチヤンユエン》の砂漠化改善計画について話し合わなければならない。リンは二年前、北京市外の小さな工場の副工場長を辞職し、年老いた両親を助けるために故郷の青海《チンハイ》省に戻った。彼の父はチベット高原で放牧を営んでいたが、家畜の冬の飼料を探すために遠くまで出かけていくことができなくなっていたのである。父も母も青海を離れることを望んでいなかったし、両親の世話をするのはひとり息子であるリンの仕事だった。リンは両親を自分のところへ来てもらおうと説得もしなかった。都会の二部屋のアパートでは両親とリンの家族が同居するには狭すぎたし、工業地帯の真ん中で暮らすのに嫌気がさしてもいたからだ。そこでリンは妻と息子を連れて両親の村に戻り、都会に出ていく以前の放牧者に戻ったのである。

昨年リンは、村民グループの代表として、中国北西部の農業環境の評価を目的とする政府の会議に出席した。彼はその会議で、青海省の彼の住む地域は、砂漠化が「少しずつ」でなく「猛スピードで」進んでいると説明した。この急速な砂漠化のせいで、放牧者たちは冬のあいだは自分の小さな割り当て地を離れ、家畜を連れてほかの土地へ出かけていかなければならない。割り当て地には家畜を養うのにじゅうぶんな草が生えなくなってしまったからだ。出かけていった先で土地の奪い合いが起こることもあった。リンは会議の席で、こうした習慣は砂漠化を進行させるだけだと認めた。こうした習慣によってまだ砂漠化していない土地まで過剰に放牧され、放置された草地はネズミの繁殖によって荒れていくからだ。それでもリンは、放牧者たちにはほかに方法がないという点を強調した。彼らはすでにぎりぎりの生活をしている。若者たちはみな仕事を見つけるために村を出ていってしまうため、ここ一〇年あまり人口が減り続けてもいる。今では砂漠化が進行し、湖や川や泉の多くが干上がってしまった。このふた夏というもの、リンの村も、五キロ離れた泉からトラックで運ばれてくる水を買わなければならなかった。

リンはこの会議に出席したのがもとで、今度は政府の農業や環境の担当役人で構成される三江源環境計画委員会に参加する役を任命された。三江源とは中国北西部の、揚子江、黄河、瀾滄江《らんそう》（南部はメコン川と呼ばれる）の三つの川の水源地域である。揚子江の水量の四分の一、黄河の水量の二分の一、瀾滄江の水量の一五パーセントは、この三江源から流れていると言われる――少なくとも砂漠化が深刻化する一九九〇年代まではそうだった。

この三江源環境計画委員会に参加して、リンは砂漠化が中国の深刻な問題であることを知った。砂漠は中国全土の三分の一を占めており、毎年二四〇〇平方キロメートルずつ増えている。砂漠化の影響を受けている地域に一億一〇〇〇万以上の人が住んでおり、ほかの地域に住む人びとも、砂漠から吹いてくる激しい砂嵐の被害を受けることが多くなっている。砂漠はいまや北京からわずか七〇キロの地点まで迫っており、さらに進行を続けている。専門家によれば、中国の砂漠化の速度は世界平均の一八倍だという。

リンは委員会の会議に何度か出席するうちに、村人たちのさまざまな行為が地元の砂漠化を悪化させていることを知った。村人たちの多くは、自分の狭い放牧地の草が足りなくなって、家畜を減らす必要に迫られた。そして減った分の収入を埋め合わせるために、土地を掘り起こして髪菜《ファーツァイ》を採り始めた。髪菜とは不毛の丘に生息する黒い藻の一種で、中国南部でよく食材として利用されている。彼らは草地を掘って民間薬の成分となる甘草《かんぞう》の根を採ってもいる。すでに植物の減ってしまった土地を掘り起こせば、砂漠化の進行を加速するばかりではある。それでも、これをやめれば、村人たちの半分は冬じゅう飢餓に苦しむことになるだろう。水がなくなるまでは小さな畑を耕している人もいた。ほかの収入源がなくなるにつれ、畑を拡大している人もいた。だが、一度耕作した土地を放置することも砂漠化につながる。表土をとどめておくものがなくなるからだ。

リンが今不安でたまらないのは、専門家たちが三江源地域のために立てている計画のせいだった。彼らの意見は、特定の地域に対してとるべき行動については一致していたが、大きな目標で分かれていた。問題のひとつは、砂漠化には、気候の変化を含むさまざまな原因があることのようだった。

環境担当の役人たちは、気候によって、あるいは気候の変化によって起こる砂漠化に対しては、回復のための行為をいっさいするべきではないと主張した。こうした土地を回復させようとしてもたいてい失敗する、ということ、そして、成功の見込みのある土地のために残しておくべき国の限られた財源を無駄にしてはいけない、ということがその理由だった。彼らによれば、回復させるべき土地とは、人間の行為によって砂漠化したり、それが進行したりした土地だった。彼らが強調したのは持続可能性である。要するに、一度回復に成功したら、その後は何も手を加えなくても、自分で生き続けることのできる土地だけを回復させるべきだと言うのである。

一方、農業担当の役人たちは、中国は利用できるかぎりの土地を利用し、農地や牧草地だけでなく森林も増やさなければならないと主張した。彼らは、中国には世界の四分の一の人口がいるにもかかわらず、耕作可能な土地は世界のわずか七パーセントしかないこと、そして一九四九年以降はその耕作可能な土地の五分の一が砂漠化や侵食で失われていることを繰り返し指摘した。また、中国の森林は国土全体の一三・九パーセントで世界平均の約半分であることや、森林伐採はようやく政府の休止命令が降りたものの、それ以前の急速な森林伐採によってすでに砂漠化が進行していることを主張した。いまや中国全土の三分の一が砂漠であり、砂漠が耕作可能な土地の二倍を超えている。彼らに言わせれば、持続可能性を考慮するのであれば、資源や動物の生息地の持続可能性だけでなく、総人口と経済成長の持続可能性にも目を向けなければならないのである。

環境担当の役人たちは、そうした考え方こそ、黒竜江《ヘイロンチャン》省の北部地域で間違った「土地改良」が行なわれた原因であると反論した。この「土地改良」とは、一九五〇年代から七〇年代にかけて大勢の若い兵士や革命主義者たちが、中国の膨大な人口の食料需要に応えるために、黒竜江の湿地を農地に変えたことをさす。強引な農業開発によって、広大な湿地や森林が農地に変えられた。そして、一九九〇年代までにその破壊的な影響が明らかになったのである。かつてはスポンジのように水を吸収し、それをゆっくりと放出して洪水を防いでいた土地が、極端に侵食されて川をシルトでふさいだために、かつてなかったような破壊的な洪水が起こるようになった。気候も変わり、雹《ひょう》が土地を激しく打つようになり、野生の鳥や動物が姿を消した。その後、何十億元という予算をかけて、ふたたび黒竜江の広大な地域の「土地改良」が（今度は湿地に戻すために）行なわれた。環境担当の役人たちは、土地利用は人間の要求を優先して行なうのでなく、土壌や気候や自然の状態を優先して行なわなくてはならないと主張した。

持続可能性を考慮する対象には地元の人間の生活も含めてほしい――それがリンとほかの二人の三江源地域の住民代表者の気持ちだった。リンはもちろん、人間の要求や欲求だけにしたがって資源計画を立てるべきだとは思わなかったし、国による規制が必要だとも思っていた。それどころか、政府は地方の放牧社会の経済回復に焦点を絞って計画を立てるべきだ、と主張する隣人と言い争ったことさえある。リンの両親の友人たちは、地元の文化がどれほど放牧に根ざしているかを訴え、かつては親や自分がたくさんの家畜を飼い、その収入だけで家族をじゅうぶんに養っていけたと嘆き続けた。「家畜がたくさんいたころは、都会へ出ていく子なんぞわずかなもんだった。たいていはここに残り、親の放牧のあとを継いだもんだ」年老いた隣人のホエがそんなことを何度口にしたかわからない。

リンはそんな時代がすぐに戻るとは思わなかった。たとえ政府の計画によって牧草地が改良されたとしても、地元の人びとはまた単純に家畜を増やすのではないかと心配だった。そうなれば、結局また土地を劣化させることになり、家畜を減らさざるをえなくなる。そのときはまた不足した分の収入を、髪菜や甘草の根を掘り起こすことで補おうとするにちがいない。結局、同じことが繰り返されるだけなのだ。リンはさらに、政府の計画が土地と中国の将来にとってのみ役立ち、三江源の人びとには何の福祉ももたらさないのではないかと心配した。

青海のほかの村からの二人の代表者はどちらもムスリム（イスラーム信徒）だった。彼らはリン以上に強い不安を感じているようだった。彼らは自分の村の人びとが長年味わってきた苦しみについて語った。一九二九年の大飢饉のときには、彼らの祖父たちが人が人の肉を食べる姿を目撃し、一九六〇年の飢饉のときには、彼ら自身が生きるために木の皮や種《たね》を食べざるを得なかったという。今度の計画によって放牧や草掘りが禁止されれば、村人たちの多くが飢餓に苦しむことになるだろう。青海のムスリムたちはただでさえ政府に対する不信感が強いため、政府の規制を容易に受け入れそうもなかった。

次の会議に出る前の晩、リンは自分の不安を妻のムーに打ち明けた。ムーはそのとき、咳の続いているリンの父のために薬草を煎じていた。「委員会はどうやって種類の違う砂漠を区別するつもりなんだろう。専門家たちが言うには、気候の変化によって長い年月をかけて砂漠になったところもあるらしい。でも、ほとんどの場所はいつから砂漠になったのかなんてわからないじゃないか。それに砂漠になったのが気候の変化のせいか人間の活動のせいかなんて、どうやってわかるんだ？　どうやって、回復するべき場所とそうじゃない場所の違いがわかるというんだろう？」

「でも、そこに住んでいる人なら、土地の状態が親の時代やそのまた親の時代からどう変わってきたかがわかるんじゃないの？」ムーは言った。

「いや、そうでもない。人は天候が悪かったときのことや、飢饉のときのことなんかはよく覚えてる。それにまつわる忘れられない出来事があったりするからだ。それが自分の体験であれ、年長者から聞いた話であれね。それから、昔と比べてどれほど家畜の数が減ったかなどもよく覚えてる。だけど、土地のこととなると、悪くなるのが少しずつだから、よく覚えていないんだ。覚えているのは、草が減って家畜をたくさん殺さなければならなかったのがいつだったかということくらいだろうね。割り当て地はたいてい乾燥した土地と草の生えた土地の両方を含むように慎重に分けられているから、草地が少しずつ減っていても気づきにくい。草がだんだん減っているのに気づかずに家畜を減らさずにいると、やがて草は食い尽くされてしまう。自然がつくった砂漠がどこまでで、人間がつくった砂漠がどこからかなんて、ほとんど区別できないよ。この計画を立てている専門家たちは、いったいどうやって土地が回復可能かどうかを知るつもりなんだろう？」

ムーはため息をついた。「そんなに気を揉まなくてもいいのに。あなたには責任のないことでしょう？　計画が成功してもしなくても、批判されるのはあなたじゃないわ。決めるのは専門家の仕事でしょう？」

「だけど、彼らがどう決定するかによって、ぼくたちの子供が大人になったときに青海のこの地域にまだ人が住んでいられるかどうかが決まるんだよ」

ムーはリンの両親の死後は北京に戻りたいと思っていた。北京で薬剤師の助手としての仕事を再開したかったし、息子をよい学校に入れたかったからだ。そのことでは前にリンと言い争ったこともある。でも、今は黙っていた。今ここでその話を蒸し返し、リンを刺激したくなかったからだ。

翌日の午後、リンが会議室に到着すると、壁に青海の大きな地図が掛けられていた。地図上には、環境計画の新たな提案区域が色分けして示してある。副知事の説明によれば、今回の計画の中心は、青海省南部の一六の県を含む三一万八〇〇〇平方キロメートルの「自然保護区」だった。そのなかの合計六万二〇〇〇平方キロメートルの「閉鎖地区」二五箇所は、鳥三〇種、動物一二種を含むそこの絶滅危惧種を保護する地区であり、そこでは伐採その他いっさいの人間の行為が禁止されるということだった。リンはこの地区に、かの有名な猟区管理人、哲巴杜潔《ツゥパー・ドゥージェ》が監視していた保護区が含まれていることに気づいた。哲巴がここで働いていたのは、四輪駆動のピックアップトラックでやってくる一団の狩猟を止めるためだった。この一団の目的は、絶滅危惧種であるチルー（チベットレイヨウ）を狩り、その顎の下の柔らかい毛をとって、シャトゥーシュ［訳註：チルーの毛でつくった毛織物のことで、世界でも最高級とされる］のショールにすることだった。こうしたショールの商取引は全世界で禁止されているが、闇市場では一万ドルほどで売られている。一九九九年一一月八日、哲巴が自分の頭を銃で撃って自殺したと地元の役人が発表した。しかし、北京の環境保護運動家たちはこの情報を信じなかった。哲巴の頭に銃弾が三つも残っていたと知ってからはなおさらである。その後、この話は中国中に忌まわしい事件として広がった。

副知事は説明を続けた。自然保護区のなかの閉鎖地区には、すでに伐採されているために緊急に木の植栽を要する区域や、ネズミの繁殖を抑えてもともと自生していた草の種を蒔く必要のある荒れた牧草地が含まれているという。また、自然保護区のなかに生態系の調査と監視を行なうための基地を建てることや、人間の活動の禁止令を施行することも計画に含まれていた。

この閉鎖地区を取り囲む五万平方キロメートルの区域は、「緩衝地区」として部分的に開放し、部分的に閉鎖するということだった。その開放部分では、放牧者が限られた数のヒツジとウシを放牧することを認め、それを監視し、毎年規制を調整するという。また、この「緩衝地区」のさらに外側の二〇万六〇〇〇平方キロメートルは「多機能試験地区」として、化学実験と観光に利用するという。

村の代表者たち三人はすぐに、自分の村がどの地区に当たるかを確認した。そして、三人ともが自分の村が多機能試験地区に属することを知った。そのため、計画者への三人の質問は、この地区に関することに集中した。

「多機能試験地区とはどういう意味ですか？　以前のように放牧ができるようになるのでしょうか？　放牧の割り当て地はどうなりますか？」リンは尋ねた。

役人たちからの回答はあやふやで不安をかき立てるものだった。

「それについては、それぞれの割り当て地の特定の場所の土地の状態によりますねえ。ほとんどの割り当て地では、ここ何十年か放牧を続けることができていたんですから、比較的早く回復するんじゃないでしょうかね。おそらく二、三年だけ一時的に放牧を禁止すれば大丈夫でしょう。いや、これは、防風林をつくったり、ネズミの駆除をしたり、やせた広い土地に種を蒔き直したりする予算が降りれば、の話ですがね。禁止令が出ているあいだは、ご家族の食料は支給されることになると思いますよ。ただ、これも予算の額によるのです。こちらとしては、おそらく、数年間は数地域に限って予算を回し、それが終わってから次の地域に、というように順番にしなければならないのですよ。土地改良が指定されていても予算がまだ降りない地域で放牧をしてよいかどうかは、地元の担当者が決めなければばならないでしょうね。まあ、してよいということになったとしても、家畜の数は厳重に管理されるでしょうがね。あ、言うまでもなく、草地はどこも掘り起こし禁止ですよ。それから、家畜の数は、土地が回復したあとも土地の状態に応じて制限していただくことになりますよ」

会議が終わり、リンは二人の代表者といっしょにバスを待っていた。三人とも、村に持ち帰らなければならない知らせに気を滅入らせていた。ムスリムの二人はとくに、放牧禁止期間に政府が家族に食料を支給してくれるという話をまったく信用していなかった。「先は見えていますよ。最初の支給が遅れる。二度目の支給がもっと遅れる。そして三度目は来ない。そうやって財布を潤す官僚がいるのです」ひとりが言った。

それはありうる、とリンも思った。しかし、リンの心配はそれより、自分の村の土地そのものにあった。村人たちは昔の人口が戻ることを望んでいるが、それよりはるかに少ない今の人口でさえ、この土地で生きていくことはできなくなるかもしれない。面積当たりのヒツジやウシの数を減らして過放牧のサイクルを止めなければならないとすれば、割り当て地の面積を広げなければ人びとは家族を養っていくことができない。地面の掘り起こしが禁止されるのだからなおさらだ。割り当て地の面積を広げることは、割り当て地の数を減らすことを意味する。しかも、もとの割り当て地のすべてが回復可能でないとすれば、おそらく大きく減らさなければならないだろう。割り当て地を減らすことは、家族を減らすことを意味する。

リンは考えた。どの割り当て地が回復可能でどの割り当て地が回復不可能かということを、役人たちはいったいどうやって決めるのだろう。以前働いていた工場では、生産性を決定するときは必ず比較のための基準があった。しかし、ここには、基準と言えるものは何もない。村人たちは、自分に割り当てられた土地のことをよく知っているので、そのなかで最近まで肥えていた部分がどこかについて、境界まで正確にではないにしても、だいたい判断することはできるだろう。この計画の起草者である官僚たちは、こうした最近まで肥えていた土地を回復させる土地として選ぶだろうか？　そもそも彼らには、どこが最近まで肥えていた土地――また肥えさせることのできる土地――なのか、見分ける力があるのだろうか？　地方の計画の規則を決める前に、官僚が割り当て地の所有者と打ち合わせをするという話は聞いていていない。

リンは長い家路に着くためのバスのステップを昇りながら思った。専門家や政府のことをもっと信頼できたらどんなに安心だろう。しかし、そんなどうにもならないことを考えるよりも……と彼は思い直した。たとえ最悪の事態になっても、自分には道がある。自分にも妻にも学歴がある。だから仕事を見つけることはできる。いざとなれば、両親を連れて、北京に戻ろう。

――解　説

グローバルアナリストによれば、中国はこの四半世紀でめざましい産業の進歩を遂げた。この進歩によって、中国全体の生活水準が向上し、近年まで数年に一度のわりで何百万人という死者を出していた大飢饉もなくなった。しかし、この進歩が環境に与えた犠牲は甚大だった。世界の汚染都市ワースト一〇のうち八都市を中国が占めている。また、中国南部の大半の地域が深刻な水不足に直面してもいる。二〇〇〇年に伐採がほぼ中止されるまでに、中国は数万平方キロメートルの森林を失っている。しかし、こうした概要だけではまだ、ごみ、有毒廃棄物、危機に瀕した動物や植物のことが説明できていない。中国は一九九〇年代半ばになって環境問題の深刻さに目を向け始めた。最初のステップは、問題の程度を調査し監視するための予算を組むことだった。そして、二〇〇〇年までにいくつかのプロジェクトが開始された。

中国で優先される環境問題はたいてい砂漠化でなく、都市の問題である。地方の問題を扱うにしても、農民の要求を満たす必要から、政府は比較的人口密度の高い地方を優先する。三江源が注目されることになったのは、おそらく川に対する配慮からだろう。主要な川がしだいにシルトを溜め氾濫しやすくなってきただけでなく、広域にわたって枯渇しつつある。シルトと枯渇の問題に対処する最初の土地としてもっとも有効と判断されたのが、三江源だったのである。環境保護運動家たちによれば、森林や草原を回復すれば、土壌が一定の場所にとどまり、川に流れ込んで川をシルトで満たすことがなくなり、結果として洪水が起こらなくなる。また、森林や草原を回復することによって、雨雲が引き寄せられるようになり、昔の降水サイクルが戻るという。

◎原因の不確かさ

三江源のプロジェクトは、中国が現在取り組んでいるほかの多くの環境保護プロジェクトとある点で大きく違っている。それは、リンが指摘しているように、問題が単に人間による破壊や汚染ではなく、自然による破壊と人間による破壊が複雑に絡み合った結果であり、それらを分ける明確な境界が存在しないという点である。一般には、地勢や気候パターンが汚染を悪化させることがあるとはいえ、汚染を引き起こすのは人間の活動なので、どの活動が主たる原因であるのかは、実験によって調べることができる。砂漠化について考えるにあたっては、気候の変化も、人間による過放牧や伐採や草の掘り起こしも、かなり前から始まっていたらしいことはわかっている。しかし、三江源で数百年前に始まった砂漠化そのものが、過放牧によって引き起こされたのかどうかについてはわかっていない。ただ単純に、知るすべがないのだ。この知識の欠如が、科学的にものを見ることを学んできたリンにとっては、不安の種となる。彼は基準、すなわち実験結果を比較するための定数がほしいと思う。この事例は、一部の人からは環境保護の弱点とみなされそうな事実を浮き彫りにしている。それは環境保護の方法が科学的に完璧ではないという事実である。もちろん環境学者も実験を行ない、結果を計測し、比較も行なう。しかし、あらゆる実験ができれば理想的だとはいえ、インドネシアのサンゴ礁（第7章）の事例もそうだったように、それを行なっている時間があるとは限らない。サンゴ礁の事例では、新たな柵は、サンゴの生育環境のあらゆる要素に対する効果が試されてはいない。本章の事例でも、政府のプロジェクトで三種類の区域の境界が、基準や歴史的なデータなしに独断的に決められている。

◎予防原則か科学的確実性か

第7章と本章のどちらの事例においても、措置を急ぐのは、状況があまりに深刻であるために、科学研究を行なっているあいだに取り返しがつかないほど破壊が進行してしまうおそれがあるからである。早急な措置をとるということは、予防原則にもとづいて行動をとることを意味する。予防原則にもとづいて行動をとるとは、深刻なリスクのある状況に対し、破壊の過程が正確にわかっていない段階で、その生物圏を保護するのに最善と予想される行動をとる、という意味だ。もちろんあとになって、予防原則にもとづいた措置は不必要だったとわかることもある。しかし、たとえ結果的にそうなったとしても、措置をとるのが遅れたために自然の破壊がどうしようもないほど進行してしまうよりは、はるかにましだと考えられている。

世界のさまざまな状況で、予防原則は環境保護運動家たちのモットーとなっている。だが一方で、経済発展を重視する人たちにとっては、「科学的確実性」こそ重要である。どちらの立場も、環境にとって危険な行為が特定され証明されている状況では、それを廃止しなければならないと考える点は同じである。しかし、破壊的な「結果」は特定されているが、それを引き起こす「行為」が明確に特定されていない場合に、対立が生じる。環境保護運動家たちは予防原則を掲げ、確かな証拠を待たず、現在利用できるかぎりの科学の知識をもとに対策を開始しなくてはならないと主張する。一方、科学的確実性の提唱者たちは、確かな証拠が得られるまでは、できるのは推測だけであり、そうした推測は、膨大な数の人びとの福祉に影響を与える社会的決断の根拠とするにはあまりに信頼性に欠けると主張する。

この章の事例について言えば、科学によって確かな証拠を導き出すために必要なデータを委員会が入手する方法さえわかっていない。入手できない重要なデータとは、たとえば歴史的データである。三江源の砂漠化はいつどのような状況で始まったのか？　砂漠化が始まった当初は人間の何らかの活動がそれに加担していたのだろうか？　その後数十年間、人間はどのような活動をどの程度行なっていたのか？　そして、そうした活動のいずれかが砂漠化の進行と関係しているのだろうか？——こうした情報を過去から得る手段は、単純にないと言っていい。

リンが理解できていない点、そして、委員会の説明が足りない点は、多機能試験地区の正確な用途である。この広大な地区は、そのなかの区画ごとに別の介入を行ない、それぞれを監視するために割り当てた区域である。たとえば、まずいくつかの区画の最初の状態を評価する。それから、そのなかの一区画を対照標準として手をつけずに残し、別の一区画にある種の介入を、さらに別の一区画に別種の介入を行なう。こうした実験を続けていけば、五年から一〇年先には、科学者たちは破壊のプロセスに影響するさまざまな要因について、少なからず知識を増やすことができるだろう。どの程度の放牧を行なったときに草地が劣化するか、ネズミはどのような状態のときに増殖しやすいか、植物の掘り起こしが破壊的にならない状況があるとすればどんな状況かなどについても、実験を通して知ることができるはずだ。

なかには、大規模にならざるをえないために、容易にはできない実験もある。たとえば、特定の地域の降水パターンを取り戻すために回復させなければならない森林の面積を調べるには、最初から広大な地域で植栽を行なわなければならない。この実験は膨大な費用がかかるにもかかわらず、結局、過去の降水パターンを取り戻すのは不可能だとわかるだけかもしれない。リンが心配するのも、土地の掘り起こしを禁止され、家畜の大幅な削減を強制されることによって、村の家族や村のコミュニティ全体が大きな犠牲を負うにもかかわらず、この政府の対策に土地を回復させる効果があるかどうかはわからないからである。しかし、こうした対策によって犠牲を払うのは個人や一部地域だけではない。中国の予算も膨大な犠牲を払う。この予算は、基本的欲求も満たされずに生きている国民たちに、食料や学校や医療を提供するために使うことのできる予算なのだ。しかしだからといって、ほかに方法があるだろうか？　中国は土地が毎年何千平方キロメートルという規模で破壊されていく現象をこのまま放置してもいいのだろうか？

◎中国の環境保護

環境保護が中国において目立った動向となり始めたのは、この一〇年ほどのことである。これは遅いスタートと言える。中国政府は長いあいだ環境保護を二の次にして、産業化、近代化、輸出の拡大を急いでいた。この態度は、中国の歴史や世界の政治体制を考慮すれば理解できる。発展途上国の政府の典型的な態度でもある。しかし、中国の環境保護は、非政府組織（ＮＧＯ）と宗教に注目してみると、ほかの発展途上国の環境保護と大きく違っている。

中国政府はＮＧＯと宗教を受け入れるのを拒み続けている。海外のどんなＮＧＯも中国で活動することは許されておらず、ほかの国であればＮＧＯとして発足したであろう国内のグループも、やむをえずほかの名目で活動している。最近の中国は資本主義的な投資に寛容で、むしろそれを歓迎するほどなので、最近発足した環境保護団体は、利益を求めることはなくても営利法人として登録している。また、非公式のまま研究を行ない、発見した情報を海外の報道機関に送っているグループもある。さらに、国内で改善されつつある報道の自由を利用して、特定の環境問題に関する情報を広めることにより、政府に働きかけているグループもある。実際、こうした報道がもとで、政府が特定の動物や生息環境を保護したり、環境関連法の施行を阻む堕落した体制を改善したり、新たな研究を始めたりすることにつながった例もある。

中国政府がNGOに不寛容なのは、中国政府が宗教に不寛容なことと関係がある。中国政府はとくに無信仰を強制しているわけではないし、中国の在来宗教に対しては、それが個人的に、あるいは家庭のなかで信仰されるだけで、公共的または組織的な性質を持たないかぎり、問題にしていない。一九九〇年代末から法輪功の大勢の信者たちが逮捕され、有罪判決を受け、投獄されているのは、彼らが中国政府による社会の独占支配に組織として異議を唱えているからだと言われている。中国政府は政府と国民を仲介するようなどんな組織も受け入れようとはしない。中国人は個人として、あるいは家庭のなかで信仰を持つことは許されるが、公に宗教活動を行なうことは許されないのである。

中国におけるNGOの扱いも、同じように政府による支配を妨害させまいとする姿勢に端を発している。発展途上国の多くではNGOがきわめて大きな力を発揮しており、とくにネットワーク化されている場合には、一致団結して政府に意見を述べることができる。ただし、発展途上国のNGOはそれぞれが別の組織(先進国のさまざまな組織)から出資を受けており、どの組織もそれぞれの出資者の方針や報告規則を採用しているせいで、NGO同士の効果的なネットワークづくりが難しくなることも多い。とはいえ、模範的なネットワークは、南アフリカをはじめとするいくつかの国に確かに存在している。発展途上国でNGOが勢力を振るっているのは、それらがたいてい、貧しく力の弱い地方政府に代わって、政府の通常の機能の一部を引き受けているからである。発展途上国の多くでは、医療（とくに乳児と母親に対する医療）、家族計画、ＨＩＶ／ＡＩＤＳの予防と治療などの対策をＮＧＯが中心となって行なっている。また、ＮＧＯの多くは都市の人口統計データを政府よりもつねに正確に把握しているため、大多数の貧困者の要求や状態を政府よりもはるかによく知っている。実際、政府機関は、出資や（政府の役人の家族計画プログラムなどの）支援やデータをＮＧＯに大きく依存している。ＮＧＯは教育においても不可欠な役割を果たしており、とくに宗教教育には大きく貢献している。

環境保護を目的とするＮＧＯも、発展途上国における典型的なパターンは、健康や栄養、人権、家族計画、職の創設、住宅などのために働くＮＧＯと基本的に変わらない。環境ＮＧＯもたいてい、国際組織を含む海外の組織から、少なくとも一部の出資を受けている。そうした外からの出資をプロジェクトの運用費に充てることができるため、国内で大きな影響力を持つことができ、政府に向かって、「わたしたちは、たくさんの人間と動物がふたたびこの土地に支えられて生活できるように、この二五〇〇平方キロメートルの草地を回復させる計画を立てました。この土地が過放牧されないようあなたがたが監視を続けるなら、必要な資金の七五パーセントをわたしたちが負担しましょう」と言うことができるのである。ところが中国政府は、公共政策に関してほかの団体から口出しされたくないので、ＮＧＯを禁止している。

中国は宗教とＮＧＯを敵視することによって、発展途上国ならではの環境保護の強力な二本の柱を失っている。精力的な環境保護活動が世界に広まる原動力として、宗教ほど強力なものはない。各地の先住民は、先祖伝来の神話や儀式を通して、自然を崇拝し、自然とのつながりを大切にする姿勢を育んでいる。この姿勢が、さまざまな環境危機が実際に訪れたときに、精力的な環境保護活動に容易に変わるのである。アメリカでは、先住アメリカ人の部族はよく環境保護庁（ＥＰＡ）と手を組んで、環境破壊を止めるための訴訟を起こしている。有名なのは、一九九六年のプエブロ族対アルバカーキ市の裁判である。この裁判で連邦地方裁判所は、プエブロ族とＥＰＡの主張――プエブロ保護特別保留地の一〇キロメートル上流にあるアルバカーキ市は川の水をプエブロ族が宗教的儀式や農業に使うことができなくなるほど汚染するのは許されないという主張――を認めた。その結果、アルバカーキ市は、同市の下流地域の水質を同市の上流地域と同じ水質に保つべく、三億ドルをかけて浄水装置を改善しなければならなくなった。[*1] インド南部の女性たちによる木を抱きしめる儀式、ケニアのキクーユ族によるグリーンベルト運動、植物盗難や石油探索を止めるためのアマゾンの部族の闘いのほか、土着の宗教に根ざした活動は枚挙にいとまがない。特定の土地には特定の神や特定の人物との神聖なつながりがあるという宗教の考え方は、生物圏の保護に役立つのである。

中国では仏教や道教が公的な活動を許されれば、環境保護にすばらしく役立つだろう。森は仏教で大きな役割を果たしている。釈迦は森にこもって瞑想し、菩提樹の下で悟りを開き、雨季は森にこもるよう弟子たちに説いた。仏教の寺院は森のなかにある場合が多い。森は瞑想にふさわしい場所と理解されているのである。このように自然を瞑想という人間の活動のための道具として理解することは、自然に限られた地位しか与えていないことではある。とはいえ、仏教の「縁起」の考え方（すべての事物は他との関係が縁となって生起するという考え方）は、あらゆる生物は互いに関わり、互いに依存しているという環境保護の基本的な考え方とよく似ている。

道教は多くの点で自然宗教と言える。道教の基本的な教義は、人を自然や自然の調和を模倣するように導く。道教では、自然は、単に人間の精神的気づきを促すだけのものではない。自然は人間を鼓舞するものとして、つまり、人が心を通わせたり、そこから学んだりすることができる、実体のある存在として理解されている。このように自然が命を持ち、語り合うことのできる存在であるという考え方は、道教を信仰する民衆一人ひとりに染みわたっている。道教では生物圏のさまざまな要素が区別されてはいるが、人間（生者と死者）と動物、植物、川、海のあいだに明確な境界があるとは考えられていない。道教では、全体と全体を構成するすべての要素を崇拝することが必須なのである。

中国の農民たちにとっても道教は受け入れやすい宗教だと言える。民間レベルの道教は、農民たちが共通に持っている自然に対する気づきや自然を崇める気持ちとよく符合するからだ。しかし、道教も組織化されておらず、道教の僧侶を養成したり、道教の伝統を次世代に伝えたりする制度がないため、道教のなかに存在する環境保護の精神が表に現れにくくなっている。要するに、この道具もほとんど利用されていないのである。

儒教は環境保護主義とは相容れない部分が多い。それは第一に、儒教が伝統的な中国人気質を助長させるものだからだ。中国人は伝統的に、政府が個人の生活のさまざまな側面に対して権限を持つことに抵抗がない。ほかの国の人間であれば個人の問題、あるいは政府以外の団体が決めるべき問題と考えることに、政府が口を出すことをふつうに受け入れるのである。とはいえ、政府が個人や家族の生活に介入してくるのを受け入れるこの姿勢が、環境保護に役立った重要な例もある。それは一人っ子政策である。都市在住者は子供を一人までに、地方在住者は二人までに制限することを政府が強制して成功する国など、中国以外にはほとんど考えられないだろう。けれども中国人は、この制限の必要性も、それを強制する政府の権限も受け入れた。一九七九年に中国でこの一人っ子政策が施行されなければ、世界人口は今、少なくとも一〇億人は多かったにちがいないし、中国の環境は今よりずっと悪化していただろう。

ほかの環境政策についても、政府があまりにも幅広い権利を握っているという事実と、政府以外の社会組織の存在が許されないという事実がある以上、中国の環境保護はひとえに政府の肩にかかっていることになる。したがって、中国政府は率先して環境保護対策を進めなければならない。あるいは、政府が環境保護対策を進めるように、誰かが慎重に政府を誘導しなければならない。

もちろん、中国では誰も環境保護対策を率先して行なっていないというわけではない。ごみ拾い、植栽、堆肥づくりなどの地域の環境保護活動を奨励している政府機関（健康や家族計画などの担当機関）もある。近隣で協力し合ってリサイクル活動を始めた地域もある。とはいえ、政府の指示を待つだけ、というのが国民の全般的な傾向ではある。リンの妻のムーもその典型と言える。彼女はリンがなぜあれほど心配するのかを理解できない。計画は政府の仕事であってリンの仕事ではないのだから、どんな結果になっても政府の役人が責任をとってくれるではないかと言うのである。中国人の多くがこうした態度であることを考えると、中国政府がこの一〇年で環境に大きく関心を示すようになり、環境の保護と回復に真剣に取り組むようになったのは、じつに喜ばしいことだと言える。

――ディスカッションのために

1. 中国ではなぜ砂漠化が深刻な問題なのだろうか？

2. 地方の放牧者たちはどのように砂漠化の問題を悪化させているだろうか？

3. 砂漠化が青海省の放牧者に与える影響と、砂漠化対策のための新計画が彼らに与える影響とを比較してみよう。リン・シューはどちらを優先するだろうか、そしてその理由は？

4. 中国の環境保護対策における政府の役割はどのようなものだろうか？　ほかの国の政府と比較して、どのような点が違っているだろうか？

5. 三江源の回復計画がもたらす結果をリンが心配しているのはなぜだろうか？　彼はこの計画の弱点がどこにあると考えているのだろう？

第10章　再野生化——損なわれた生態系の回復

「でも、ウー先生、父はあの区画を回復したらゴルフ場みたいにきれいになると言ってました。それにお金を出すのは父の会社です」ジェニー・リッチナーは手も挙げず、いきなり大声を出して生物学教授の注意を引いた。

「ああ、そうだ。カーソン社の提案は知ってるよ。カーソン社はあそこの鉱石を採取し終えたら、草原を美しくつくりかえようとしている。でもいいかい？　その計画について、新進の生態学者の視点で考えてごらん。その計画は、自然のままの草原というひとつの生態系の運命に対して、ぼくたちが望むことなのかな？」リチャード・ウーは言った。

リチャードは、ベントンヴィルの市民のあいだで「リック」として知られていた。ベントンヴィルはグレートプレーンズ北部の小さな大学町で、リックはそこにある州立大学の分校で教鞭をとる若い生物学教授である。四年前にここへ来たときからずっと、純粋に学問を教えることだけを望んでおり、争いごとはできるだけ避けたいと思っていた。しかし、彼の人気と専門知識がそれを許さず、不本意にも周りから論議の中心に押し上げられてしまった。しかも国際的な採掘会社の上席副社長であるジェニーの父親は、彼と対立する立場にあった。

「でも、ウー先生、町の外のオマハ区画を含むあの土地全体の採掘権は父の会社にあります。父の会社は二世代にわたって州のこの地域で採掘してきました。ベントンヴィルだってそのおかげで繁栄したんです。今まで誰も文句なんて言ってません」ジェニーは主張を曲げようとしない。

「その論理だと、たぶん企業広告の授業だったらAをもらえると思うよ。だけど今は環境科学の授業なんだ。しかもこれから数週間は草原の生態系について学ぼうとしている。いいかい、もう一度訊くよ。生態学者だったら何と言うだろうか？　歴史ある草原の最後の一部が、まずその地下から亜鉛鉱を掘り出され、それから人工的に刈り込まれた芝で覆われることによって、破壊されようとしていることについて」リックは応えた。

「でも、ウー先生……」ジェニーは弱気な声になりながらも反論を続けようとしたが、うしろの席のイレインに遮られた。イレインも教室でのマナーを忘れ、出し抜けにしゃべり始めたのである。

「生態学者の目には、緑色の砂漠にしか映らないと思います」

「そのとおり。正解に免じて人の発言を妨害したことは大目に見るとしよう。もちろんミズ・リッチナーにちゃんと謝るならね」リックは応えた。

「ごめんなさい、ジェニー。先生、わたしたちのプロジェクト班は、オマハ区画の生物多様性の調査を担当しています。先週の土曜日、班の四人で数えたら、高草と低草と合わせて一五種類ありました。

全種類を特定することはできませんでしたが、特定できたものはすべて自生種でした。あそこを採掘すれば、それらが全部なくなります。そしてたった一種類の芝に置き換えられるのです」

「それはどういうことを意味するのかな?」リックは次の発言を促した。

「草の多様性が失われることを意味します。それだけじゃありません。さらに悪いことに、そうした自生種に依存していたすべての生物がいなくなってしまいます。これはたいへんな喪失です!」イレインは声を張り上げた。

「そのとおり。きみの予測は科学的に正しい。しかし、それを〝喪失〟と呼ぶのは、道徳的・政治的判断だね。ぼくも科学だけをやっていたいと思うけど、政治を避けて通るのは難しいよ」リックはため息をつき、本音を言った。「そんなわけで採掘プロジェクト反対のための市民委員会の指導役も、しぶしぶ引き受けたんだ」それから、笑ってつけ足した。「UCLAの学生だったとき、弁論術の授業をまじめに受けておけばよかったよ」

授業が終わると、廊下に出たリックにジェニーが近づいてきた。「わたしはまだ、あの土地で採掘するのはみんなにとってよいことだと思っています。でも、授業を受けて、わたしたちがふだん気に留めていない草原も、たくさんの植物種や動物種の豊かで多様なコミュニティなのだと知りました。だから、それを破壊するのはよくないことなのかもしれません。わたし、父と話し合ってみようと思います」ジェニーはにっこりした。その笑顔は、父はわたしの言うことなら何でも聞いてくれる、そんな若い娘らしい自信にあふれていた。

だが、リックはほとんど期待しなかった。リッチナー家のきょうの夕食時の会話で何かが変わるとは思えない。リックはそんなことより、団体名の書かれた長いリストに集中しなければ、と思った。これらの団体に数日以内に連絡をとらなければならない。カーソン・コーポレーションの計画に反対する勢力を集めなければならないのだ。カーソン社が採掘を計画しているベントンヴィル市外の二平方キロメートルの草原には、〇・二平方キロメートルの自然の草地、オマハ区画が含まれている。ここは数年前に、ある牧場経営者が市に譲渡した区画である。その牧場経営者もそこが特別の場所だと考え、ウシに草を食《は》ませず残しておいたのだ。リックはカーソン社にはカーソン社の考えがあるとわかっていた。しかし、ベントンヴィルの善良ですばらしい市民たちの多くが反対していることもわかっていた。いくつかの主要な環境保護団体にはすでに連絡をとって、勇気づけられる返事をもらってもいる。争いごとは苦手なので、訴訟を起こすことになって、原告として証言台に立つことになったらと思うと、確かに気が重かった。しかし、オマハ区画を救うためにそうする覚悟はできていた。

そんなわけだったので、二日後、研究室にかかってきた電話には驚いた。

「ウー先生ですか？　ハリー・リッチナーと申します。娘が生物学でお世話になっております。少しお時間をいただけますか？　きっとご興味を持っていただける話です」

「もちろんです」リックは、これから議論が始まりそうだと少し身構えた。

「娘は人を説得するのがじょうずです。将来、弁護士になってもらいたいくらいです」リッチナーは話し始めた。「娘の話を聞いて、当社の採掘計画地の中心にある草地について、改めて考えてみました。それまでは先生のような方々が強く感じていらっしゃることについてよく理解していなかったのです。カーソン社はつねによき国民、よき州民、そしてここベントンヴィルのよき市民であろうとしてきました。これからもその方針は変わりません。ですから、わたしは当社の本部に相談いたしました。当社も環境は重要であると考えておりますし、わたしどもに環境を守る責任の一端があることも承知しています。ですから、当社は採掘が終わりしだい、あの土地を単純に整える以上のことをしようと思います。当社はオマハ区画再建のために資金を出します。あの土地を完全に再建し、可能なかぎりもとの状態に近づけるのです。それを行なうにあたって、先生にご指導いただけないでしょうか。これは先生の授業の長期的なプロジェクトとしてもすばらしいものになるのではありませんか？　こちらとしては、これは公正で、むしろ寛大な提案だと思っております。誰にとっても、つまりわたしたちにとっても、また、コミュニティにとっても、草地にとっても利益となる話ですよね」

リックは椅子の背にもたれた。驚き、安心すると同時に、戸惑いを感じた。リッチナーが返事を待っているのがわかる。しかし、最初に思わず出たのは「なるほど」のひとことだった。それから平静を取り戻して言った。「おっしゃるとおりです。すばらしいご提案です。ぜひ、話し合いを進めたいと思います。ですがその前に、この件で心配されているコミュニティのみなさんの意見も聞かなければなりません」

「もちろんです。みなさんも先生と同じようにいいお返事をくださると信じています。ともかく当社はこのように考えております。ご連絡をお待ちしています。では先生、きょうもよい一日をお過ごしください」

よい一日――確かにリックのその日は、途中までよい日だった。環境科学の授業を始めるまでは。その授業を始めてから、リッチナーの提案を聞いたときに感じた戸惑いの意味がわかった。

「ではホセ、何か意見はある？」

「万物は神が創造しました。人間はその多くを破壊しています。人間にはわずか〇・二平方キロの土地を守る良識さえありません。これは間違っています」

「テリーは？」

「あの草地があのように進化するまでに何千年、いや、何百万年もの年月がかかっています。人間は今、それと同じことを三、四年でするつもりになっています。確かに新しい生態系は古い生態系と同じように見えるでしょうし、同じような機能も果たすかもしれません。でも、そんなものは偽物です。名画の贋作と同じです」

「ホセ、さっきの続きで何か言いたいことは？」

「テリーの言うとおりです。何かをつくって、それを〝野生〟と呼ぶのは矛盾というものでしょう。人間がつくったり操作したりしたものは野生とは呼びません。野生の人工物なんてものがありえますか？　結局、人間は、自然のためでなく人間のためにこれをやろうとしているのです。自然を破壊することによって自然を尊重することなんてできません。人の手が加われば、どんな場所ももう野生じゃない。人間にはこれ以上原生自然に手を加える権利はありません。ましてや破壊する権利なんてあるはずがありません」

これはリックが予期しない発言だった。「ではもうひとり意見を聞こうか」彼はしぶしぶ言った。白熱してきた討論をここで打ち切るわけにはいかない。「ロバート」

「ぼくはまったく反対ですね。ウー先生、ぼくは神のことも進化のことも心配していません。これは自然を回復させるすばらしいチャンスだと思います。というよりむしろ、自然を改善できるチャンスだと思います」

ロバートは、アルド・レオポルドの有名なエッセイ集『野生のうたが聞こえる』を高く掲げた。「先生はこれをすばらしい本だとおっしゃいました。実際そのとおりです。レオポルドは、人間には、彼が生態系の〝全体性、安定性、美観〟と呼ぶものを守る義務があると言っています。彼はさらに、人間には生態系を回復し、管理し、改良さえする義務があるとも考えています」

「改良だって？　どうやって自然に改良を加えるって言うんだ？」ホセは両手を挙げて叫んだ。「ちょっと落ち着いて。教室がなんだか〝野生〟化してきたぞ。ロバート、話を続けて」リックは言った。

「このチャンスに、オマハ区画をもとの状態より豊かなものにしない手はありません。草を三〇種類くらい植えましょう。カーソン社が費用を出してくれるなら、砂山や沼をつくり、小川をひとつふたつつくって変化をつけようじゃないですか。そうすれば、今はいない野生生物だってたくさん集まってくるでしょう」

ジェニファーがしゃべらせてくれとばかりに、両手を挙げて振っている。これをリックが拒めるはずもない。結局、ジェニファーはこの積極性を、父親と何でも率直に語り合うなかで身につけたのだろう。

「ロバートが正しいと思います。わたしたちはこれまで授業でさんざん生物多様性こそ生態系の健康にとって唯一で最重要の特徴だと学んできました。生物多様性とはレオポルドが言う全体性、安定性、美観のことでもあります。生物多様性がよいことであるなら、生物多様性が増すのはさらによいことのはずです。それなら神だって認めるでしょう。聖書によれば、アダムとイヴがエデンの庭に置かれたのは、そこを耕し守るためなのですから。オマハ区画はわたしたちにとっての庭です。わたしたちが進化に改良を加えてはいけない理由なんてありますか？　わたしたちは偽物をつくろうとしているのではありません。かつてあった生態系を新たにつくろうとしているのです。テリー、あなたは間違っていると思います。あの区画はいつかまた野生に戻るのです。あそこは神または自然の意図した機能を持つ健全な生態系になるのですから。それを〝野生〟と呼ばなくて、ほかに何を野生と呼ぶことができるのですか？」

授業を終えたとき、リックは授業を始める前より戸惑っていた。未熟な学生たちの口からあのような意見が出てくるとは。教師が学生から教えられるという皮肉。環境科学の授業のはずが、議論は明らかに哲学的で神学的に、そして、テーマがあの区画の将来であるために、政治的なものになった。

リックは草原資源研究所に向かった。そこは州の農業委員会などの出資によって大学構内に建てられた研究施設である。リックはそこの所長であるベン・ギルマンと密に連絡を取り合って仕事をしていた。ベンはこの町で唯一の真の環境保護運動家であり、リックがオマハ区画の件で信頼して相談できる唯一の相手でもあった。今こそ、彼と話をしなければならない。

「少しお時間はありますか？」リックはギルマンのオフィスの入り口からなかを覗き込んだ。

「やあリック先生！」ベンは大歓迎といった顔で、ぐるりと椅子の向きを変えた。それまで向かっていたパソコンの画面には、現行のプロジェクトのデータがぎっしりと並んでいる。「リッチナー氏の提案のことで留守電にメッセージをいただいていましたね。折り返しこちらから電話するつもりでしたが、あいにく農業委員会の立法分科会に提出する報告書の締め切りに追われていましてね。とにかく時間がなかったんですよ。でもそれも今終わりました。さあ、入ってください」

「おじゃまします」リックはなかへ入って腰を下ろした。「じつはわたしは迷っているのです。最初はリッチナー氏の提案にすばらしく感動しました。正直言って、今もそれが最高の、というより、たぶん唯一の方法ではないかと思っています。しかし、なぜか今ひとつ自信が持てないのです。政治は科学よりずっと煩雑ですね。わたしは科学者であって政治家ではないので」

「お気持ちはよくわかります。わたしも委員会に提出する報告書を書きながら、毎日のようにそんな気持ちになっています」ベンは共感して顔をしかめた。「でも先生がここへ来られたのは、懺悔や心理相談のためではないですよね？」

「もちろんです。この提案についてのあなたのお考えを知りたくて来ました」

「そうですね。わたしはあの提案には感心しません。理由はいくつかあります。まず、カーソン社そのもののあり方に問題があります。それから、原生自然の喪失に、つまり、原初の、何ものとも変えがたい、そう、何ものとも決して変えることのできない原生自然が失われることに問題があります」

「聞いたことのある話です。一時間ほど前、学生が似たようなことを言っていました」

「だとすれば、また同じ話の繰り返しになるかもしれません。でも、まずはカーソン社の問題について説明しましょう。カーソン社は国際的な採掘会社として、破壊を得意としています。彼らがこれまで南北アメリカで亜鉛や胴やボーキサイトを採掘してきたやり方は、その土地を台無しにしてきたということできわめて評判が悪いのです。アーカンソー中央部で起きたことを考えてみてください。カーソン社は過去五〇年にわたって、松や硬木の森林の広大な土地で、ボーキサイトの露天掘り［訳註：坑道を設けず、地表から直接地下に向かって掘っていく採掘法］をしてきました。そして採掘後はその場所に草をかぶせてごまかしてきたのです。しかし、そんな草はほとんど枯れましたよ。現場で原鉱が酸化アルミニウムに化学変換されることによって、土壌が汚染されたからです。あの場所は今、緑と茶色でまだらの月面状態です。クレーターまでちゃんとありますからね。要するに、カーソン社は巨大で効率的な土地破壊用マシンなのです。オマハ区画を回復すると誓ったところを見ると、心もいくらかはあるようですがね。しかし、二平方キロメートル中の〇・二平方キロメートルでは、ベントンヴィルの善良な市民に対する気前のいいプレゼントとは言えませんね」

「そうですか。しかし、わたしは無知なロマンチストなのかもしれませんが、リッチナー氏の意図に嘘はないと思うのですよ。彼はあの区画や学校や町のことを、誠意を持って考えてくれていると思うのです」

「それは確かにそうです。リッチナー氏の心に嘘はないでしょう。しかし、会社の本部はどうです？　寛大な態度も損得勘定の結果ですよ。要するに会社の評判を上げたいのです。そのこと自体はべつにかまいません。わたしが心配なのは、カーソン社がこのプロジェクトを利用して会社のイメージをグリーン化し、自分たちが環境配慮型企業であることを世間に認めさせてしまうと、彼らが次に世界のどこかで原野を掘ったときに、批判が起こりにくくなってしまうのではないかということです。あの会社が土地を回復しようとするのは、自分たちの良心を満足させ、原生自然を破壊する口実をつくるためでしょうね」

ベンは考え込むように両手を顎の下で組み、話を続けた。「われわれも損得勘定で考えるつもりなら、リッチナー氏の提案を受け入れ、それがオマハ区画や大学にもたらす利益もすべて受け入れ、この破壊に加担するのがいちばんでしょう」

「すべておっしゃるとおりだと思います。しかし、現実問題として考えてみてください。カーソン社の提案を受け入れないとすれば、残る道はプロジェクトを中止させるために訴訟を起こすことだけです。もしこちらが勝てば、カーソン社は間違いなく控訴するでしょう。そして控訴審で判決が覆されれば、リッチナー氏はあの区画を回復させる提案を取り消さざるをえなくなるでしょう。土地の回復は法律が要求することではないからです。そうなれば結局、よくて単純に緑の草が敷かれるだけでしょう。あるいは、彼らが控訴審でも負けたとしましょう。そのときは、この判例のおかげで、国内では同じようなプロジェクトがあまり計画されなくなるかもしれません。ですが、このアメリカにオマハ区画のような場所がどれだけありますか？　たぶんほとんどないでしょう。影響を受けてほしいのは、これから開発が進んでいく南アメリカやアフリカです。しかし、そんなところにこの判決の影響が及ぶでしょうか？　ほとんど、いや、まったく及ばないでしょう。わたしたちには最初の状態の〇・二平方キロが残されますが、結局それだけのことです」

「最初の状態？　そう、そこが重要なところなのですよ。わたしのふたつめの理由につながる点でもあります。〝回復〟というのは正確な言葉じゃありません。回復とは本来、損傷した部分を直して最初の状態に戻すことです。要は、医者が患者の手足の失われた機能をもとに戻すのと同じです。しかし、カーソン社が〝回復〞を行なっても、あの区画にもとの手足は戻りません。採掘するなら坑道を掘り下げることは必須でしょう。そうなれば、たとえ表土や下層土はそのまま残るとしても、カーソン社がつくった道や建物のせいで、生態系は回復不可能なほど傷ついてしまうでしょう。したがって、彼らが言う〝回復〞とは、じつは生態系の〝改造〞、いわば完全な〝つくり直し〞のことなのです。文字どおり〝地盤〞からのね。原初のオマハ区画は永久に失われます。そこにつくられるものは、最善の場合でも、最初の状態とよく似ているだけで、まったく別の生態系なのです。リック先生は、あの会社があの区画をブルドーザーでならすとしても、反対なさらないのかもしれませんね。あるいは、あの会社がまた別のどこか、もっと大学に近くて便利な草原に新たな計画を始めるとしても」

リックは眉をひそめ、反論してみた。「確かに最初の状態が失われるのは悲劇かもしれません。しかし、これはあの土地を復活させるチャンスだと考えることはできませんか？　もちろん完璧でないことはわかっています。あの土地に生息する細菌や菌、土壌生物、昆虫、クモなどを正確に知らない以上、完璧な復元は不可能ですから。ですから、もう戻ってこない種もあれば、新たに棲みつく種もあるでしょう。しかし、カーソン社に資金を出してもらって、さまざまな種を導入することにより、より豊かな生態系をつくることができ、そこを大学のすばらしい研究や教育の資源とすることができるのです。絶滅の危機にある草や動物を導入して、それらの聖域にすることもできるでしょう」

「リック先生」ベンの声にはいらだちが混ざっていた。「先生はまるで、火星のテラフォームを企むNASAの人間みたいですね。火星に空気や海や動物や植物を送ろうというあれですよ。彼らはそれを赤い不毛の惑星の〝改良〞だと考えている。しかし、火星はそのままでじゅうぶんにすばらしいものではないですか？　それをなぜそのままにしておこうと思わないのでしょう？　すばらしいかそうでないかはともかく、自然は自然ですよ。自然とはそれ自身でなり、それ自身の道を行くものなんです。だから、自然をつくり直そうとするのは不自然ですよ。いや、不自然なだけじゃない、支配的な行為です。人間は被造物であって神じゃない。支配なんて行為は、何というか、そう、下品な行為ですよ」

まいったな、とリックは思った。UCLAで環境倫理学の授業もまじめに受けておけばよかった。

「自然環境を人間が変えることのどこが不自然なのです？　人間も自然の一部ではないのですか？」

リックは壁の絵に目をやった。数人の先住民が馬にまたがってバッファローの狩りをする姿が描かれている。その絵にヒントを得て彼は言った。「わたしたちの祖先は何千年ものあいだ、このグレートプレーンズで定期的に草を焼いていました。バッファローやレイヨウを追い詰めたり、隠れているウサギなどをおびき出したりするためです。遊牧民だった祖先たちは、知らないうちに、草原のどこかに固有の草の種子をほかの場所に移動させたりしたでしょう。その種子は新たな土地で外来種として根付き、そこに自生していた弱い種《しゅ》を淘汰することもあったでしょう。わたしたちが救いたがっているオマハ区画の草のなかにだって、先住民が運んできたものがあるかもしれません。それも〝自然〟ではないのですか？　要するにですね、人間ははるか昔から自然を変え続けているのです。支配をもくろむ外からの侵入者としてではなく、自然なことをする自生の種《しゅ》として」

「確かにそうです。しかし先住民にできることは限られていました。それに彼らには自然を崇拝する精神があったから、自分たちで制限を設けてもいました。ところが、現代人は無制限に何でもできるし、カーソン社にいたっては土地をまったく心で見ていない。彼らにとって土地は商品です。少しは自制するのが徳だと思いませんか？　そして原初のグレートプレーンズの最後の断片であるこの稀少な宝も、尊重すべきものだと思いませんか？」

「はい、はい、わかりました」リックはため息をついた。「わたしは知恵をいただきたくてここへ来たんです。しかし、よけいにジレンマに陥ってしまったなあ。原初の区画を維持する方針を貫き、必要であれば、回復の提案を無効にする覚悟でカーソン社を起訴するべきなのでしょうか？　それとも、カーソン社の提案を受け入れ、カーソン社の資金を使って、生態系の回復、いや失礼、改造でしたね、改造や改良をするべきなのでしょうか？」

ベンは椅子の背にもたれた。「さあ、どちらを選びますか？」

リックは微笑んで話を続けた。「寛大な資金提供を受けるのが最善の決定だと思うほうに傾いてはいます。しかし、あなたの主張にも説得力があります。子供のころ祖母に聞いた中国の伝統を思い出しました。祖母は一九〇〇年代の初めに中国からカリフォルニアにわたってきたのです。祖母の話によれば、中国には〝無為〟という思想があります。〝不必要なことはするな〟というような意味です。アメリカ人が〝寝ている犬は起こすな〟と言うのとたぶん同じでしょう。今の状況に当てはめれば、〝オマハ区画に手を加えるな〟となるのでしょうね。この伝統思想は中国でもすでにほとんど失われています。しかしこれは、もっと普遍的な意味で、今も有効な思想なのかもしれないですね。ここでも当てはまるのかなあ？」

リックは、今晩は試験の採点をしなければならないから、と言って立ち上がり、また翌日来る約束をした。

研究室に戻ると、留守電にリッチナーからの伝言が入っていた。「本日、会社の本部から連絡があり、採掘プロジェクトをできるだけ早く、来月ごろには開始すると言われました。こちらの提案はまだ有効です。今晩、わが家にいらして、夕食をごいっしょしませんか？　わたしたち三人、つまりジェニーを含めた三人で、オマハ区画の回復の詳細について検討いたしましょう。予算も早急に見積もらなければなりませんので」

リックはすぐに電話を返さず、家へ歩いて帰るまでのあいだに考えることにした。キャンパスを横切っていると、五人の学生に出くわした。オマハ区画まで今度はクモの種を数えにいくところだという。彼らは調査に夢中になっていた。カーソン社の提案を受けるにしても拒むにしても、その決定を近いうちに彼らに報告しなければならない。決定に必要な科学的情報はすでに持っている。クモの種のリストなど必要ない。生物学者であるリックにとっては不運なことだが、今抱えている問題は、データの収集や分析だけで解決できることではない。リッチナーは早急に返事を必要としている。リックは思った。今こそ、祖母の知恵を借りるべきときかもしれない。

——解　説

損なわれた環境を科学的に回復あるいは再建する試みが知られるようになってきた。こうした「復元生態学」は比較的新しい分野である。四〇年以上前のアルド・レオポルドの試みがその起源だという歴史学者もいる。レオポルドはウィスコンシン州の農場に小屋を建て(その小屋を彼と彼の家族は愛情を込めて「掘っ立て小屋」と呼んだ)、自然の草原とマツの生息地を回復させる努力をした。ここ数十年のあいだに環境保護運動家たちは、私たちが危険なほどの速さで自然の環境を損ねていることを認識し、環境を維持するだけでなく、それを回復することにも注意を向けるようになった。

復元生態学は科学だが、環境の設計や建設(または再建)といった工学の知識を必要とする要素が多く含まれている。実際、環境を修復する作業は当初はむしろ土木技師の仕事だった。とくに露天掘りによって大きく破壊された場所では、修復作業にも、そこが破壊されるときに使われたのと同じブルドーザーや掘削機が使われていた。しかし復元とは、単に表面的な再建のことではない。その場所の外観の修復に加えて、生物学的要素と地質学的要素の動的で機能的な関係を、できるだけ忠実に再現することである。したがって復元生態学は応用科学であると同時に、基礎科学でもある。環境をもとの状態に戻す努力をするためには、環境の本質について多くを学ばなければならない。

環境を復元するプロジェクトを遂行するには、倫理学的側面についても多くを学ばなければならない。多くの進歩に新たな道徳的ジレンマが伴うことは医学の世界では明らかになりつつあるが、同じことが復元生態学にも当てはまる。自然のままの環境を人間の利益のために大きく変えることの道徳的な是非については、環境倫理学者のあいだで長いあいだ議論されてきたが、すでに損なわれている環境を回復することの是非については、ほとんど話し合われていない。しかし今、環境を回復する動機や目的に関して、根本的で、多くはまったく新しい、さまざまな問題が生じている。復元生態学の問題を分析し、それに対するさまざまな立場について考えるためには、まず、そこで使われる「言葉」を検証しなければならない。

アメリカ人はよく言われるように、実際的で行動志向であり、考える過程より結果を重視する傾向がある。そのため、抽象的で哲学的な分析のことを、理屈をこねてばかりでいつまでもパンチを出せないボクサーにたとえてばかにしたり、言葉についての議論を無益な意味論だと退けたりする。けれども、分析を軽視する態度は、プラスに働くよりもマイナスに働くことが多い。実際、言葉の意味が明確でなければ考え方に混乱が生じるため、誤った判断が下されやすく、最終的によくない結果が生まれることが多いのである。復元生態学をテーマとしたこの章の事例には、科学的あるいは政治的な話で用いられる言葉の強力さがよく現れている。討論が「自然」や「原生自然」をはじめとするいくつかの概念と、それに伴う価値をめぐって進んでいるからだ。討論の参加者の立場が、それぞれがこうした基本的な言葉をどう理解しているかによって決められてもいる。言葉の意味の混乱には、日常的な言葉の場合でさえ、つねに危険が伴う。なぜなら、悪意などかけらもなく発せられた言葉にも、発した本人が意図しない多様な意味があるからだ。たとえば、大型の辞典には nature（自然）という単語の定義が一〇種類以上記載されており、その多くは wilderness（原生自然）という単語の定義と共通している。natural（自然な）という単語の定義にいたっては二〇は下らないだろう。

破壊されかけた、または破壊された自然環境を回復することが道徳的に望ましいと考えるかどうかは、「原生自然」や「自然」の概念をどう理解するかにも関わっている。この事例には、私たちにはせっかく手段があるのだから、採掘されたあとのオマハ区画を回復するべきだと主張する人たちと、私たちには回復させる力がないのだから、オマハ区画を手つかずのまま残しておくべきだという人たちが登場する。だが、その誰もが、純粋に実用的な言葉も、純粋に環境学的な言葉も使っていない。どちらの立場も、もとの状態に似た（そしておそらく、もとの状態よりよい）生命力のある草原の生態系を再建することに同意はしているようだ。意見の基本的な相違は、「自然な」または「不自然な」回復という言葉の意味と、そうした言葉の意味するものをどう考えるか、という点にある。

最初に言い訳しておくと、この事例は教材として創作した、いわば理想的な事例である。そのため、自然保存派と自然回復派のどちらの登場人物も、自分の主張に迷いのない純粋主義者ばかりである。じつのところ、現実の世界にはこれほどの純粋主義者はめったにいない。現実の世界では、回復派の人の多くは保存派の人にも共感し、環境を回復するにしても、その環境の過去からの連続性をできるだけなくさないよう努力するものだ。また、保存派の人の多くは、損なわれた環境を再建しようとする人の善意を高く評価している。この事例でもウー教授だけは、双方の立場をよく理解し、心に葛藤を抱えている。彼も読者と同様に、それぞれの立場の利点をよく考え、決断を下さなければいけない。架空の事例はたいてい、批判的に考える能力の育成に役立つように都合よく設定されている。批判的に考える能力は、現実の複雑な状況ですばらしく役に立つ。その意味で、架空の事例は、現実でないにもかかわらず、現実に即した教材と言える。

オマハ区画をカーソン・コーポレーションのブルドーザーから救いたいと考える保存派の人たちは、「自然」という言葉のさまざまな定義のなかで、生態系の自主性を強調する部分に注目している。彼らにとって生態系の本当に自然な状態とは、長い歴史のなかで発達や進化を途切れなく続けた結果である。自然発生的で、人間の侵入にまったくとは言わないまでも、最小限の影響しか受けずに、自力で進んできたものということもできる。ホセとテリーは保存派の代表だ。彼らは、自然を回復することは、それをどれほどの善意で行なったとしても、間違いだと主張する。なぜなら、彼らにとって、自然は人間が創作したものではありえないからだ。彼らは主張する――人間の創作物のどこに野生があるのか。回復したオマハ区画はもとの状態と似ているかもしれないが、それは人間がつくった模造品、もっと悪く言うなら贋作《がんさく》にすぎない。過去から続いてきたもとの状態だけが本当の野生であり自然である――。彼らが言うように、自然の本質が手つかずの汚されていない自立した状態であるなら、そして、自然の場所を存続させることが私たちの道徳的義務であるなら、私たちはオマハ区画の保護のために闘うべきだろう。

保存派の立場は二元論的である。この立場には、人間の文化と原生自然が完全に切り離された、共存しえないふたつの現実だという前提がある。したがって、この立場によれば、人間の文明が（かつてのアメリカの開拓前線のように）自然を押しのけて広がることが悲劇の原因である。なぜならそれは、人間に進入されない場所としての「自然の終焉」を予告するものだからだ。思想家たちの多くは、自然に対するこうした考え方自体が、人間社会がつくり出した創作物であると批判し、こうした考え方は多くの弊害を生じさせるだけだと主張している。なぜなら、こうした考え方は、人間のほぼすべての行為は不自然であるという認識や、さまざまな問題や危機を抱える人間の文化は自然より劣るものので、神の創造を汚すものだという認識につながるからである。

この事例では、ベンも保存派であり二元論者だが、彼がこの立場をとる根拠のひとつに、カーソン・コーポレーションの動機に対する強い不信感がある。ベンはこの点をさらに追及されれば、自分が「人間には生まれながらの善意がある」という通説を必ずしも支持していないことを認めるだろう。もちろん彼も、個人が個人的な人間関係において善意を持つことがあるのは認めている。したがって、リッチナーの善意も否定していない。しかし、組織の場合は違う。ベンによれば、組織は搾取的で、自分の利益に奉仕し、人間特有の思い上がりによって、自分を他より優れた支配的な存在とみなす傾向がある。第1章で紹介した社会倫理学者、マレイ・ブクチンの亡霊がベンの肩越しにいて、彼の耳にささやいているのかもしれない。ベンが問題としているのは組織の驕《おご》りと支配、そして個人の徳と品性なのである。

一方、回復派の代表は、ロバートとジェニーである。また、ある意味では、迷えるウー教授もこちらのグループに入るだろう。「自然」や「野生」という言葉を保存派の人たちとはまったく違う意味に理解している彼らにとっては、オマハ区画を亜鉛採掘後に再建するというカーソン社の申し出が、現実的な選択肢となる。回復派の人びとにとって、自然なものとは、自然に（つまり、もとの状態と同様に）機能するもののことである。彼らにとって、生態系とは生物や非生物がたくさん集まった動的で自己充足的なコミュニティであり、その歴史や進化に大きな意味はない。その起源やそれがつくられたものであるか自分で進化したものであるかは、その豊かさや健全な機能に比べて重要でないのだ。このように自然を定義すれば、自然を回復することだけでなく、改良することも許されることになる。オマハ区画に新たな種を導入し、地形まで変えたいというロバートの熱意は、保存派の人たちにとっては信じがたいものだろうが、複雑な自然の秩序に対する回復派の基本的な考え方とは矛盾していない。

回復派の立場が生態系中心主義であって生命中心主義ではない点にも注目してほしい。回復派の人びとは、生態系の構成要素そのものを再建しようとはしていない。草原というコミュニティのよき市民である野生の草やその他の植物や動物の種、土壌などを人間の手でつくろうとはしていないのである。彼らはそれらを破壊された土地に再導入し、それらが互いに関わりながらもとの生態系全体としての機能を再現するように促そうとしているだけだ。彼らにとって、回復後のオマハ区画は自然である。なぜなら、それらは人工物でなく合成物だからだ。回復派にとって、合成された自然はそれ自身の価値を持つ本当の自然なのだ。

回復派は、人間が自然と関わることをまったく問題とは見ていない。彼らにとって、人為的に変化を生じさせることは、原生自然への不法な侵入ではない。それ自体自然なのである。リックは自分の考えをベンに説明するとき、先住民たちが何千年にもわたって草原の生態系を変えてきたことを指摘している。霊長類に属する人類は、ほかの種よりも独創的で、建設的で、集団としての力も強いかもしれないが、人類が進化に成功したこともまた自然だという考え方である（もっとも、世界を支配しているのは霊長類でなく細菌だと主張する科学者もいるが。いずれにしても、私たちは、ダーウィンの自然選択の法則で大勝利を収めた人間は安泰だなどと豪語するのでなく、地球の生態系を傷つける私たちの愚かさが、いつか私たち自身を絶滅危惧種にしてしまう可能性を認めるべきである）。回復派の人びとはこのように自然と文化の境界を消すことによって、二元論的立場を退けている。

しかし、自然と文化の境界がないということと、人間とほかの生物とのあいだに境界がないということとは意味が違う。自然には意識がないが、人間には考える力がある。自然は道徳とは関係がない。

人間は明らかに、そして不可避的に、道徳と関わっている。したがって、人間には自分の行動に対し、ほかの生物にはない責任がある。こうした義務感や善悪に対する判断力は、文化のなかで生きる生物に必然的に伴う。私たちにそれがあるのは、チーターに速く走る能力があるのと同じように自然なことだ。ベンの保存派的な立場は、人間生活のこの側面に敏感である。ベンはカーソン社の意図を疑い、回復派のプロジェクトを、自分の好き勝手に自然を変えたがる人間の普遍的な傾向の現れと見ている。ベンは思う――人間はなんと傲慢な生き物なのだろう。人間だけに分別があり、人間だけに物事を改善する力があると信じ込むとは――。回復派の立場の根本には、人間には支配力と好きなように自然に介入する生得の権利があるという思い込みがある、ベンの目にはそう映るのである。

ここで、言葉に対する理解が主張や判断に実際に関わってくるという話に戻ろう。そのためにまず、隠喩《メタファー》の重要な役割に注目したい。隠喩はふたつの異なる事象の類似性に注目して説明するための手段である。隠喩にはそれを用いる人の考え方がはっきりと現れる。隠喩によって考え方が具体化され、それによって初めて正確な主張が理解されることもある。この事例でもいくつかの隠喩が使われている。テリーは回復の行為を「贋作」と表現している。これはきわめて否定的な表現だ。この隠喩によって自然や進化を芸術に見立て、人間による回復の努力を、本物を偽物にすり替えて、本物に見せかける詐欺行為に見立てている。

一方、ジェニーは「庭」という隠喩で対抗している。庭という言葉は庭師の存在を意識させる。つまり、オマハ区画を庭と呼ぶことによって、私たちをそこに種を蒔き、そこを耕す責任のある庭師に見立てているのだ。この考え方によれば、人間には自然との必然的なつながりがあることになる。また、「庭」という隠喩には、聖書の「エデンの庭」のイメージをかき立てる強みもある。聖書を重視する三つの一神教（ユダヤ教、キリスト教、イスラーム）が揃って、聖書のそのイメージから、人間は神から自然の管理人としての責任を与えられたという教義を引き出している。そのため、私たちは「庭」という隠喩を聞くと、被造物の信託管理人としての人間の役割を思い出すのである。

ベンも隠喩を用いている。彼は回復のプロセスを外科医の修復技術にたとえることによって、回復派の人びとに不利な結論を導き出している。この隠喩によって、採掘によって破壊されるオマハ区画を死んでいく患者に見立て、回復させることは不可能だと主張しているのである。

自然を語るときにこれほど熱心に隠喩を用いるのは、彼らが自然という概念を言葉に頼って構築している証拠である。考えることや、考えた結果としてとる行動は、言葉を含む文化によって形成され、決定されるものである。自然は文化とは無関係に存在しているので、放っておけば、自力でやっていく。しかし、自然に対する人間の態度や認識はそうではない。私たちは自然像を構築し、その像を客観化し、そのうえに自分の世界を組み立てていく。そして、自然像が食い違ったとき、論争が始まる。

「物事は、生物共同体の全体性、安定性、美観を保つものであれば妥当だし、そうでない場合は間違っているのだ」――第1章でも引用したアルド・レオポルドの有名な言葉である。この章のロバートの発言によって、レオポルドの言う義務の両義性が浮き彫りになる。オマハ区画の全体性、安定性、美観を保つことは、そこに介入するどんな試みをも阻むことなのかもしれない。しかし、この三つの価値は、この区画を回復するという申し出を受け入れることによって、取り戻すことができ、高めることさえできるのかもしれない。レオポルド自身は前にも書いたように、土地を積極的に改良しつつ管理することを認めていた。レオポルドがウー教授の授業を見たら、どんな意見を述べてくれるだろうか？

——ディスカッションのために

1. この事例では回復派と保存派が対立している。こうした対立は環境問題を論じ合うときにつねに起こるものだろうか？　回復派でもあり保存派でもありながら、一貫性のある立場でいることは可能だろうか？（ヒント：第1章で紹介したブライアン・ノートンによる実用主義の環境倫理学〔二七ページ〕を思い出してみよう）

2. 大きめの辞書で nature という単語を引いてみよう。数ある定義のなかで、回復派の立場にもっともよく合うのはどれだろうか？　また、保存派の立場に合うのはどれだろうか？

3. 生態系の発達において歴史はどんな役割を果たすだろうか？　生態系に確かな歴史は必要だろうか？

4. 火星をテラフォームすることは、どこが間違っているのだろうか？

第三部　生態系への人為的介入

第11章　生物多様性の促進？——遺伝子組み換え食品

「でも父さん、長い目で考えてみてよ！　父さんに生物多様性に興味を持ってくれとは言わないよ。でも鳥や蝶のことはちゃんと考えてよ！　遺伝子を組み換えた種子を使うと鳥や蝶の個体数が減るんだよ。そのことはもう研究でわかってるんだ」カイル・ディーヴァーは父親に抗議した。二人は今、一九八四年製のピックアップトラックに乗り、農業材料店に向かっている。カイルはミズーリ州ミッドランドの農家の四代目だ。ふだんは故郷を離れて大学の農学部に通っているが、今は夏休みで帰省している。

「しかし、わかっていると言ってもだ。そんな発見はまだ予備的なものだろう？　長期的な研究はまだされていないわけだ。今確かにわかっているのは、ＧＭＯ（遺伝子組み換え生命体）を使えばトウモロコシが虫に食われる心配がないということなんだ。なにしろ、虫は葉や穂をちょっとかじっただけで、繁殖する間もなくすぐに死んでしまうんだからな。だからＧＭＯを使えば除草剤の量を減らせるんだ。それに除草剤はいつ撒いたってかまわないから、雑草が出てきた時点で撒けばいい。成長段階を気にしなくても作物を傷める心配がないからな。だからGMOのトウモロコシは育てるのが楽なうえに経済的なんだよ。だいたい、おまえは農薬を大量に使うことにいつも反対してたじゃないか。だからGMOにも大賛成すると思ってたよ」ジャック・ディーヴァーは応えた。

「違うよ、父さん。大学の実験用の畑でわかったんだけど、GMOを使った直接の結果として、動物の多様性も植物の多様性も損なわれる可能性がすごく高いんだ。確かにぼくたちの実験はまだ初期段階だよ。来年にはもっと徹底した対照研究をする予定だ。だけど、実験してるのはぼくたちだけじゃない。イギリスでもヨーロッパでもアメリカの各地でも実験は行なわれてる。捕食動物の問題と同じだよ。作物や家畜を食べるものや食べる可能性のあるもの、そこに群がってくるものを全滅させようとするのは間違ってるんだ」

昨年、ミズーリ州がこの近くの森林にキツネとオオカミを戻す計画を立てたとき、カイルは父親を説得し、森林管理局のその仕事に協力してもらった。カイルは今、そのときの話を持ち出して説明しようとしている。「作物と捕食動物は食物連鎖の底辺と頂点なんだ。だから、もし捕食動物を全部殺したら、シカやウサギやアライグマやほかの小さな動物がとんでもなく増えてしまう。逆に畑に生えてくる雑草を全部殺したら、鳥や無脊椎動物の餌がなくなる。作物を食べる虫を全部殺したら、その虫を雛に食べさせている鳥が死ぬんだよ」

「しかしカイル、わたしから見れば同じことではないね。あの森にオオカミが棲むようになれば毎年子ウシが一頭くらい減るかもしれない。だが、それでもおまえがオオカミを戻すのが重要だと言うなら、わたしは黙ってうなずくよ。だが今度は作物を雑草や虫たちと分かち合えだと？　だいたい金のことを考えれば迷っている余裕はないんだよ。遺伝子組み換えトウモロコシを育てれば除草剤や農薬に金がかからなくなる。あの畑でやっていくにはそれしか方法がないんだ。実際、雑草や虫が増えるに任せていたら利益なんか出やしない。かといって、除草剤や農薬に大金をつぎ込んでいたらやっぱり赤字なんだよ」

「違うよ。虫や雑草を管理すべきであって、全部を殺すべきじゃないと言ってるんだ。畑の境界の問題と同じだよ。父さんは畑のあいだの木々を全部切り倒して見境なく畑を広げたことはないよね。木々の列や柵や垣根は必ず残してきたはずだ。そうすることは、鳥やリスや野ネズミや虫の居場所を残すためにも、風を除けて表土を守るためにも、正しいことなんだ。父さんは、土地の健康を長期的に守るためにずっとそうしてきたじゃないか。ＧＭＯは長期的には土地の健康によくないんだよ」

「カイル、おまえが農学部に行くのを勧めたのはわたしだ。おまえが学校で教わってきたことをうちの畑で生かしてくれるのはありがたいことだと思ってる。いずれにしても六、七年もすれば畑は全部おまえのものだ。だが、今しばらくは、この畑でやっていく責任はわたしにある。この秋はお前の妹の結婚費用もいる。ベイラー［訳註：乾草を重ねる農機具］も秋までもたないかもしれない。それにこの夏はガソリンがリットル当たり六六セントを超えるだろう。それほどＧＭＯをやめろと言うんなら、ほかにどんな手を使って利益を上げろと言うんだ？」

農業材料店の駐車場に着いたので、ジャックは話を中断した。カイルは軽く悪態をつきながら父に続いて店に入った。

買い物リストを取り出して注文を済ませ、帰ろうと向きを変えたとき、二人は隣人のリー・マーティンに呼び止められた。リーはジャックに挨拶し、カイルに学校のようすを尋ねたあと、声をかけてきた理由を説明した。

「いや、昨晩なんですがね、お宅が州道一三号線沿いの畑で遺伝子組み換えトウモロコシの種子を使おうとしてるって話を耳にしましてね。それは本当ですか？」

「ええ、この息子に今やめろって言われてたとこなんですがね。ですが、これをやらないことにはどうにも収益が上がらんのですよ」ジャックは応えた。

「なるほど。しかし、それはうちにとっては大問題なんですよ。あの道路の向かいに、うちの一四万平方メートルの畑があるでしょう。ご存じでしょうが、うちは昨年の冬でブタの飼育をやめました。利益があまりに不安定なんでね。で、今度は有機認定を受けましてね、うちでつくるトウモロコシと豆とトマトを全部、有機食品の卸し業者に売る契約をとったところなんですよ。いや、中西部の都市に卸している業者なんです。ところが、お宅がGMOのトウモロコシをやるとなると、どうしたってお宅の花粉がうちの畑に飛んでくるでしょう。お宅のトウモロコシがうちのトウモロコシに授粉しようものなら、こっちは雑草取りなんかでさんざん苦労して有機栽培をしているのに、結局収穫できるのはGMOとの混合種ですよ。そうなれば、お宅の作物と同じ値段しかつきません。有機作物の高い値なんかつかなくなるんですよ。お宅とは長いことといい付き合いをさせてもらってきました。だから今になってうちの仕事をめちゃめちゃにしないでくださいよ。お宅を訴えるようなことはしたくないのでね」

「いやあ、これは驚いた。お宅に影響があるとは思ってもみませんでした！　もちろんお宅に迷惑をかけたくはありませんよ。お宅が有機農業を考えておられることはうわさで聞いていました。だが、そのことにそんな意味があるとはね！」

ジャックはそう応えてから、息子のほうを見た。「カイル、おまえは知ってるか？　こんな場合、リーとわたしは同じ種類の作物をつくれないのか？　一方が有機、もう一方がGMOをやるとなると。だったら、大変なことだぞ。このトウモロコシ大国ではな」

「リーさんの言うとおりだよ、父さん。道の反対側で父さんがGMOを育てていたら、リーさんの作物は交配種になってしまう。トウモロコシの花粉は重いからほかの花粉ほど遠くへは飛ばないけど、それでも五〇〇メートルから一キロくらいは飛ぶんだ。強い風やハチに運ばれればもっと遠くまでいくこともある。父さんのGMOとリーさんの有機作物を両立させるには、父さんが近くで同じ作物をつくるのをやめるしかないんだ」

ジャックはリーに向かって言った。「あそこの畑で育てるのは豆やトマトだけにして、トウモロコシはお宅の小川寄りの畑でつくることにしてはもらえませんかね。あっちだったらかなり遠いからうちの花粉も届きはしないでしょう。うちの畑よりたいてい風上になりますしねえ」

「それはできんのです。小川の近くはトマトに当てるのでね。水に近いからというだけじゃない。GMOのトマトをつくっている農家も近くに三軒ありましてね。うちのはそれと引き離すために、トマトをあっちでつくらなきゃならんのです。全部をあっちに持っていくわけにはいきませんのでね。どれかを通り沿いに持ってこないと」

「ごもっとも。それはうちも同じですよ。土地に作物を割り振るのは難しい仕事です」ジャックは悲しげに言った。「では少し考えさせてください。息子ともよく相談してみますよ。息子は二、三週間はこっちにいるんです。近いうち返事をしましょう。奥さんとお子さん方によろしく伝えてください」

「じゃあ来週にでも立ち寄らせてもらいますよ」とリーが言い、三人は店を出た。

畑へ戻る途中、ジャックは大声で文句を言った。「花粉はリーの問題であってこっちの問題じゃないだろうが。リーのやつ、目新しいことを試してみたいなら、周りの人間を煩《わずら》わせないで自分で何とかするべきだ。こっちがトウモロコシをつくったら訴えるだって？　それじゃあまるで脅しじゃないか！　いずれにしても、有機作物ってのはふつうの作物より高く売れるんだろう？　だったら作物が少しくらいだめになったって損はないだろうに」

車が納屋へ向かう小道に入りかけたとき、カイルは言った。「父さん、リーさんの儲けは決して父さんよりよくないはずだよ。有機食品の卸業者はうちが取引してる業者なんかより高額のリベートを取るんだ。市場の開拓にコストがかかるという理由でね。まあ、その理由が本当かどうかはともかく、父さんも事情をよく知れば、リーさんが父さんよりずっと儲けてるなんて思えなくなるはずだよ」

車のドアを開けるときも、昼食をとるために家に入るときも、ジャックは不機嫌にぶつぶつ言っていた。カイルはゆっくりと父のあとに続き、黙ってこの問題について考えていた。

その晩、夕食の席で、ジャックは妻のルーシーと二人の娘、ミリーとスーザンに、リーの話をした。ルーシーは教師で、地元の中学で七年生を教えている。ミリーは高校の最高学年で、残り少ない学校生活を楽しんでいる。スーザンはもうすぐ地元の短大を卒業して結婚する予定である。三人はジャックの愚痴に熱心に耳を傾けていたが、ジャックが「他人が試しに育てている作物なんて、こっちに守ってやる責任はないはずだ。こっちはただふつうにやっているだけなんだから」と言うと、ミリーが口を挟んだ。

「でも、お父さん、それって去年お父さんが言ってたことと違うんじゃない？　中学の中庭の裏に住んでるパーキンズさんがピットブルの子犬を飼い始めたときのこと憶えてる？　あのときお父さん言ったよね。ピットブルには知らない人を攻撃する習性がある、そんなものを子供の集まる公共施設の近くで飼う権利は誰にもないぞって」

「それとこれとは意味が違うぞ、ミリー。わたしは何も危険なものを育てているわけじゃない」

ジャックはきっぱりと言った。カイルは軽く鼻を鳴らしたが、黙っていた。

「ねえジャック、遺伝子組み換え作物って安全なの？　あなたが育てているトウモロコシは飼料用であって人間が食べるものじゃないことはわかってる。でもわたしたちは、そのトウモロコシを食べた動物の肉を食べるわけでしょ？　ひと月くらい前にニュースがあったわよね。どこかの工場がタコスの皮を大量に回収することになったって。製造工程でほかの用途のＧＭＯのトウモロコシの粉が混入したという話だったっけ？　ＧＭＯのトウモロコシが安全なら、どうしてタコスを回収する必要があったの？」ルーシーは言った。

「それは簡単に言えば、人間の食品には食品法や薬品法のチェックが入るからだ。それでこのチェックというのがとんでもなく厳しいんだ。だから動物の飼料としてしか認められていないＧＭＯのトウモロコシが人間用のトウモロコシに混ざったとなれば、そりゃ当然タコスは回収ということになるだろう。ＧＭＯのトウモロコシも将来は人間用に認められるだろうが、そうなるにはとにかく時間がかかるんだよ」ジャックは言った。

「でもお父さん、もしわたしたちがＧＭＯのトウモロコシを食べた動物を食べたら、動物のなかの危険な成分を食べたことにはならないの？」スーザンが尋ねた。

「ならないね。そんなものは動物が消化する過程で全部なくなるだろう」ジャックは答えた。

「でも、確かなことは何もわからないじゃないか」カイルは言った。「父さんが検討してるＧＭＯのほとんどに、抗生物質のアンピシリンに耐性のある遺伝子が、組み換えに成功したことを示すマーカーとして使われているんだよ。この抗生物質耐性マーカーの影響についてだけでも疑問はいっぱいあるんだ。家畜のウシやブタに抗生物質耐性遺伝子入りの餌を食べさせ続けたらどうなる？　そうでなくとも家畜の餌にはもともと抗生物質が混ぜられているんだ。そんなことをしたらウシやブタにはほぼ確実に、その系統の抗生物質全体に対する耐性ができてしまうだろう。そういう抗生物質は一般に広く使われてる種類のものだ。そんな状態でウシやブタが病気になったらどうなると思う？　しかもこの問題は、遺伝子組み換え作物の問題のほんの一端でしかない」

ルーシーはますます不安になって言った。「最近、お医者さんも抗生物質を何種類も処方するのはやめるようになってきたわよね。いくつもの抗生物質に抵抗力を持つようになってしまうと本当に必要なときに効かなくなってしまうからって。なのに、最近の動きに逆らうような行為じゃないの。健康な動物を抗生物質漬けにするなんて」

「ルーシー、よく考えてものを言ったらどうだ。ウシが抗生物質に抵抗力を持ったとしても、それが

ＧＭＯの飼料を食べたせいかどうかわからないじゃないか。それに、そのウシの肉を食べた人間にまで抵抗力がつくという理由もないぞ。抵抗力というのは食物連鎖で蓄積されていくようなものじゃないんだからな」ジャックは言った。

「でも、そうだという証拠はないよ」カイルは主張した。「父さんはこのノバルティス社のマキシマイザーという遺伝子組み換えトウモロコシが、人間の食品の安全テストをパスすると思うのかい？　パスしたらぼくは驚くね。あのトウモロコシにはアンピシリン耐性マーカー以外にも、いろんなものが組み込まれてるんだよ。消費者の健康や栄養とはまったく関係のない理由でね。たとえばアワノメイガという虫にとっての毒も入ってる。グルフォシネートという除草剤に耐性のある遺伝子も入ってる。これが人間が食べるのにふさわしいものだと思えるかい？　ほかの農業従事者や環境に与える被害以外にも問題は山積みなんだよ」

「そうか。ノバルティスのマキシマイザーの栽培をおまえはそこまで強く反対するんだな。だったら教えてくれ。わたしはあの畑で何をつくればいいんだ？　何をつくってこの冬家族が食べていくだけ稼げばいいんだ？　スーザンの結婚費用だって、カイルの授業料だって、ミリーの運転教習費だっているんだぞ。だいたい、あれは政府から認可された種《たね》なんだ。家畜に対する危険もそれを食べた人間に対する危険も何も証明されていない種なんだぞ。それなのにおまえはわたしにこの国の農業方針に逆らえと言うのか？　生活を危うくしろと言うのか？　おまえは本当にそこまでこの種が悪いと言うのか？」

この事例で議論されているのは、遺伝子を組み換えた作物や食品を完全に受け入れるべきか、それとも完全に拒絶するべきかということではない。ここで決めなければならないのは、特定の種類の遺伝子組み換えトウモロコシを特定の畑でこの年に栽培するかどうかである。カイルはこれまでに行なわれた実験の結果に注目し、この種類のトウモロコシを含む初期の遺伝子組み換え作物が蝶の個体数に悪影響を及ぼすなら、その影響はほかの虫や鳥にも及ぶかもしれないと考えている。ルーシーは、抗生物質とその耐性遺伝子を含む飼料を与えることによって家畜が抗生物質に耐性を持つようになったら、その耐性が食物連鎖を通して人間に伝わるかもしれないと心配している。彼らの隣人は、自分の育てる有機トウモロコシが遺伝子組み換えトウモロコシから他家受粉して、有機作物と認められなくなるのではと気を揉んでいる。もしそうなれば、彼はふつうの栽培よりもはるかに手間のかかる有機栽培を行なったにもかかわらず、自分のトウモロコシを無機栽培のものと同じ値段で売らなければならなくなり、せっかくの苦労が水の泡となる。この事例に予防原則を用いるなら、GMOのトウモロコシの栽培は、少なくとも一、二シーズンは見送るべきだということになる。しかし、ジャックが指摘するように、企業によってもアメリカ政府の規制機関によっても、GMOが危険だという証拠は示されていない。そのため、GMOを問題視せず採用するのがアメリカの農家で一般的な方針である。

今日「遺伝子組み換え」と言えば、植物や動物の遺伝子を文字どおり操作して組み換えることをさす。だが遺伝子組み換えとはもともとは、何世代かにわたって選択的に異種間の交配を行なうことにより、特定の特徴を持ち、他の特徴の抑えられた種《しゅ》をつくることだった。したがって、野生でない動物や植物、すなわち家畜化された動物や栽培化された植物はすべて、遺伝子を組み換えたものと言うことができる。しかし、今日遺伝子組み換え食品と言えばふつう、実験室で、DNAの鎖から特定の遺伝子を取り出し、それを別の種のDNAに挿入することによって、一世代でつくり上げる食品を意味する。この新しい遺伝子組み換えにも、従来の遺伝子組み換えと同じ目的がある。たとえば、旱魃や害虫に強い種、大きく成長する種、収穫が容易な種、梱包や輸送などのさいに損傷しにくい種などをつくることだ。

しかし、新しい技術にはまったく新しい目的もある。DNAの配列を組み換える技術があれば、特定の植物の遺伝子構成に、人工受粉や接ぎ穂では実現できない特徴を、一世代で組み込むことができる。そのため科学者たちはこの新技術を利用して、旱魃や土の侵食に強い新種の地被植物をつくり、砂漠化した土地を再生させようとしたり、伐採用に成長の速い木をつくり、従来の森林を守ろうとしたりしている。したがって興味深いことに、環境保護は、植物種や動物種の遺伝子の組み換えに反対する動機にも賛成する動機にもなるのである。

◎健康への懸念

今日、遺伝子組み換え作物が反対されるのはおもに健康上の理由からである。とくに指摘されているのは、食物に対するアレルギーの問題だ。食物アレルギーは現代人に蔓延する問題だが、原因の多くは正確にはわかっていないうえ、命を脅かす反応さえある。ナッツ類やエビ・カニなどの甲殻類、卵、牛乳、ある種の果物や野菜などにアレルギーを持つ人は大勢いる。しかし、ある人がナッツ類にアレルギーがあるとわかっているとしても、その人のアレルギー反応が、ナッツ類のどの遺伝子または遺伝子複合体によって引き起こされるのかはわかっていない。そのため、食品メーカーが自由に食品間の遺伝子を組み換えてよいことになれば、ある人のアレルギーのもとになるナッツの遺伝子がイチゴやブロッコリーやジャガイモのなかに組み込まれる可能性がある。そうなればもはや、危険が広がるのを止めることはできない。世界中の人がそれぞれどの遺伝子に対してアレルギー反応を起こすかを調べることはできないからだ。人は自分でもどの遺伝子にアレルギーを起こすかを知らないので、遺伝子組み換え食品に組み込まれた遺伝子の名を表示すれば解決するという問題ではない。遺伝子組み換え食品が人間の健康に及ぼす影響は計り知れないのである。国際化が進み、人びとがそれまで食べたことのなかったさまざまな食品を日常的に口にするようになったことが、食物アレルギー蔓延の原因だと指摘する科学者もいる。そうだとすればなおさら、遺伝子組み換え食品が人間の健康に及ぼす危険は甚大だと考えられる。遺伝子組み換え食品が増えれば、食物アレルギーを持つ人びとの危険がさらに増すだけでなく、食物アレルギーを持つ人の数が増えることにもなるだろう。

GMOに組み込まれる抗生物質耐性遺伝子の問題もある。これに関連して、米国食品医薬品局は、二〇〇二年九月、人間の食用となる動物への抗生物質の使用を規制することを提案している。同局の獣医学センターの副所長は、「抗生物質に耐性のある病原菌が動物の体内で育ち、それが食物摂取を通して人間に引き渡される可能性については、すでにじゅうぶんな証拠がある。国民の健康を守るためにこのリスクを最小限にしなくてはならない」[*1]と報告している。

遺伝子組み換え食品に関連した健康への配慮は、基本的に予防原則にもとづいている。というのも、今のところ、遺伝子組み換え食品が長期的に健康にどう影響するかだけでなく、比較的短期にどう影響するかさえわかっていないからだ。過去に人工交配によって新たな食品がつくられたときは、その食品を摂取するのは初めのうちは、その生産に関わった比較的少数の人に限られていた。そのため、その食品が地域の内外に普及するまでにはたいてい何世代もかかった。したがって、その食品に人間や土地や動植物にもたらす有害な影響があったとしても、それを普及前に発見することができたのである。また、普及に時間がかかったおかげで、人間の消化管が新たな食品にしだいに適応していくこともあったかもしれない。

◎遺伝子組み換えの規模とスピード

ところが、今日の遺伝子組み換え食品は、巨大な多国籍の種子企業が一度に膨大な面積の土地で栽培するかたちで導入される。こうした企業は、新たな種子の開発に投資した膨大な費用のもとをとり、さらに利益を上げるために、その種子をできるだけ速く普及させなければならない。企業は市場の需要に注目して種子を開発しているので、新たな品種にはたいてい、大勢の人びとを惹きつける魅力がある。この章の事例で言えば、ジャックは新たな品種の害虫に強い点や、成長のどの段階でも除草剤に強い点に惹きつけられている。このように今日の遺伝子組み換え作物は、大規模な導入と最大の効果を確実にするように開発され販売されているのである。

この事例でジャックが個人的に直面しているのは、どのような作物を育てれば通常の生活費に加え、子供たちの授業料や運転教習費や結婚費用を工面することができるかという、解決は難しいが、きわめてわかりやすい問題である。しかし、遺伝子組み換え食品に関する問題は、もっと別の側面からも考えてみる必要がある。そもそも、ジャックは家計が年を負うごとに苦しくなっているとは言っていない。彼はおそらく、これまでと同じ農業を続けても生活していくことはできるのだろう。隣人のリーが有機農業をしているようすをよく観察し、翌年は自分も有機農業に切り替えるという選択肢もある。ジャックは明らかに長期的なことを心配しているのであって、緊急の危機に直面しているわけではない。

◎資本主義と環境保護主義——食料助成金

それより、アメリカの農家がGMOを検討するさいに考えなければいけないのは、さらに長期的な問題である。それは先進国の食料助成金に関する問題だ。ほとんどの先進国は、農民に作物栽培の助成金を出している。先進国の農民はこの助成金がなければ農業で生計を立てることができない。なぜなら、彼らが世界市場で競う相手は、ガーナやペルー、ヴェトナム、マダガスカル、フィリピンなどの貧しい国々の農民たち、すなわち作物からごくわずかな収入しか得ていない農民たちだからだ。欧州連合やアメリカでは、農民が作物の販売より助成金でより多くの収入を得ていることが珍しくない。

アメリカでは二〇〇二年七月に承認された農業法案で、各種の作物に対する助成額が引き上げられた。先進国がこうした助成金を支払うのは、国民の基本的な食品を他国に頼りたくないからである。他国に食料を依存すれば、先進国であっても、戦争や自然災害などによって輸入の道が閉ざされたときに窮地に立たされることになる。

しかし、食料助成金の制度は、欧米の外交政策を特徴づける自由貿易政策に違反している。自由貿易政策では、国は立場の弱い生産者を、生産物の種類にかかわらず保護しないものとされている。世界市場を支配する資本主義の理論のもとでは、食品生産者となるべき国は比較優位にある国、つまり食品をもっとも安く生産できる国である。比較優位の考え方によれば、どんな製品もそれをもっとも効率的に生産できる国によって生産されるべきである。豊かな国は食品を効率よく生産することができないので、それができる国から食品を購入し、その代わりに、自分の国が比較優位にある商品やサービスを生産しなければならない。にもかかわらず、豊かな国々は食料依存を受け入れまいとしている。

貧しい国々は豊かな国々の助成金政策に憤慨している。というのも、貧しい国々は工業化が進んでいないことが多いので、輸出できるのはたいてい食料などの未加工製品に限られる。にもかかわらず、豊かな国でも助成金政策によって農民が食料を生産し続けることができるため、貧しい国から豊かな国へ輸出できる量が少なくなってしまうのである。また、世界市場に豊かな国の需要がわずかしかないせいで、食料価格も抑えられてしまう。それでも、多くの経済学者や国連の事務総長や発展途上国の政治家たちが揃って指摘しているように、貧しい国は自分の国の立場の弱い産業（おもに若い産業）を保護することを許されていない。もしそれをすれば、自由貿易の基準の侵害だと非難され、豊かな国との貿易も、豊かな国からの経済支援も、豊かな国に管理されている多国籍組織（国際通貨基金や世界銀行など）からの融資も、拒絶されてしまうのである。

環境保護の視点に立てば、食料助成金と比較優位の問題は、持続可能性を考えるうえで重要である。まず、持続可能性はどの規模で考えるべきだろうか？　つまり、何らかの習慣が持続可能であると言うとき、私たちはそれが地球全体にとって持続可能だと言っているのだろうか？　それとももっと狭く、コミュニティや国、地域、大陸にとって持続可能だと言っているのだろうか？　資本主義の経済理論には、どこの国もひとつふたつの商品において世界のなかで優位に立つことができるため、その商品の生産に集中するべきだという前提がある。また、企業とは、少数の巨大な世界企業となるまで競争力のない弱小企業をのみ込みながら成長を続けるものだという前提もある。したがって、農業について見てみると、アメリカ中西部にはトウモロコシとブタ以外はほとんど何も生産していない地域がある。また、東南アジアや東アジアには水田での稲作を集中的に行なっている国々がある。とはいえ、ある作物の支配的な産地として知られる地域が、ほかのさまざまな作物もその地域の住民の需要に応える程度には生産することができるために、食料を自給自足できると同時に、一部の作物の輸出もできるということもある。一方、ココア、タバコ、コーヒー、ゴム、綿花、紅茶、花といった食品以外の作物を単一栽培している地域では、輸出のための単一栽培によって、生態系のバランスが崩れ、持続可能性の鍵である食料の自給自足が不可能になり、深刻な飢餓の問題が発生することがある。

環境が分析されるさいはたいてい、地球全体の生態系ではなく、地域ごとの生態系が注目される。ハーマン・デイリーとジョン・カブによる革新的な著書『共通の利益のために――コミュニティ、環境、持続可能な未来に向かう経済へ *For the Common Good: Redirecting the Economy toward Community, the Environment and a Sustainable Future*』は、持続可能な生態系と、生活必需品を自給自足できる人間のコミュニティが両立する地域のモデルを提案している。[*2] 著者たちによれば、どの地域の生態系もすべて持続可能にするべきである。なぜなら、そうすることが地球という生態系を確実に持続可能にする唯一の道だからだ。農業を地球全体に広く分散させることによって、植物の生物多様性も促される。ただし、これは自動的になされることではないので、つねに人間が意識し、そのための努力を続けなければならない。

したがって、環境保護の視点に立てば、少なくとも短期的には、農業助成金制度はあるほうがよいということになる。人間もひとつの種であり生態系の一部である以上、人間を含む特定の地域の生態系を持続させるためには、その生態系を共有するほかの種の存続を脅かすことなく、食料、住居、エネルギー、医療、教育などの基本的要求を満たすことができなければならない。農業、工業、採掘業などの生産業や人間が世界にもたらす不均衡な影響は最低限にすると同時に、世界に広く分散させなければならない。工業や採掘業や農業を、環境にかかる負担が少ないかたちに変えたとしても、それらの負担を一手に引き受ける力のある地域など世界のどこにもない。もちろん、こうした地域間の平等に欠かせないもうひとつの要素は、人口である。科学者の多くが、世界人口は地球の収容能力を、まだ超えていないとしても、すでにそれに達していると考えている。そうだとすれば、持続可能性のためには、人間のコミュニティの規模は、縮小しないまでも、拡大してはいけないことになる。

地域の持続可能性のためには食料を自足しなければならないという環境保護の考え方によれば、自分の農家を経済的に維持しなければならないというジャックの考え方は正しいことになる。アメリカの農家は、たとえ一部の食料が他国でもっと安く生産できるとしても、維持されなければならない。とはいえ、ほかの国に対する正義や、ほかの国の生態系の持続可能性を考えるなら、豊かな国で助成を受けた農家は、作物の生産規模を国内での需要を満たす規模にとどめなければならない。決して生産費を下回る価格のついた食料を世界市場にあふれさせるようなことをしてはならないのである。二〇〇二年の春の例を挙げよう。インドネシア中の家禽業者が抗議運動を起こし、鶏の脚のアメリカからの輸入の禁止を政府に求めた。しかし、インドネシアがアメリカ産の鶏の脚の輸入を禁止することには、アメリカや国際市場から深刻な報復を受けるリスクが伴った。問題は、アメリカの家禽業者が鶏の脚を一ポンド当たり〇・一ドル前後で「ダンピング」していたことにある。アメリカでは鶏の胸肉が一ポンド当たり二・五ドル以上で売られていたのだが、脚の需要は胸肉の需要と比較して著しく少ないからだ。一方、年収がたいてい三五〇ドルを下回るインドネシアの農民は、鶏肉を一ポンド当たり〇・六七ドルで生産していたため（アメリカ国内での鶏の胸肉の価格よりははるかに安価であるにもかかわらず）、〇・一ドルという「ダンピング」価格に対抗することができなかった。要するに、インドネシアの家禽業者が、鶏肉を生産費をはるかに下回る価格で売るアメリカの家禽業者に市場を奪われたのである。仮にインドネシアのすべての農家が鶏の飼育をやめてしまったら、アメリカ人の嗜好が変わったとき、あるいは輸送費が上がってこれまでの販売が不可能になったときには、インドネシア人の食料を誰が供給するのだろうか？

現在、世界のさまざまな食品に生産費と同じかそれを下回る価格がつけられ、それらがきわめて貧しい国でも売られている。そのため、貧しい国の農民は農業を断念したり、タバコやコカ（コカインの原料）やケシの花といった食品以外の作物の生産に転向したりしている。世界の食料供給は不安定になっているのである。

GMO（遺伝子組み換え作物）は、貧しい農民や貧しい国に大きな利益をもたらす可能性を秘めてはいる。しかし、現在の農業システムのままでは、むしろ大きな不利益をもたらす可能性のほうが高い。新たな品種に組み込まれる特徴は、組み換えのプロセスを管理する種子生産者の利益となる特徴である。この事実は一九七〇年代から八〇年代の〝緑の革命〟を振り返れば容易に理解できる。緑の革命のとき、種子業者たちは、収穫できる量が多く、害虫や疫病に強い品種や、少ない水で育ち、旱魃に強い品種を導入した。

これらの特徴はあらゆる地域の農民たちに利益をもたらした。とはいえ、貧しい農民は受けた利益が相対的に小さかったため、結果的に農業を断念せざるをえなくなることが多かった。収穫量が増えるにつれ土地の価値が上がり、小作農は家族が何世代にもわたって働いてきた土地を離れざるをえなくなったのである。また、新しい品種は交配種であるため、前年の収穫で得られた種子には発芽能力がなく、農民たちは新たな栽培のたびに種子を買わなければならなくなった。しかも、新たな品種には従来の品種よりも大量の肥料が必要だったため、肥料の購入量も増やさざるをえなくなった。農民たちの多くは種子と肥料を買うために借金を抱えることになり、結果的に農場を手放すしかなくなった。世界のほとんどどこの地域でも、緑の革命で得をしたのは裕福な農民だったのである。今日の遺伝子組み換え作物も、これと同じ結果をもたらすおそれがある。

緑の革命のほかの影響もGMOの影響の予兆となるかもしれない。緑の革命は多くの国で、生物多様性を著しく減少させ、人間の食料供給に深刻なリスクをもたらすことになった。交配種の利用によって、突然変異の可能性、すなわち変種が偶然にできる可能性がほとんどなくなったうえ、企業により開発され、その企業の特許品となったわずかな種類の品種だけが、いたる場所で栽培されることになったからである。ひとつの地域で同じ品種ばかりを栽培していると、それらはどれも同じ要素に弱いため、害虫や旱魃、気温変化など何らかの原因で極端な被害が出ることがある。

GMOを栽培するなら、多様な品種を開発することによって、特定の地域で特定の品種だけが優勢にならないようにしなければならない。この対策によって、人間の食料が災害から守られるだけではなく、地域の環境が特定の品種によって強い影響を受けるのを防ぐことができる。仮にある一種類のGMOのトウモロコシがオオカバマダラという蝶にとって有害で、別の種類のトウモロコシがツバメの産卵を阻み、さらに別の種類のトウモロコシが地虫の寿命を縮めるとすれば、たとえ、(かなり疑問のある仮定ではあるが)こうした破壊的な影響が状況から判断してやむをえないとしても、種の存続を脅かさないために、これらのどのトウモロコシも、ひとつの地域の数箇所以上の畑で栽培してはならない。そして、影響を監視し、ある地域で地虫が減少していることがわかれば、地虫を脅かす品種の栽培を、少なくとも地虫の個体数が回復するまでは打ち切らなければならない。

遺伝子組み換えの技術そのものは、新しい技術はたいていどれもそうであるように、道徳的に善でも悪でもないだろう。ことによると、あらゆる面で利益だけをもたらす遺伝子組み換え作物というものも存在するかもしれない。問題は、そうした作物だけを環境に導入するために、どのように遺伝子を組み換えたらいいかということである。しかし、この答えは、際限なく研究を続けなければ、決して見つからないように思われる。そのため、私たちはつい、遺伝子組み換えに全面的に反対し、「自然に」発生する植物は善で、「人工的に」つくられた植物は悪であると決めてしまいたくなる。けれども、そのような区別は安直すぎるだけでなく、人間が植物を栽培品種化し、動物を家畜化することを通して環境に介入してきた歴史を否定することでもある。こうした介入は今も世界各地で続けられており、GMOはそうした努力の画期的な成果なのである。重要なのは、遺伝子組み換えという手法だけに注目するよりも、この技術の特定の使用法の結果を検証し、その技術の望ましい目的を検証することだろう。ちなみにヨーロッパでは、遺伝子組み換え食品に強く反対する人が圧倒的に多いが、その理由はひとつには、遺伝子組み換え食品が「アメリカの」食品だからである。アメリカの食品はヨーロッパでは、味や栄養価よりも生産効率や経費や輸送性を重視してつくられた質の悪い食品と理解されているのである。

この問題には社会的な意思決定が必要だという指摘もある。食品は人間の生活のなかできわめて個人的なものであり、個人の生命の維持に必要であるだけでなく、生産や交換や消費の過程（たとえば家族での食事など）で、人と人とを結びつける重要なものでもある。どんな人にも、生物圏を守る責任があると同時に、自分の食料に関する決定に参加する権利がある。どんな人も、自分の食べるものの費用や味、種類、環境への影響などのバランスを考える決定に参加する権利があるのである。

――ディスカッションのために

1．カイルはなぜ父親が遺伝子組み換え作物を栽培することに反対するのだろうか？

2．ジャックの栽培する遺伝子組み換え作物は隣人の有機農業にどのような影響を与えるだろうか？

3．現代では集約畜産に伴う病気の予防のために、動物の飼料に抗生物質が用いられている。このことがどのような結果につながっているだろうか？　またこの疑問は、遺伝子組み換え作物の飼料の問題とどのように関わっているだろうか？

4．ジャックはおそらく想像すらしていないだろうが、ジャックの農業は、貧しい国の飢餓に苦しむ農民をさらに苦しめることに加担している。ジャックの農業が発展途上国の貧しい農民の飢餓に結びつく法的／政治的／経済的なメカニズムを説明してみよう。

第12章　狩猟は環境を守る？——自然のなかの人間

「そして、これが西部開拓時代の伝統的な銃、ウィンチェスター社レバーアクション、三〇‐三〇だ」アールは猟銃がずらりと並ぶ棚からそれを手に取って言った。「そしてこっちがベルギー製の散弾銃一二番口径、ウイングシューティング用。その隣がティッカ社の〝ホワイトテール・ハンター〟三三八口径、プロングホーン（エダツノレイヨウ）にもいい。それからこれがルーガー一七、ヴァーミントに最適だ」

「ウィングシューティングのウイングって鳥のことよね？　ホワイトテールはシカの一種。それからヴァーミントは、……えーと、ヴァーミントって何だっけ？」ジャネットは尋ねた。興味半分で訊いてみただけで、真剣に知りたがっているというわけではない。

「有害な動物のことだよ。たとえばカラスやコヨーテやプレーリードッグなんかだ。こうした動物は何の役にも立たない。ホワイトテール（オジロジカ）もそのうちヴァーミントと呼ばれるようになるだろう。数が増えているし、困った習性があるからね」アールは答えた。

ジャネットは隣に立っているアレックスの顔色をうかがった。アレックスはジャネットの婚約者である。二人は今、コロラド州東部の草原地帯の牧場に来ている。ジャネットの伯父アール・グリースンと妻のミリアムが、親戚を集めて二人の結婚前祝いパーティーをするからと招待してくれたのだ。伯父夫婦は八平方キロメートルの大牧場を経営しており、四〇〇頭のウシと数頭のヒツジを所有している。そこはなだらかな丘や曲がりくねった小川、青々とした草、ハコヤナギの巨木のあふれる魅惑的な場所だった。牧場の使用人——牧童《カウボーイ》——たちが馬でなくオフロード車に乗って草原を移動していることを除けば、まるで一世紀前のテディ（セオドア）・ルーズヴェルトの故郷のようだ。そこにはアールの狩猟への情熱を満たしてくれる鳥やシカやヴァーミントなどの野生動物もあふれていた。

アレックスは狩猟をしない。彼はフィラデルフィアで生まれ育ち、そこで教育を受けた。彼の父はフィラデルフィアのテンプル大学で獣医学を教えている。今のアレックスの顔に笑みはない。

「お願い、冷静でいてね。この話には深入りしないって約束したでしょ」ジャネットはアレックスの腕をつかんでささやいた。

しかし、アレックスは気持ちを抑えるのが得意なほうではない。結局、猟の話を聞き流すことはできなかった。「アールさん、あなたはたくさんの動物を殺していらっしゃるのですよね？」

「〝殺す〟でなく〝獲《と》る〟と言うほうがいいな。毎年秋になるとホワイトテールを二、三頭、ハトを数十羽、それから時間が許すかぎりコヨーテやプレーリードッグを獲ってるよ」アールは言った。

「あなたが獲ることによって、獲物は痛みや苦しみを味わうわけですが、それについてお考えになることはないのですか？」

アールは一瞬黙った。アレックスが狩猟を嫌っていることはジャネットから聞いていたが、あまり気にしてはいなかった。フィラデルフィアの人間はたいていそうだと聞いていたからだ。アールも気持ちを抑えるのが得意なほうではなかったが、六〇歳という年の功で、性急に言い返す癖は和《やわ》らいでいた。「いいかい、アレックス君。わたしは倫理的なハンターだ。善良な目的で猟をしているんだよ。わたしが獲る動物はたいてい苦しまずに死んでしまう。わたしが獲らなければ、動物たちはほかの動物に食われたり、病気やけがをしたり、飢えたりしていずれ死ぬんだ。要するに、わたしに獲られる少数の動物たちは、たくさんの動物たちのなかでも、幸運だというわけさ」

「アールさんは倫理的なハンターなのかもしれません。しかしハンターの大多数、とくに正確な狙撃がしにくい森で猟をする人たちはそうではないでしょう。動物の三割近くは傷を負って逃げ、結局、悶え苦しんで死ぬのだと聞いています」

「うむ。ではそうしたハンターたち、要するに、きみの故郷のペンシルヴェニアのハンターたちということだろうが、そうしたハンターたちは、せいぜい努力して狩猟の腕をあげるべきだろうね。そうだ、きみに見せたいものがある」

アールはコーヒーテーブルから小さな本を手に取った。三人は話が長引きそうだとそれぞれに感じ、椅子に座った。ジャネットはひそかに、気まずくなりませんようにと祈った。「すべてはジム・ポゼウィッツのこの小さな本『公正な追跡を越えて *Beyond Fair Chase*』に書いてある。これは倫理的な狩猟のバイブルだ。二〇万部以上売れたらしい。ここには、倫理的なハンターとは〝狩られる動物を知り、それを尊重する人間〟だと書いてある。よいハンターは、動物を生かしたまま傷だけを負わせるような撃ち方はしない。万一してしまったときは、ただちにその動物を追跡する。そうした配慮をすることが、倫理的な狩猟の真髄なんだよ」

アールは言葉を続けた。「それから、わたしにとって重要なのは、自信がないときは撃たないというとことなんだ。狩猟というものは、自分にそんなルールを課してこそ価値があるからね。ところでわたしは弓猟にも凝ってるんだ」アールは銃の棚の端にある立派な弓のほうへ体を向けた。「弓猟はきわめて難しい。四〇メートル以内の距離まで近づかないと狙えないんだ。そうなると、かなり動物に有利だからね」

「ですが、そこがまさにぼくが気になるところなのですよ。弓を使えば、一キロくらい先まで狙える照準機付きの高性能の銃を使うよりは、動物が逃げられる確率が高いでしょう。ですが、生きたまま傷を負わせる確率もかなり高いはずです」

「そうだ、確かに弓の場合、ハンターの腕によるところが大きい。だが、わたしの弓をよく見てごらん。あれはコンパウンドボウといって、推進力を増幅させるための滑車がついている。だから、的中すれば必ず死に至る。そして、さっきも言ったように、わたしには的中させる腕がある」

「どんな武器を使うにしても、動物に傷だけを負わせることは少なくないでしょう。それに倫理的であろうとなかろうと結果は同じです。傷を負わせてゆっくり死なせるか、一気に死なせるか。結局どちらも死なせることに変わりはありません」

「そうだな。ときには苦しませることもある。それに死は必然でもある。しかし、ハンターはそれを埋め合わせるだけの喜びや深い満足を得ることができる。都会の人間はこの世にこれほどの喜びがあることをまず知らないだろう」

アールは自分の根強い信念の表明が相手に対する攻撃になり始めているのに気づき、議論の焦点を変えた。「ジャネットに聞いたが、きみは環境保護運動家で、シエラクラブやウィルダネス・ソサエティなどの環境保護団体に所属しているそうだね。だったらきみは、さまざまな生物種が生態系のなかで果たす役割について理解する必要があるよ。特定の生物種が過剰になるとどれほど自然の秩序が乱されるかについてもね」

せっかくのパーティーが険悪なムードになるのを恐れてそれまで発言を控えていたジャネットが、ここでついに口を開いた。「そうね、でも増えすぎていちばん秩序を乱している生物種は人類でしょ」

「そうかもしれない。しかし今は狩猟の話をしよう。シカやエルク（アメリカアカシカ）などの数は、従来は捕食動物によって抑えられていた。だが、捕食動物であるオオカミやクーガーやハイイログマは、今は北米にはまったくと言っていいほどいなくなってしまった。だから人類が捕食動物に代わって仕事を引き受けなければならないんだ。今やわれわれが〝頂点に立つ捕食動物〟なんだよ。ハンターがいなければ動物たちの生息地がどれほど破壊されるか想像できるかい？」

「確かに捕食動物は今や役目を果たしていません。それは人間が最初に捕食動物を、人間自身の捕食活動を邪魔するものとみなして一掃してしまったからです。林野部は二〇世紀初頭にニューメキシコのオオカミを絶滅させようとしました。ハンターのために豊富なシカを残しておきたかったからです。この計画は功を奏し、今やオオカミは完全に姿を消してしまいました。しかし結果として、人間がオオカミに対して犯した罪がシカに跳ね返ってきました。シカの個体数が急増したのです。シカは生息地を失い、大量に死んでいきました。これが動物を尊重した倫理的な狩猟とはとても思えませんね」アレックスは言った。

「シカが環境破壊の犯人となることもあるよ。ヴァージニアのホワイトテールが急増して森を破壊しているという記事を読んだことがある。シカが森の草や低木を食い荒らしたせいで、そこに巣をつくっていた野鳥が生きていけなくなったんだ」

アールは少し考えて、話を続けた。「それにオオカミがふたたび森に戻されたことで殺されたのは、厄介なシカだけではない。エルクやムース（ヘラジカ）や家畜までが殺されたんだ。うちの牧場のウシやヒツジも危険な目に遭っている。シカやエルクの数を抑え、ヴァージニアやコロラドの野鳥を救うことができるのは誰だと思う？ ここに住む人間ならたいてい誰もが狩猟好きだ。ここの人間は狩猟の免許を取るのに金を使ったり、アウトドアの店で買い物をしたりして経済を活性化させてもいる。それにハンターに対してなら規制を設けることもできる。だが放し飼いのオオカミに規制を守らせることはできない。オオカミを減らそうとすれば撃つか罠をしかけるかしかないんだよ」

「伯父さま、悪いけど、その頂点のハンターって考え方、何ていうか、そう、いかにも男の考えることよね。人類は、というより人類のオスは、もともと自然の管理者だった大型の捕食動物を一掃することによって自然を征服したわけでしょ。それで、今度は人間が自然を支配する口実として、生態系の頂点が空席になったことを利用しているのよ。女は男のこんな態度を過去に繰り返し見てきたのよ。これとは違う状況のなかでだけれど」ジャネットは言った。

「女性だってハンターなんだよ、ジャネット」アールは冷淡に言った。

「あなたの姪御さんもフィラデルフィア育ちですからね。しかも彼女はフェミニストなんです」アレックスは顔をほころばせて言った。「人間が頂点に立つことには大変な弊害があります。オオカミなどの捕食動物は、草食動物のなかでも捕らえやすい個体、つまり、病気の個体や弱い個体、動きの遅い個体を捕らえるんです。これはダーウィンの自然選択の法則のきわめて重要なポイントです。ところが、ハンターは大きくて強い動物を殺すことによって、この法則に完全に逆らっています。大型で強い、仕留めたことが自慢の種になるような動物は、その動物の個体数を保つのに必要な遺伝子を備えた動物なんですよ。このような選択のしかたはきわめて不自然で間違っています」

「それはエルクとムースには当てはまるかもしれないが、シカには当てはまらないね。シカはあの数の多さから言っても、確実に生き残るだけの遺伝子が存在しているはずだ。いずれにしても、今やエルクの数さえ明らかに急増している。もはや自然選択だけでは個体数を有効に減らせないほどに状況は変わってしまったんだよ」

「ハトについてはどうですか？　ハトは大きな草食動物と違って過剰になるようすもないし、何らかの害をもたらすわけでもありません。ですが、あなたはハトの猟も楽しんでおられるのでしょう？　さきほど見せていただいたベルギー製のウィングシューティング用の散弾銃は決して安くはない買い物だったとお察しします」とアレックスは言った。

「そのとおり。だが、ハトはきわめてたくさんいる。絶滅の危険はまったくない。それにわたしは、自分が獲ったものは必ず食べることにしている。狩猟で浪費されるものは何もない。だから、きみのその怒りは、ファーストフード店に向けてもらいたい。ファーストフード店が山のように出している鶏肉は、アーカンソーにあるような工場式の畜産場で、大変な苦しみを味わわせられながら大量生産されたものなんだよ。そうした〝工場〟から出された廃棄物がオザーク山地の川を汚染させてもいる。ハトやウズラの話なら、こうした事実を踏まえたうえでしようじゃないか」

アールは話を続けた。「いいかい、狩猟がもたらす恩恵のなかでもとくに重要な恩恵は、動物の生息地が守られることなんだよ。スポーツハンターたちはよく、自分たちは種の絶滅に加担するどころか、多くの種を保存することに貢献していると主張しているよ」

「それはありえないでしょう」アレックスが遮《さえぎ》った。「リョコウバトの話をご存じでしょう。あのハトは一八〇〇年代まではおそらく地球上でもっとも個体数の多い鳥でしたが、ハンターに一掃されてしまいました。いや、ハンターに〝収穫された〟と言うのが正しいかもしれません。それからバッファロー。皮を売って儲けることしか頭にない大勢のハンターたちに殺されて、まだ絶滅してはいませんが、絶滅しかけています」

「アレックス君、そうむきになる前に、わたしが何と言ったかをちゃんと思い出しなさい。わたしはスポーツハンターと言っただろう？　きみが言っているのは商売目的の狩猟者のことじゃないか。われわれは最近そうした狩猟者のことを密猟者と呼んで軽蔑しているんだよ。わたしがしていることと彼らがしたこととを混同しないでもらいたいね」アールは声を荒げずに要点を強調してから、言葉を続けた。「わたしはいくつかの狩猟団体に所属しているし、そうだ、全米ライフル協会にも所属している。そうした組織はどれも動物の生息地の保護をめざしているんだ。たとえば湿地。湿地は今や排水工事や土地開発のせいで急速に失われている。だから、沼や入り江に生息していた猟鳥の個体数は相当なスピードで減少しているんだ。ハンターには政治的にも財政的にも影響力がある。ハンターたちは、シエラクラブやオーデュボン協会などの環境保護団体と協力して、湿地の保護のために闘っているんだよ」

「それはご立派なお心がけですね。しかし、環境保護運動家が生息地を守る目的はそこに生息している動物を守ることなのですよ。あなたがたの目的は逆に生息動物を殺すことではないですか」アレックスは言った。

「獲ることだよ、獲ること」アールは言葉を訂正した。「それに目的が違うから何だというんだ？結果的に猟鳥だけでなくハンターたちの興味の対象外の種までが守られるんだよ。猟鳥の生息地が守られれば、そこに生息するほかのあらゆる動物や植物が守られるのだからね。ハンターたちの行動によってこれほどすばらしい利益がもたらされるというのに、目的の違いが何だというんだ。実際、猟鳥の生息地には絶滅寸前の動物や植物も生息していることが多い。だから、猟鳥の生息地を守ることによって、ほかの種の絶滅を防ぐことができるかもしれない。要するに、スポーツハンターはどんな種の絶滅にも加担していないどころか、むしろ多くの種の絶滅を防ぐことに貢献しているんだよ。どれほど熱心な環境保護運動家でも、狩猟者と手を組む利益を認めているよ」

そのときミリアムが部屋に入ってきた。「お話の途中でごめんなさい。リンドンが表に来てますよ。あなたに見せたいものがあるんですって」

ジャネットとアレックスは顔を見合わせた。リンドンなら彼らも知っている。牧場の使用人頭だ。

彼が早朝馬に乗って、柵の破れ目から出ていった動物たちを集めているのをジャネットとアレックスも見かけたことがある。二人がアールとともに表に出ていくと、重い荷物の運搬に使う平床型のトラックが家の前に停まっていた。近づいて見ると、荷台に大きなプロングホーン（エダツノレイヨウ）の死体が積まれている。銃を持って微笑むリンドンの姿もあった。

「大きなオスのレイヨウですよ。北側の柵の近くの水槽の水を飲んでいたところを仕留めました。万一に備えて三〇‐〇六口径を持ち歩いてたんです。じつに幸運でした。馬で運ぶには大きすぎるのでトラックに載せてきました。というわけで、ちょっと洗車を手伝っていただけますか」

リンドンは正真正銘のカウボーイだった。オフロード車を嫌い、ふだんはもっぱら馬に乗っている。テディ・ルーズヴェルトが生きていたら、リンドンの自信と自由な精神を絶賛しただろう。リンドンは革のオーバーズボンとブーツと拍車まで身につけていた。これらは単なるファッションではなく、草原という環境ですばらしく機能的なのだ。彼が得意なのは銃と投げ縄、そして家畜に焼き印を押すことだった。しかし、この徹底したカウボーイぶりからは想像しがたいが、彼はじつはコロラド州立大学の大学院出身だった。専攻は歴史学で、グレートプレーンズがアメリカの文化に与えた影響についての論文を書いたこともある。だが、それは三〇年も前のことであり、この二五年間というもの、彼は大学で行なった研究とは別の世界で生きてきた。

アレックスとジャネットは目の前の光景にショックを受け、狩猟の話をやめ、親戚が自分たちのために集まってくれることについて話し始めた。しかし、アールとリンデンは興奮してそれどころではない。食事のあと、四人はまた狩猟の話を始めた。

「リンドン、きみとは前に、わたしたちが狩猟をする理由や狩猟のすばらしさについて語り合ったことがあったね。きみにぜひ、ここにいる若い人たちに、ためになる話をしてやってほしいんだがね」アールは言った。

「どんな話がいいですか?」リンドンは訊いた。

「そうだな。きみは大きな狩猟動物を捕らえることは一種の〝至高体験〟だと言っていたよね。その意味を説明してもらえないかな?」

「説明するのは難しいですね。きわめてスピリチュアルな話になります。獲った瞬間は、わたしにとっては魔法がかかったような感じなんです。興奮していることは確かだし、達成感もある。でも、そんなことだけじゃあないんです。宝くじに当たったり、大きなスポーツ大会で優勝したりといった体験以上の何か。人生を振り返ってもこれに匹敵する経験はほかにありませんね」

「それが狩猟のスピリチュアルな部分ですね。その手の話はこれまでに何度も聞きました」ジャネットは言った。「おっしゃることを否定しているように聞こえたらごめんなさい。でも、狩猟は人間の原始的な流血への欲望の現れだと思います。攻撃本能を狩猟で満たしておけば、人間同士が互いに暴力に頼ることなくうまくやっていくことができるということでは? でも、現代ではもうそんなはけ口は必要ないと思いますし、仮に必要だとしても、もう少しましな方法がほかにあるでしょう。動物を殺す行為が〝スポーツハンティング〟と呼ばれることを考えると、至高体験とかスピリチュアルな体験という言葉もわたしにはまやかしのように聞こえます」ジャネットは言った。

「今おっしゃった〝原始的な〟という言葉がここでの重要なポイントだと思います」リンドンは答え

た。「社会生物学や進化心理学と呼ばれる新しい科学の主張をご存じですか。人間には狩猟をしていた長い歴史があります。狩猟者を成功に導く気持ちや態度は人間の遺伝子に刻み込まれているんです。実際、ある種の感情、そしてある種の知性さえも、原始時代の狩猟者の成功体験が進化したかたちなんです」

「おかしいですね。ぼくにはそんな感情があるような気がしません」アレックスは言った。

「狩猟の経験は？」アールが尋ねた。

「ありません」

「それじゃあ狩猟本能に気づきようもない」アールは言った。

「そうした感情は、流血への欲望だとぼくは考えます。動物は、あなたが撃ったレイヨウもですが、狩猟に関して何も言うことができません。真にスピリチュアルなものであれば、犠牲者など必要としないはずです」アレックスは言い返した。

「犠牲者というより、わたしの意見では、〝生贄《いけにえ》〟というほうが適切ですね」リンドンが言った。「ただ、都会の方には、狩猟のそうした深い意義を理解するのは難しいかもしれません。ここの人間は、車から五〇フィート以上離れて自然のなかへ入っていこうとしない九九パーセントのアメリカ人のことを、〝九九・五〇族（ナインティ・ナイン・フィフティアーズ）〟と呼んでいます。旅行者は壮大な光景にのどかな美しさだけを求めます。だから、自然のなかではあらゆる生命がつねに死に向かっているのだということに決して気づかない。人間社会では死は否定的に捉えられているので、わたしたちは自然のなかの死も否定するようになるんです。まやかしのなかで生きているのは、狩猟者でなく都会人なんですよ」

リンドンはさらに話を続けた。「わたしがきょう獲ったレイヨウは特別なものです。わたしはあの授かりものに深く恩義を感じ、感謝しています。これはわたしだけのことじゃない。わたしは単にパズルの一ピースというか、自然の壮大な儀式のようなものの一部にすぎないんです。うまく説明できないけれど」

「その話、わたしにはあまりにも現実離れして聞こえます」ジャネットが言った。「質問のかたちを変えさせてください。動物が動物を殺すのと人間が動物を殺すのとの違いは何ですか?」

「待ってください。その質問には大変な偏見があります。人間が動物を殺すんじゃない。人間が人間以外の動物を殺す、と言ってください」リンドンが言った。

「その違い、そんなに重要なんですか?」ジャネットは尋ねた。

「人間の狩りをしたいという欲望や人間の肉に対する嗜好は、人間の動物的性質によるものであって、文化的性質によるものじゃない。動物が動物を殺すことと人間が動物を殺すことには何の違いもないんです。人間も動物なんですから」

「だから狩猟は悪いことじゃない、つまり正しいことだというのですか?」ジャネットは尋ねた。

「正しい正しくないというのはおかしいんです。道徳の原則を自然に当てはめることはできません。自然は道徳と無関係です。動物に行動の責任があると考えるのはおかしいでしょう。自然のなかで起こることは自然であって、それ以外の何ものでもない。それについては何の道徳判断もできないんです。これはわたしたちが動物として自然のなかでとる行動についても言えることです」

「リンドンさん、あなたは狩猟や殺しを正当化しています。人間が動物みたいに振る舞う理由をこじつけて、道徳的責任から逃れようとしているんですから」

「ジャネットの言うとおりです。自然のなかに善悪がないからと言って、狩猟もわけのわからない論理で許されるなんて。だったら、何をしても許されるということですね」アレックスが婚約者に加勢した。

「いや、そうは思いません。思慮深い狩猟者なら誰もが、何をしても許されるとは思っていないですよ。どんな動物も、もちろんどんな植物もですが、みんな進化によって本能に組み込まれた厳格な法にしたがって生きている。狩猟者もその同じ法にしたがって生きています。狩猟動物を虐待することはこうした法に違反することを意味します」リンドンは言った。

「感情の話に戻りましょう。あなたはご自分がたった今殺したレイヨウを見て、悲しみをまったく感じないのですか？」アレックスは尋ねた。

「まったく感じないと言えば嘘になります」リンドンは率直に答えた。「罪の意識はあります。それがなければ、わたしはまともな人間とは言えない。しかし、自然のなかに立てば、罪など場違いなものです。いずれにしても、その罪の意識が動物に対する感謝と尊敬につながるんです」

「尊敬ですって？　どこが尊敬なんですか？」アレックスは信じられない気持ちで訊いた。

「わたしたちは獲った動物を必ず持ち帰り、食べることにしています。それがわたしたちの動物に対する敬い方です。死体を無駄にするのは最大の不敬です。都会の人たちはウシやニワトリなどの家畜を大量に殺してオーブンやグリルに放り込んでいますよね。わたしたちはそうした都会人よりはるかに動物を敬っていると思いますね」

アレックスは別の角度から議論を進めることにした。「話は戻りますが、あなたはさきほど、人間は動物的な本能にしたがうとおっしゃいました。それは妙な話に思えます。わたしたちは潔白さや正義や誠実さなどの道徳基準を動物の行動や人間が動物のように振る舞ったときの行動に置いていません。それなのになぜ、狩猟という殺しのゲームをするときに限って捕食動物の真似をするべきなのですか？」

「それとこれとは話が別なんです」リンドンは都会人の質問に業を煮やし始めていた。「そうした道徳基準は人間の文化の一部であって、人間が互いに関わり合って道徳的に生きていくためのものです。動物にそうした基準はありません」

「リンドンさんがおっしゃっているのは、人間は自然のなかに立つときに限っては動物と同じだけれど、人間には別の側面もある、ということですか？」ジャネットが尋ねた。

「そのとおりです。人間は知恵によってその違いを知り、知恵に導かれて行動するんです」

リンドンのこの言葉で議論は締めくくられた。これ以上何を口にしても平行線をたどるだけとどちらの側も悟ったからだ。それにもう時間も遅かった。あすは朝から親戚や友人が集まってくる。

ジャネットは銃と弓の並ぶ棚の前を通るとき、リンドンの言葉を思い返した。「ねえアレックス、殺すことや死ぬことが自然の重要な要素だということなら、たぶんわたしたちは自然への参加を拒むべきよね。だけど、そんなことできる？　自然をつくり変えてそこから暴力をなくすことなんてわたしたちにはできない。動物園や公園がその試みではあるけど。それでも、わたしたちは自然を肯定したい。だけど、自然を肯定するってことは、伯父さまやリンドンさんみたいに獲物に忍び寄って殺すのを肯定するってことよね？　わたしたちは狩猟に反対するとき、自然のなかに立ってるの？　それとも人間の文化のなかに立ってるの？」

アレックスは少し驚いてジャネットを見つめ、それから微笑んだ。「そうだな、きみがそんなふうに考えるなら、ハネムーンのあいだも話が尽きなさそうだね」

——解　説

アメリカの狩猟人口は総人口の一割程度である。[*1] しかし狩猟の提示する問題は人口とは無関係に大きい。スポーツとしての狩猟はアメリカの文化である。狩猟はアメリカの銃文化やアメリカのルーツである旺盛な独立心と政治的・文化的に結びついている。ウォルト・ホイットマンは傑作詩集『草の葉』のなかで、一九世紀の開拓前線を進行させたのは（銃でなく）斧だとしている。[*2] しかし、今日の熱心な狩猟者の多くはそれに賛成しないだろう。狩猟者たちの記憶と想像のなかでは、西部を制したのはマスケット銃であり、シャープスの連発銃であり、レバーアクション式のウィンチェスター銃なのである。狩猟者は強力な少数派だ。その強力さは全米ライフル協会の執拗なロビー活動に現れている。イデオロギーで身を固めた全米ライフル協会は、しばしば敵に取り囲まれながらも強い影響力を持ち続けている。わずか一割といっても人数に換算すれば二〇〇〇万人を超えるので、特定の興味を分かち合うグループとしては大規模であり、狩猟シーズンに相当な数の人が森や草地に向かうことは確かである。

この膨大な数の狩猟者たちが殺す(アールの言葉を借りれば「獲る」)動物の数もまた膨大である。実際、年に二億の動物が狩猟により殺されている。その約半数は鳥で、おもにハト(五〇〇〇万羽)、ウズラ(二五〇〇万羽)、キジ(二〇〇〇万羽)である。また、リスやウサギなどの小動物も二五〇〇万匹ほど殺されている。[*3] もっと大きな動物は、おそらく「大きい」という理由で、反対者や一般からより注目されている。確かに、大型動物が銃や弓矢で殺される光景は、飛んでいるハトが一瞬で撃ち落される光景より視覚的に暴力的である。また、人は鳥類より哺乳類により親近感を抱きやすいということもある。しかし、狩猟で殺される哺乳動物の数も相当なものである。毎年、シカは四〇〇万頭、アメリカクロクマは二万頭殺されている。[*4] しかし、狩猟の擁護者は、アールのように、こうした数値からは真実はわからないと主張する。アメリカでは三〇〇〇万頭のシカが森や草地で餌をあさり、その多くは郊外のコミュニティを徘徊している。八〇〇万頭のアメリカクロクマも同じ傾向がある。[*5] どちらも、季節を問わず強敵、すなわち人間のハンターがいるにもかかわらず、うまく生き延び、個体数を増やし続けている。

狩猟の反対者たちは、そうした数の多さは重要なポイントを見逃すもとになると指摘する。狩猟反対者に言わせれば、狩猟は道徳的に疑問であるうえ、不必要なスポーツである。一羽のハトの死も、一頭のホワイトテールの死も、一頭のアメリカクロクマの死も、大きすぎる犠牲だ。反対者の主張はさまざまだが、主要な反対理由のひとつは、このスポーツに内在する暴力である。狩猟がスポーツであるなら、それは惨殺を伴うローマ時代のサーカスや剣闘士の戦いに似た流血沙汰のスポーツだ。真のスポーツならば、両者が対等に戦わなければならない。しかし狩猟では人間がつねに追う側で（ハントとはもともと「追跡する」という意味である）、動物がつねに逃げる側である。この立場が入れ替わることはめったにない。

狩猟者の目的は無力な動物に忍び寄り、武器（たいてい銃）を使ってその命を奪うことだ。狩猟反対者は、銃がアメリカの都市で犯罪や暴力に使われる代表的な凶器であるという事実を指摘してもいる。このような行為からどんな喜びや満足が得られるのだろうか？　シカを追跡して高性能の銃で撃つという行為は、痛みを与えるという原始的な喜びを伴う、本質的に残虐でサディスティックな行為ではないだろうか。あるいは、自分の支配欲や征服欲を満足させ、撃ち取った獲物の頭部を壁に飾ることで自分の力を誇示するための、自己中心的な行為と言えるかもしれない。なぜこのような行為をスポーツということができるのだろう？

狩猟者のサディスティックな喜びは、獲物に与える痛みや苦しみと直結している。動物はたとえ銃弾をよけることができたとしても、大きな恐怖を味わうことになる。しかもアレックスが指摘しているように、動物に傷を負わせる率、すなわち動物が致命傷でない傷を負ってハンターから逃げる率も高い。その場合、動物は結局、傷のせいで、飢えたり、捕食動物に捕らえられたりして、ゆっくりと苦しみながら死ぬことになる。動物が傷を負わせられたまま置き去りにされる率はさまざまに推定されているが、三割近くに上るというデータもある。「倫理的なハンター」は、動物に傷を負わせて放置することを極力避けるために、射撃の腕を磨き、必ず命中させるよう努力している。しかし、弾薬は高額なので、森で本物の動物を撃つ前に射撃場でじゅうぶんに訓練する余裕のあるハンターはわずかしかいない。さらに、平均的なハンターは、年間出猟日数が五日から七日程度なので、命中を確実にするほどじゅうぶんな経験を積むことはなさそうだ。しかも、初心者は獲物を捕らえたいあまりにやみくもに銃を発射させ、結果的に殺さず傷だけを負わせることが多い。

狩猟反対者のあいだでは、市民の少数派である狩猟者が公的援助を受けすぎているという声も上がっている。『動物の権利ハンドブック *The Animal Rights Handbook*』[*6]によれば、税金で成り立っている国や州の野生生物保護機関が、人工の生息地でシカなどの動物をたくさん飼い、そこを狩猟の場としてハンターに提供している。反対者に言わせれば、これは狩猟管理の目的を履き違えた態度であり、公金の乱用である。

第1章で、動物に道徳的価値を見出し、動物を道徳的配慮の対象と考えた思想家たちを紹介した。驚くまでもなく、こうした思想家たちの多くは狩猟を認めていない。ピーター・シンガーは、狩猟は感覚を持つ動物に不必要な苦しみをもたらすと考え、特定の文化における生存のための狩猟（イヌイットなどが行なう狩猟）を除き、狩猟に反対している。ポール・テイラーは、狩猟は生命中心主義の倫理から引き出されるいくつかの原則に違反するという理由で、やはり狩猟に反対している。その原則とはたとえば、不干渉や忠誠である。不干渉とは、人間はできるかぎり生態系や動物の個体を放っておき、それらの行動を阻まない、ということを意味する。忠誠とは、禁止のかたちの義務で、野生動物を欺かないことを意味する。漁獲、罠の使用、狩猟などはいずれも、動物に干渉し、動物を欺いているという意味で、これらの原則に違反している。[*7]

狩猟の擁護者たちは、こうした指摘は偏見であり不正であると抗議する。彼らに言わせれば、狩猟者は動物に痛みや苦しみを与えることを望んでいない。彼らにとって、仕留めることに次いで重要なのは苦しみを与えないことである。理想は即死させることだ。この目標を達成するために、いわゆる倫理的ハンターは、現場に出かけていく前に腕を磨く努力をする。だが、動物に致命傷でない傷を負わせないという課題は難しい。狩猟者によれば、強力な銃、すなわち高速の弾丸を遠くまで正確に飛ばすことのできる銃を用いることで、動物に致命傷でない傷を負わせる率を劇的に下げることができる。しかし皮肉なことに、こうした銃を使用することによって、動物が狩猟者に気づいて逃げきる率も下がるのである。アールも、弓矢による狩猟の話をしながら、おそらくこのジレンマに陥っている。この原始的な武器を使用すれば、動物が逃げきるチャンスは増えるが、生きたまま傷を負う可能性も高くなるのである。

「スポーツハンティング」という表現についてもさまざまな指摘がある。狩猟の反対者だけでなく、狩猟の擁護者でさえ「スポーツ」という言葉を使いたがらないことが多い。スポーツの多くには本気で打ち込む競技者や熱心なファンがいるが、「スポーツ（sport）」という言葉にはもともと「娯楽」や「気晴らし」、つまり、重要な仕事のないときに暇つぶしに行なう気楽な活動という意味もある。狩猟の擁護者によれば、狩猟はスポーツと違い、些細な興味を満足させるための些細な活動ではない。まじめで思慮深い狩猟者は自分を「スポーツハンター」とは考えていない。自分をそのように位置づければ、反対者と対したときに弁解的にならざるをえず、不利な立場に立つことになる。

さらに、狩猟の醍醐味は遂行の難しさにあるとも言われる。倫理的な狩猟者は、シカやクマに罠を仕掛けて近距離から撃つ方法をとる人たちを軽蔑している。しかし狩猟者が何を主張しても、人工的な狩猟場のイメージが消えることはない。柵で囲った狩猟場に外来種の動物や鳥を放ち、それらを自由に撃たせることで客から金をとるビジネスもある。狩猟者の多くはこうしたビジネスに強く反対している。ほとんどの狩猟者は、動物はあらゆる点で有利な条件を与えられるべきだと考えているからだ。その意味で弓猟は、動物に不利な面があるとはいえ、そのような猟を意図していることになる。

狩猟の擁護者たちは、公的な助成金を受けすぎているという批判に対しては、具体的な数値を持ち出して反論している。彼らの主張によれば、野生生物に関連したアウトドア活動を楽しむ大勢の人びとのなかで、利益の代価を支払っているのは狩猟者だけである。推定によれば、政府の野生動物保護機関の年間収入の七五パーセントは、狩猟と漁獲の免許やカモの切手［訳註：渡り鳥保護の基金を目的とした米国連邦政府発行のカモの図柄の切手］、狩猟道具にかかる物品税から得られている。*8

狩猟者たちは動物の生息地の保護に貢献してもいる。アールが指摘しているように、狩猟者は動物の生息地である野生地を保護したいと考えている点で、環境保護運動家と関心を同じくしている。また、政治的な影響力と資産を持つ狩猟団体は、狩猟動物の生息地である自然の土地を保護することの重要性を理解している。狩猟動物の生息地が保護されれば、そこに生息する狩猟動物でない生物種（植物やカエルや鳥など）も保護されるため、環境保護運動家にとって、狩猟者を擁護することには意味がある。まったく相容れない信念を持つふたつの団体が奇妙にも結束することができるのは、双方が意見の違いをとりあえずは脇によけ、共通の目的を実現することに同意しているからである。この結束に対するアールのコメントは、第1章で紹介したブライアン・ノートンによる実用主義のアプローチの説明にあたる。人間中心主義者も生命中心主義者も生態系中心主義者もみな協力して、現実に即した共通の目標に向かうことができるのである。

とはいえ、決して許し合うことのできない同士が密接に関わり合って働くのは難しいことである。生命中心主義者であれば、動物が人間の娯楽のために苦しめられ殺されることは、残酷で決して許されるべきことではないと考えるだろう。彼らが狩猟者と協力し合うのはきわめて難しい。ノートンの実用主義のアプローチは、そうした犠牲を受け入れることができて初めて、どちらにとっても有利なアプローチとなる。生態系中心主義者はもちろん、生命中心主義者でさえ、功利主義の計算にもとづいて目的を遂行することに同意しなければならない。狩猟地の種の多様性を維持し、多くの動物の命を守るためには、それ以外の動物、すなわち狩猟動物の命を犠牲にしなければならないのだ。シカやカモが狩猟者によってもたらされる損害は、膨大な数の生物種が生息する健全な湿地や森林が受ける利益によって相殺されるのである。

狩猟の正当性を主張するうえで強力な役割を果たす哲学的信念はほかにもある。たとえば、人間中心主義の立場に立てば、狩猟を容易に正当化できる。人間は優れていると言えばいいからだ。人間中心主義者によれば、人間にはほかの種を支配し自分の楽しみのためにそれらを殺す権利があり、動物に対するどんな義務も結局は人間に対する義務である（たとえば、動物を乱獲から守るのは、将来の狩猟のためである）。宗教的な理由で狩猟が正当化されることもある。根拠は聖書の次のくだりにある。「地のすべての獣と空のすべての鳥は……あなたたちの前に恐れおののき、あなたたちの手にゆだねられる」（創世記第9章二節）、「動いている命あるものは、すべてあなたたちの食糧とするがよい」（同三節）〔共に日本聖書協会、新共同訳聖書より〕。

しかし、今日の狩猟擁護者のなかには、狩猟者を自然を支配するものとしてではなく、自然の一部として位置づけている人たちもいる。アールはこの立場をとり、狩猟者を「頂点に立つ捕食動物」と捉えている。この考え方によれば、人間は「百獣の王」である。百獣の王は自分の属する生態系を監視し、個体数が過剰になるのを防ぐため、弱いものや病気のもの、動きの遅いものを生態系から取り除く。要するにダーウィンの自然選択の法則にのっとって、生態系を管理しているのである。しかし、狩猟者の役割に対するこの説明の矛盾を、アレックスはすぐに見破っている。アレックスによれば、狩猟者は、種のなかでもとくに大きくて強い個体、つまり、自然選択によって生き残るはずの動物を追跡する。この「不自然選択」が自然の生態系の利益になるはずがない。こうした鋭い指摘に対し、狩猟の擁護者たちは、毎年数多くの動物が捕獲されるからこそ、個体数が過剰になるのが抑えられているのだと主張する。狩猟者が制限を加えなければ、作物が荒らされ、動物の病気や動物から感染する人間の病気が増え、生息地が破壊され、特定の種の個体が激減するなどの大きな被害が出るはずだと言うのである。そのような被害が起きるとすれば、そのときに新たに頂点に立つ捕食動物は、野生化したイヌやネコだろう。野生化したイヌやネコはすでに個体数が増加して鳥や小動物を脅《おびや》かしており、動物から人に感染する狂犬病などの病気のリスクも増やしている。

しかし、頂点に立つ捕食動物という説明は狩猟の本質を表わしていない。狩猟の擁護者は狩猟の正当性を説明するうちに、最終的に帰先遺伝《アタヴィズム》［訳註：祖先が持っていた遺伝上の形質が何世代もあとの子孫に現れること］の考え方に到達する。そして、狩猟は体験してみなければとうてい理解できないという主張につなげていく。反対者はこの意味を理解できず、狩猟は自己中心的で残虐な行為であり、人間の健全な精神を病的に捻《ね》じ曲げるものだと非難する。しかし、擁護者に言わせれば、都会人——リンドンの言う「九九・五〇族（ナインティ・ナイン・フィフティアーズ）」——は、動物と言えばペットや動物園の動物としか触れ合ったことがない。都会人は野生の動物に忍び寄って捕らえたときに蘇る原始的な本能や徳を知らない。私たちの祖先の時代にスーパーマーケットはなかった。狩猟は何万年も前から人間の基本的な活動だった。私たちの心の奥深くに眠っている狩猟本能が、銃や弓を手に森へ入ったときに目覚めるというのである。

狩猟反対者たちはよく、狩猟を動物を殺さない手段に変えることはできないのかと疑問に思う。確かに、銃の代わりにカメラを持って森に入れば、動物を殺すことなく、忍び寄って「獲《と》る（撮《と》る）」ことができ、それなりの満足感を得ることができる。しかし、狩猟者にとって、それは狩猟とはまったく意味の違うことなのだ。殺しは狩猟に不可欠の要素なのである。狩猟者は動物を殺した瞬間に、自然との神秘的な一体感を味わい、続いて深い達成感を味わう。自然を死と切り離して漠然と理解している都会人と違い、狩猟者は、死に出会わなければ自然を本当に味わうことはできないと知っている。狩猟とはあらゆる生物が死に向かっていることを認めたうえで、獲物と捕食動物との関係——進化の原動力である関係——に参加する行為なのである。狩猟体験には必ず、ある程度の苦悩や罪の意識が伴う。生存のために狩猟をしている人たちでさえ、罪の意識を持たないわけではない。そのため、彼らは償いの儀式をすることによって動物を尊重する。おそらく儀式によって、動物の魂が母なる大地に戻り、やがて別の肉体に宿ると考えられているのだろう。現代の狩猟者たちは、獲物を食べることによって罪を償う。シカはテーブルに出されれば、鹿肉《ヴェニソン》になる。それはただの食肉ではない。動物を食べることによってその死が意味のあるものとなり、浪費という大罪を免れることができる。というより、自分が殺した動物を食べることは、あらゆる自然や自然の秩序を尊重する行為なのである。狩猟の擁護者は、狩猟は悪でなく徳の表出であると主張する。狩猟には忍耐や勇気、尊敬の念などが必要だからである。もちろん例外はあり、支配と殺戮にしか興味のない軽蔑すべき狩猟者もいる。しかし、狩猟者の多くは、狩猟は深い誠意と人間的な誠実さがなければできないと考えている。狩猟は基本的にはひとりで行なうものなので、そうした徳は、他人からの報酬や認知や賞賛といった外からの刺激に駆り立てられて生じるものではない。個人の人格の自然の表出として、内側から湧いてくるものなのである。

環境思想家のホームズ・ロールストン三世は、狩猟のこうした哲学的で精神的な主張を展開している。彼の思想はアールとリンドンに象徴されている。人間は文化と自然の双方のなかに生きている。人間の文化的な生活は、個人的・社会的な人間関係と、その人間関係に伴う道徳的な義務のもとに成り立っている。そうした人間の行動規範や価値観を反映するのが人間社会である。しかし、人間は動物でもあるので、人間の行動のうち、たとえば食べることは、動物の習性に含まれる。しかし、私たちはほかの社会的・道徳的習慣や価値観（結婚、誠意、正義など）を動物の行動に倣《なら》って決めていないのに、なぜ、食べることに関しては動物の習慣にしたがうべきなのだろう？　それは、ロールストンによれば、社会的・道徳的習慣が文化的価値であり人間に特有のものであるのに対し、食べることはそうではないからである。食べる習慣は自然にあまねく存在し、栄養摂取の必要なあらゆる存在が共有するものである。人間には自然の秩序をつくり変える義務はない。私たちは栄養摂取の必要な存在であり続けることを許されている。また、人間には、人間自身の動物的性質――長い進化の産物――を表出するのが妥当なときに、それを取り繕《つくろ》う義務もない。獲物に忍び寄って殺す行為はそうした性質の表出である。それは道徳的価値の範疇の外にある。なぜなら、動物的性質は道徳とは無関係であり、狩猟は人類の本質を表わす行為であるからだ。ロールストンは、狩猟のこうした論理に気づくとともに、その矛盾にも気づいている。矛盾とは、狩猟には大きな喜びと同時に罪の意識が伴うという事実だ。前者は生態系における私たちの立場から生じ、後者は文化における私たちの立場から生じる。このどちらもが殺すことに対する必然の反応であると認めることが、この世界に組み込まれた悲劇的な矛盾を受け入れることにつながる。*9

――ディスカッションのために

1. アルド・レオポルドをはじめとする生態系中心主義者の多くは狩猟を容認している。この事実は彼らの思想と矛盾しないだろうか？

2. 第1章で紹介したピーター・シンガーは動物の解放の提唱者として有名である。シンガーの関心の中心は、家畜や工場で生産される動物を苦痛から解放することにある。彼の動物の道徳的価値についての主張をそのまま野生の動物に当てはめることができるだろうか？　たとえば、シカをクーガーの追跡から守ることについてシンガーは何と言うだろうか？　自然のバランスや食物連鎖の維持のことも加味して考える必要があるだろうか？　説明してみよう。

3. 自然は捕食者と獲物の関係に駆り立てられている。自然のなかで進化した人類は、ほかの生物種と同様に、生存の要求を適応によって満たしている。したがって、狩猟は自然界における人間の自然な捕食活動のように思われる。だとすればなぜ、なぜそれが批判されたり、非難されたりするのだろうか？

4. 毎年、膨大な数の動物が路上で車にはねられて死んでいる。こうした路上轢死《れきし》動物の数は、狩猟者に殺される動物の数とあまり変わらない。狩猟に反対しながら車に乗ることに反対しないのは矛盾ではないだろうか？

第13章 人間と動物の交配か、畜産技術の進化か——異種移植

「どうも納得できないな」ハッサーンは友人たちに言った。リズ、ジェイソン、ニロッド、ハッサーンの四人は一年目または二年目の研修医である。彼らは今、腎移植フロアの回診を終えて、大学病院の通りを挟んだ向かいの店で昼食をともにしている。リズがこれから泌尿器科の専門医をめざし、とくに腎臓移植手術に力を入れていくつもりだと宣言したことから、移植手術の話が始まった。

リズは言った。「でもハッサーン、移植を受けた人の平均余命の統計を見た？　とくに腎臓移植をした人の。平均余命は生活の質とともに上がり続けてるでしょ？　末期の腎臓病だった人や、心臓がかろうじて動いていた大勢の人たちが、移植手術後にほとんどふつうの生活ができるようになって一〇年も二〇年も生きてるのよ。心臓と肝臓の移植も成功率が上がり続けてるし、腎臓移植の場合と同じように合併症も少なくなって、ステロイドの量もどんどん減らせるようになってきてる。間違いなくこの五年から一〇年で、心臓と肺と肝臓と膵臓の移植の成功率は、ものすごく上がるわよ。まだ

新しい腸移植の成功率だってそう。こうした患者さんたちは、移植を受けなければ助からないのよ。なのに、移殖のどこが納得できないって言うの?」

ハッサーンは手術の研修を始めたばかりである。今はドクター・ロスの指導のもと、移植クリニックで研修を受けている。リズもロス医師のもとで二年目の研修を始めたところだ。

「じつはぼくの従妹《いとこ》のスーハが先天性欠損症で五年前に腎臓移植を受けたんだ」ハッサーンは打ち明け話を始めた。「その後二週間くらいで珍しい劇症の感染症にかかり、病院で六週間管理されていたんだ。この五年間、従妹は人生の三分の一を病院で過ごしている。今後よくなる見込みもない。免疫抑制剤を使っているせいで感染症を完治させることができないからだ。詳しいことはぼくにはわからない。最初に手術スタッフの評判だけはチェックしたけど、その後は医学的な話はできるだけ聞かないようにしているんだ。詳しく聞いてしまったら親戚じゅうが、ぼくが奇跡を起こして従妹を助けてくれるんじゃないかと期待してしまうからね。でも見舞いには行った。従妹は今一四歳だけど、一種の幽霊みたいなもんだ。自分がよくなるなんてこれっぽっちも期待しちゃいない。たとえ何週間かよくなっても、どうせまた感染症が再発するとわかってる。将来の計画なんか何もない。友だちもいなくなったみたいだ。将来の話にも遊びの話にも何も興味を持たないからだろう。スーハは自分が将来結婚するとも家庭を持つとも仕事につくとも思っていない。家族が何週間か前にスタッフから聞いたところによれば、感染症の治療のせいで移植した腎臓がだめになったらしい。だから今年はこれからまた透析を受けながら、二度目の移植を待つことになった。昨晩見舞いに行ったら、死んでしまいたいと言ってたよ。そうすれば、両親が死んで世話をしてくれる人が誰もいなくなったときのことを心配しなくても済むからだって。付き合いのある人間といったら、両親と移植クリニックのスタッフと病院の看護師や看護助手だけなんだから。

スーハのような患者はたくさんいるよね。たとえば今朝診察したミセス・モロー。二年前に移植を受けた中年の女性だ。彼女のご主人はスーハの母親と同じで仕事をやめざるをえなかった。彼女の身の回りの世話、通院、投薬などで手いっぱいだからだ。スーハの家では、叔母はほかの三人の娘を大学に行かせるつもりで働いていたんだ。でも今や、三人の娘たちは仕事をしながら定時制の地域短大に行くしかなくなった。スーハの保険外の医療費を捻出するためにね。それから、あの大学の野球選手。彼は移植直後にギラン・バレーを発症したよね。それから半年間は完全麻痺の状態で人工呼吸器をつけてICUで過ごし、その後半年間リハビリを続けている。でももう両手両足とも完全にはもとに戻らないだろう。しかも二度目の移植も受けることになっている。彼らはそんな半分死んだような人生を何十年も過ごし、世話をする家族の人生まで狂わせてしまうんだ。ぼくの叔母と叔父の人生には、もうスーハの看病以外何もないんだよ」

少しのあいだ沈黙があった。それからジェイソンが口を開いた。

「そうだね、移植後、免疫抑制剤のせいで深刻な病気になる人も確かにいる。でも、きみの従妹のようなケースはまれだよ。免疫を抑制されていなくても同じ病気にかかる人もいるわけだし。ほら、去年ICUに入っていたあの大柄な警察官。彼はインフルエンザのあと免疫系が弱ってギラン・バレーにかかったじゃないか」

「もちろん移植していない患者さんだって同じ病気にかかるけど」リズは言った。「でも、そうした病気は免疫抑制剤を使っていないほうが治療しやすいことは確かよ。だけど、そんなリスクがあっても、移植を受けずに死んでいくのとどちらを選ぶかと訊かれれば、ふつうは移植を選ぶでしょう。移植を選ばなかった患者さんは、わたしが会ったかぎり三、四人しかいなかった。しかも腹膜透析でうまくいっている腎臓病の患者さんばかり。みんなその状態で正常な寿命をまっとうできる見込みのある人たちだったのよ」

「そのとおり。だけど、それだよ、ぼくが言いたかったのは」とハッサーンは言った。「病院は患者にもっと腹膜透析を続けさせればいいのに、どうして誰も彼もに移植手術をしようとするんだろう？自動腹膜透析なら、寝ているあいだ九時間機械をつないでおくだけで済むし、化学反応によってほかの臓器を傷つける薬も比較的少ない使用で済む。うちの病院は患者に自分で腹膜透析ができるように指導していないよね。というより、そもそも腹膜透析で済む人を助け、励ます姿勢がない。選択の余地を与えずにハイテクの血液透析に縛りつけ、移植に誘導しているんだ」

四人のなかでいちばんもの静かなニロッドがうなずいて言った。

「ぼくもリズの意見に賛成はする。でも、ハッサーンの言っていることもよくわかる。臓器移植というのはＨＩＶのカクテル療法と同じで病気を治す方法じゃない。あれは致命的な病気を治癒させないまま、延命させるだけの処置だ。そして、処置には必ず何らかの弊害がある。ぼくとしては、人工臓器が実現してほしいと思うな。ドクター・サックスが今、外部バッテリーを使うグレープフルーツ大の移植可能心臓をテストしているよね。あれが初の人工臓器になるかもしれない。人工臓器が実現すれば免疫抑制剤も必要なくなるかもしれないな」

「そうなれば確かにすばらしいよ。だけど、それはほとんど無理だろうな」ジェイソンが言った。「心臓もほかの臓器もみな、体内でいろいろな機能を果たしている。そして、その多くはまだじゅうぶんに理解されていない。だから、心臓のポンプの働きとかいくつかの働きを機械に真似させたところで、心臓のすべての機能の代わりにはならない。結局、移植後もあの手この手で処置をしなければならないだろう。だから人工臓器は本物の臓器を移植できるまで患者を生かしておく一時的な手段にしかならないんだよ」

リズは微笑み、彼らが前の週に受けた異種移植の将来についてのドクター・グレンヴィルの講義の話を持ち出した。

「ブタの腎臓や心臓を使うことについても考えてみて。急性拒絶反応を防ぐために人間のDNAを組み込んだブタのことよ！　遺伝子学で習ったはずだけど、ブタの遺伝子型がそれほど人間に近いとはね。ブタの臓器を使えば、移植臓器の不足の問題を解決できるのはもちろんだし、それだけじゃなくて、動物実験によれば、前もってレシピエント（受容者）にドナー（提供者）となるブタの骨髄を移植しておけば、免疫抑制剤の量も大幅に減らすことができそうだという話だったじゃない？　わたしたちの研修が全部終わるころには、異種移植が移植手術の中心になるかもしれないわね。一九八〇年代初めにヒヒの心臓を移植された赤ちゃんがいたけど、これからの異種移植はそれとは違う。死んでいくしかない患者さんの命を一時的につなぎとめる手段とは違うのよ」

ハッサーンは顔をしかめた。「哺乳動物はほかにいくらでもいるのに、どうしていちばん適しているのがブタなんだ？　ぼくたちはブタの臓器なんか絶対受け入れないよ。汚らわしくて食べることもできないものを、自分の体の一部にできるわけがない」

ニロッドはほかのみんなといっしょに笑った。ニロッドとハッサーンはともにアメリカ生まれだが、それぞれヒンドゥー教徒とムスリムである。二人はこれまでも、それぞれの特別な信念や慣習について、ほかの人たちに説明しなければならないことが多かった。ニロッドは、真顔に戻って話し始めた。

「ハッサーン、それは確かに皮肉な話だね。だけど、もっと深い問題もある。インドには菜食主義者が多い。とくにヒンドゥー教の高いカーストの人たちはほぼ例外なくそうだ。その根源にあるのは、どんな生き物も傷つけてはいけないという〝アヒンサー〟の思想だ。ジャイナ教徒や仏教徒の多くも同じ理由でブタを食べないし、ムスリムや正統派ユダヤ教徒はブタを拒絶している。そう考えると、宗教上の理由でほぼ確実に異種移植を受け入れない人びとが世界人口に占める割合は相当なものだ。臓器の治療法を本気で考えるなら、世界人口の過半数の人びとの宗教観に逆らわない方法を考える必要がある。これはよその国や地域だけの問題じゃない。アメリカにだって人間の体にほかの種の一部を、食べることを通してであれ、実験を通してであれ、移植を通してであれ、取り込むことに賛成できない人は大勢いる。異種移植というのは踏み越えてはいけない危険な境界を踏み越えた発想のように思えるよ」

ジェイソンが応えた。「でもニロッド、それは医学が大きく進歩するたびに言われてきたことだよね？　あらゆる手術法、輸血、放射線や化学療法、人間同士の臓器移植。これらが開発されるたびにいつもだ。反対者はいつも、われわれは境界を踏み越えてはならないと言う。神が計画的に引いた境界とやらをね。だからもう、その手の話はまじめに聞いていられないよ」

リズもからかうように言った。「ニロッド、あなたが動物の権利の擁護者だとはね。どうしてわたしたち今まで気づかなかったのかしら？　それはヒンドゥー教徒がウシを崇めていることと関係があるの？」

ニロッドは鼻息を荒くして答えた。「違うよ！　ぼくはブタを傷つけるからという理由で異種移植に反対するほど保守的じゃない。たとえそれがウシだとしたって同じだ。ただ、そういう人もいるという話だよ。ぼく自身は人を助けるために動物を殺さなければならないのなら、ためらうことなくそれができる。だけど、人間と人間以外の種をかけ合わせることは、もっと別の次元で危険だと思う。だって、ブタにどれだけ人間のDNAを組み込んだら、そのブタは人間になるんだ？　そんなの誰にも決められないよ。〝半人間《セミヒューマン》〟のようなものができるのか？　〝ドクター・モローの島〟を思い出してくれよ。遺伝学者が動物人間をつくり出すあの映画さ。たとえ基準をつくっても、研究者はつねに境界を押し広げることを迫られるから、そのうち誰かが必ず基準を犯すようになる。研究者たちが動物に目を向け出した理由は明白だ。人間の臓器を需要に応えるだけ確保するには倫理的な問題が多すぎるからだ。そして、動物に目を向けることで、その倫理的な問題を避けようとしているんだ。だけど、人間の遺伝子やDNAを動物に組み込んだりその逆をやったりしたら、まったく別の問題を大量に生み出すことになる。人間と動物の区別のしかたがわからなくなるという倫理的な問題は、問題のほんの一端にすぎないんだよ」

「ドクター・モローについてまじめに考えろと言われてもぼくには無理だね。あれは奇想天外なフィクションじゃないか」ジェイソンは言った。

リズも笑いながら言った。「あら、ジェイソン、わからないわよ。一〇〇年前の人たちはジュール・ヴェルヌの『海底二万マイル』を読んだとき、海底を走る船なんか現実にはありえないと思ったわけでしょ？　きのうのＳＦがきょうの現実というのはよくある話よ」

ハッサーンが言った。「だけど、まじめな話、人間同士の臓器移植でも、思ってもみなかったことが続々と発見されてるよね。理解していたつもりで理解していなかったことがたくさんあったんだ。移植を始めて三〇年経って初めて手がかりがつかめてきたようなこともある。移植のたびに拒絶反応を繰り返す腎臓病の患者のことについても最近の研究でやっとわかった。拒絶の原因となる瘢痕組織がドナーの臓器に対する拒絶反応としてできるのでなく、手術に対する体の反応としてできるんだってことが。それでも人間の体のことはほかの動物の体のことよりもはるかによくわかってる。動物の臓器を人間に移したらどんな反応が起こるか見当もつかないよ」

「だけど、わたしたちはそうやって、人間の体に起こる問題について学んできたわけでしょ？　だから動物の問題についてもこれから学んで、対処のしかたも研究していけばいいんじゃない？　月並みな意見に聞こえると思うけど、実際、そういうことよね？」リズは言った。

「まあね、科学はどんな問題も解決してくれるからね。科学が生み出した問題も含めてね」ハッサーンは茶化すように言った。

しかし、ニロッドはまじめにリズに反論した。「確かにぼくたちは移植時にサイトメガロウイルスなどの人間のウイルスが感染した場合の対処のしかたを学んできた。今は人口の四〇パーセントがサイトメガロウイルスの抗体に陽性で、残りが陰性だとわかっている。だから、この抗体の状態がドナーとレシピエントで一致していなければ、陽性の体や臓器がもう一方の体や臓器を陽性に変えているあいだは、サイトメガロウイルス感染症の予防薬を使う。こうしたことが発見される以前は、たくさんの人が亡くなったり、失明したりした。だけど、動物の臓器はまったく新しいウイルスの温床にちがいない。検査や処置のしかたがわからないだけじゃなくて、存在を認知さえされていないウイルスもいるだろう。動物から臓器を移植したら、人間の体にそんなウイルスを入れることになるのは必至だね。ドナーのブタを無菌の状態で育てたとしても避けられないよ」

ニロッドはさらに続けた。「だって病院を見てごらんよ。あれほど清潔と滅菌を徹底しているのに、あれほど病気にかかりやすい場所はめったにないよ。ブタから感染する病気のなかには致命的な合併症のもとになるものもあるだろう。命に関わらないものもあるかもしれないけれど、その患者に子供ができたら子供に病気を引き渡すかもしれない。そうやってウイルスは遺伝子プールのなかに入っていく。それとも、移植した患者は子供をつくらないように不妊手術でもするか？　それが最高の対策かもしれないな！」ニロッドは皮肉っぽく笑った。

「そう考えると確かに恐ろしいわね」リズも認めた。「新しい病気を、それも流行性の病気なんかを人間の世界に持ち込んでしまうことになるかもしれないのね。人間がＨＩＶとか狂牛病のような各種の動物の病気に感染しやすいことはすでにわかっているんだもの。動物にとってはそれほど危険でない病気が、人間に感染するとすごく危険になるということもあるわね」

「これは大変な問題だね」ハーマンは顎をさすりながら言った。「クローン化や幹細胞の研究についてはどう？　これらを治療材料として有望視している研究報告を去年聞いたと思うんだけど」

「ええ、でも、動物からの異種移植に比べると、どちらも実現の日は遠いわね。幹細胞研究には大きな政治的問題があるし……」

リズの言葉をジェイソンが遮った。「もともとは道徳上の問題だよね。幹細胞は中絶された胎児から採取されるんだ。だから今、幹細胞を取って殺すだけのために胎児を故意につくろうとしている研究者さえいる。それはまさしく殺人じゃないか!」ジェイソンが家族ぐるみで妊娠中絶反対運動に関わっていることは誰もが知っている。

「中絶は殺人じゃないんだから、胎芽をつくって破壊することだって殺人じゃないでしょ。痛ましいことかもしれないし、もちろん今の段階では政治的に危険な行為ではあるけど」リズが言い返した。リズとジェイソンはこれまでも何度か中絶の話題で対立したことがある。

「中絶が道徳的にどうかという話はきりがないから今はさておくとして」ハッサーンは言った。「政治的には、幹細胞を取るために胎芽をつくって破壊する研究への投資には、明らかに反対意見が出るだろうね。出るべきだと思うしね」そう言ってハッサーンはジェイソンのようすをうかがった。ジェイソンは今にも食ってかかってきそうになっている。ハッサーンは言葉を続けた。「ところでリズ、そうした反対意見は別として、科学面だけで考えてもやはりクローン化や幹細胞の研究は、臓器不足に応えるにはまだまだなの?」

「今月になってますます道は遠のいたわね。誰かクローン化についての最新の研究報告を読んだ?」誰も返事をしなかったので、リズは説明した。「動物のクローン化の成功率が低いことは知ってるでしょ? でも最新の報告によれば、成功率の比較的高い動物種では、成功率は生産された個体一〇〇体のうち、種によって一体から三体で、多くの個体は短命かつ不健康なんですって。興味深いことに、大きな問題のひとつは、死に直結するような組織の異常、とくに臓器の組織の異常らしいの。たいてい成長や発達が正常に起こらないそうよ。研究者たちは、卵子の成熟が数分間か数時間のうちに起こってしまうことに問題があるのではと考えてるの。ふつう精子の発達には数か月、卵子の成熟には数年かかるのよ。スピードのせいでミスが起こり、そうしたミスがあとになって現れるらしいの」

「ちょっと、みんな！　ひとつの臓器を取るために、ひとりの人間のクローンをつくることを本気で考えてるんじゃないだろうね」ジェイソンが興奮して叫んだ。「技術的な問題は別として、胎児の臓器が移植に使えるようになるには、胎児がどれくらい成長していなければならないか知ってるよね？生まれる直前くらいにならないとだめだろう。それでもまだ多くの臓器は大人の臓器としては小さすぎる。生きている人間と同一の人間をつくって、その人間を廃車みたいに必要な部品を取り出すために使うなんて！」

「わたしだってこれに賛成してるわけじゃないわよ。もちろん知性や感覚のあるクローンから一部を取り出すのは不可能でしょう。だけど、そのうち、高次の脳機能を持たないクローンをつくる方法が見つかるかもしれないじゃない」リズは弁解するように言った。

「いや、これに関してはジェイソンに賛成だな」とハッサーンが言った。「自分と見た目がそっくりで自分と同じＤＮＡを持つ誰かがいるとしたら、たとえ高度な脳を持たないとしても、自分と同様に尊重されるべきだと思う。とにかく危険すぎるよ。脳が正常に機能していないというなら、それは昏睡患者でも同じだ。意識や感覚を持ち、完全な人間のＤＮＡを持つ存在から心臓を取り出すなんてことは、ぼくは絶対にしたくない。知的障害や精神障害の人から臓器を取るのと大差ないじゃないか」

リズは肩をすくめた。「別にこれがいい考えだなんて言ってないじゃない。それに人間全体のクローンをつくると思うと、わたしだって気分悪いわよ。だけど、ネズミの耳とか胃のクローン化に成功してる研究者だっているんだから、その技術がもし完成すれば、必要な臓器だけをクローン化することだってできるでしょ。それから幹細胞研究については、悪化した臓器をまるごと取り替えるという意味ではあんまり期待できないけど、臓器が交換しなければならないほど悪化するのを防ぐという意味では期待できそうね。病気の初期のうちに幹細胞を使えば、いくつかの特定の病気による臓器の悪化を治療したり、少なくとも悪化を遅らせたりすることができそうなのよ。これで糖尿病を治療できれば、あるいは、糖尿病の人の腎臓の病気の進行を遅らせることができれば、腎臓の需要を減らすことができるじゃない！　だけど、今のところ幹細胞の供給量はかなり限られてるから、こうした新しいかたちの幹細胞治療が有効だと証明されたとしても、近い将来一般の人びとに広く影響を与えることはなさそうね」

「そりゃ供給量は限られてるよ。供給源は中絶された胎児なんだから」ジェイソンが言った。「いいかい、こういうことだ。ただ実験に使うだけでなく治療に使えるくらいに供給量を増やすには、死んだ胎児から取る量を増やすくらいじゃ間に合わない。もっともっと胎児を中絶しなけりゃならないんだ。どうだ、いやな気分だろう？」

「そうか、ジェイソン。わかったぞ。たぶん幹細胞に似た材料が必要ってことなんだな。だから異種移植がひじょうに魅力的に思えるわけだ。ブタ好きの人たちにとっては」ハッサーンが言った。

「ぼくは異種移植についての自分の気持ちがよくわからない」とニロッドが言った。「なんとなく気分が悪いのは、ぼくの文化がウシを崇めているからということではないと思うんだ。たぶんぼくのなかには、どんな生き物も傷つけてはいけないというアヒンサーの思想が、自分でも気づかないくらい深く染みついているんだろうな。命あるものを、人間が好き勝手に変えたり操ったりできるただの物みたいに扱うのは気分が悪いんだ。種全体を絶滅させることが間違っているとすれば、種全体の役割を人間の欲求を満たすものに変えるのも間違っているんじゃないだろうか?」

「だったら、透析患者の命を助けるために、その患者の一八歳の弟から腎臓を取るのはいいけど、同じ人の命を救うためにブタから腎臓を取るのはいけないっていうの? それって何だかおかしくない? 進化から考えれば、わたしたちはブタと親戚でしょ。人間の親戚同士は社会の利益のために臓器を交換してもいいのに、どうして動物の親戚から臓器を取るのはいけないの? 先住民の人たちは自分たちがトーテムである動物の子孫だと理解しているのよね? わたしたちは動物とのそうした関係を認めようとしないだけじゃない?」

「それは違うと思うよ。ぼくが記憶しているかぎりでは、先住民たちはトーテムである動物を祖先として崇拝しているから、それを食べたり殺したりすることはありえないんだ。トーテムの考え方では人間は祖先である動物を崇拝する子孫なんだよ」ジェイソンが言った。

「でも先住民の多くが動物を狩って食べてきたでしょ? 動物が人間の親戚だと理解していながらも。違う?」リズは主張した。

「わかった。いいかい」ニロッドはリズの皿に目をやって指摘した。「本当に自分がブタの親戚だと理解している人だったら、ランチにポークリブを注文するときの気持ちも違ってくるんじゃないかな?」ハッサーンはにやりとし、リズははっとした。ニロッドは言葉を続けた。「でも、たとえばインド人は、過去の人たちが動物を食べていたことを、原始時代には命をつなぐ方法がほかになかったからだと説明するんだ。でも、もっと文明化した人びとは、命をつなぐ方法がほかにあるときには、ほかの種を利用することは許されないと理解するようになったんだよ」

「でもわたしたちにはほかに手段がないじゃない! 移植しなければ患者さんは死んでしまうのよ」

「いや、そうかな、リズ。ぼくは動物の権利を主張するつもりはないけど」ジェイソンが言った。

「飢えて狩りをするのと、動物工場をつくるのとは意味が違うんじゃないかな。動物工場というのは、今すでにあるような仔牛肉やチキンやサーモンを生産する工場のことも、異種移植の臓器を生産するための新しい工場のことも含めて言ってるんだけどね。狩猟者は自由に走る鹿の群れから一頭だけを狩り、自分の家族に食べさせるために殺さなければならなかったことに対して許しを請うんだ。彼らには動物に対する敬意がある。ところがわれわれの社会は、多くの動物を本来の生息地から連れ出して家畜化し、望みどおりに遺伝子を変え、種のなかでの遺伝子の多様性を減じ、管理する、ということを大規模にしてきた。今では、動物たちを工場式畜産場や実験室に閉じ込め、自分たちが食べる動物をますます見えにくくしている。ぼくたちは店に並ぶ鶏の胸肉を動物とは考えない。それらが生産されたプロセスを考えようとしないんだ。結果として動物は、昔の狩猟者にとっては存在したような神聖さを失った。人間は動物のあり方を変え続けてきて、ついには、動物をただの〝物〟に変えようとしているんだ。胎芽や胎児が一部の人にとっては利用されるだけの〝物〟になってしまったのと同じことだ。

それから、動物は本当に臓器不足を解決する手段と言えるんだろうか？ これに絡む技術はすべて特許になっていて特許権を持つ会社が儲けようとしてるんだ。知ってたかい？ 異種移植会社への投資者の大多数は免疫抑制剤を製造している製薬会社なんだよ。こうした会社が請求しようとしている額は半端じゃない。ブタの臓器ひとつにつき一万ドルくらいだと言われている。移植患者はそうでなくとも検査や薬に年間一万五〇〇〇ドルから二万ドルは使っている。アメリカの場合は、保険会社がやがて異種移植もカバーするようになるとしても、世界中のほとんどの人にとっては手が出ない額だろうね」

リズは見るからに不機嫌になっていた。彼女は少し考えてから口を開いた。

「どうしちゃったのよ、ジェイソン、あなたまではそんなこと言うなんて。予防接種のワクチンだって最初は世界の多くの人にとって手が出ないほど高価だったじゃない。だけど今ではたくさんの病気が世界中で予防できてるのよ。会社が研究費のもとをとったうえでさらに利益を上げようとしているとしても、技術に罪はないでしょ？ 患者さんが移植を待ちながら亡くなっていくとき、わたしたちのなかでいつもいちばん打ちのめされているのはジェイソン、あなたじゃない。しかもあなたは幹細胞研究にもクローン化にも反対してる。それで異種移植まで拒絶するって？ あなたたち三人は、有望な研究を全部放棄して、人が死ぬのを放っておけって言うの？ あなたたちは患者さんのベッドの脇に座って、家族の人たちに何て説明するつもり？ 動物の神聖さを守ることが大切ですからこの人には死んでもらいましょう、とでも言うの？」

「違うよ」ハッサーンは言った。「ぼくはこれについてまだ立場を決めかねてる。ぼくは生まれ育ちのせいでブタを使うことには抵抗があるんだけど、ニロッドやジェイソンが言うこともよくわかる。でも、ぼくは医者なんだ。異種移植が有効なのであれば、そして、自分の患者を助けるにはほかに手段がないとなれば、たぶん異種移植をすると思うよ。ただ、それを思うと、あんまりいい気持ちがしないんだ」

「ぼくらの誰もが自分の立場に確信を持っているわけじゃないと思う」四人のなかでいちばんの哲学者であるニロッドが言った。「それぞれの立場は人生をどう理解するかによっても違ってくると思うよ、リズ。自分をどう理解するかによってもね。それから、個人や人類を世界のなかでどう位置づけるかによっても違ってくる。ぼくらは個人の命を救う努力をしなければならないだけでなく、生まれ変わったとき、よりよいカルマとともによりよい世界に戻ることができるように人生を送らなくてはならないんだ。戻ったときの世界をよりよいものにするものは何なのか、それを知るのは難しいよ」

「よし、これにて話し合い終了」このジェイソンの言葉で、四人はコートを取り、席を立った。

「リズ、一五日午前八時にレヴァイン先生との打ち合わせがあるから忘れないように」ハッサーンが言った。リズは顔をしかめて応えた。「オーケー。レヴァイン先生だって一生に一度くらいは遅刻しないで来るかもしれないものね」

四人は笑いながら、ゆっくりと駐車場に向かった。

――解説

この事例は環境について学ぶうえでのさまざまな問題を提示している。まずひとつは、環境の基本要素をどう理解するかという問題である。環境を保護するつもりなら、人類を含む種を保護するべきだろうか？　動物の家畜化は環境保護という目的にかなっているだろうか？　人間を含む動物の遺伝子操作は環境保護の原則を犯す行為だろうか？　種を分ける歴史的な境界はどれほど重要で、どのように解釈されるべきなのだろうか？　環境倫理をめぐる議論に参加した人たちが到達する結論は、各自が環境や人類を基本的にどう理解しているかに大きく左右される。環境を名目上または事実上その管理人である人間の利益のために守るべきものと理解しているか、あるいは、人類を環境のなかでほかの種と同等の役割と権利を持つものと理解しているかによって、問題に対する最終的な判断が決まってくるのである。

とはいえ、異種移植をめぐる立場を決める要因はそれだけではない。異種移植に対する考え方は、死に対する宗教的・霊的な態度、伝統的な宗教観、リスク評価に関するアプローチのしかた、さらには動物に関連した個人的な経験などにも影響される。

しかし、そもそもなぜ異種移植の研究が進められているのだろうか？　それは現在の臓器移植の傾向として、人間の臓器に代わるものが求められているからである。そのため、異種移植問題について考える前に、そうした背景について若干知っておくべきだろう。

臓器移植は三〇年以上前から大規模に行なわれており、移植後の生存年数を基準とした成功率は劇的に上昇している。しかし、被移植者の平均寿命が伸びるのに伴い、移植用臓器の需要も世界中で大きく伸びている。アメリカにおける二〇〇二年末の需要は供給の四倍もあった。発展途上国では移植技術を用いることのできる環境や人材が整っていないため、移植を待つ患者のほとんどは特定できず、公的な記録が残されていない。

先進国ではドナーを増やす努力がさまざまなかたちで行なわれている。しかし、現実問題として、人間から提供される臓器が需要を満たすほど増えることはありえない。なぜなら、多くの社会が、肉体には霊／魂が宿るという考え方のもとに、自分の体の一部を他人に与えることや他人の体の一部を自分の体に取り入れること、あるいは、体の一部を失った状態で神の審判を受けることを、宗教的または文化的なタブーとしているからだ。また、死者が自分の臓器を他人に与えることを許した家族を呪うことを恐れる社会や、死者の邪悪な霊が宿っているかもしれない臓器を取り入れることを恐れる社会もある。最近では、貧困者とその遠縁の者とのあいだで生体臓器の売買がなされることもあるが、当然ながら、生体移植が可能なのはふたつある臓器に限られる。こうした理由により、移植可能臓器の源泉をほかに探す努力が進められているのである。

◎死に対する姿勢

この事例に登場する若い医師たちは、臓器の需要に応えるための多様な技術に関心を持っている。議論は、ハッサーンが臓器移植は病気治療のための適切な方法と言えないのではないか、という疑問を提示したことから始まる。臓器移植を受けた患者は免疫機能を抑える処置を受けなければならないため、新たなリスクに直面することになる。この事例に登場する四人の若い医師たちは、患者の死を防いだり、遅らせたりするための高度な医療訓練を受けている。ハッサーンは従妹のスーハの例を引合いに出し、スーハやその両親がどれほど過酷な人生を送っているかを打ち明けたうえで、こうした介入を通して命を救うことは、本当に最善の策なのだろうか、と問いかける。これに対し、ほかの医師たちはそうした悲劇的な例は少数派だと応える。なかでもリズは、決定的な事実を持ち出して対抗する。心臓や肝臓や肺が侵されて死ぬことと、慢性疾患にかかるかもしれないという比較的小さなリスクとのあいだで選択を迫られたら、圧倒的多数の人がリスクのある人生を選ぶ、というのである。しかし、この事実で問題を片づけるのが本当に正しいのだろうか？

過去数十年にわたって、西洋の医療の世界では、死を悪とする考え方が主流だった。死は人生の一側面ではなく、現代医学で打ち負かすべき敵であるかのように見なされてきたのである。しかし、この考え方を批判する人も多い。批判者によれば、医療には本来、治癒の見込みのある患者の治療をすることと、治癒の見込みのない患者の世話をすることとのふたつの仕事がある。にもかかわらず、現代医学は治療にばかり力を入れて、治癒の見込みのない患者を軽視している、というのである。医療はこれまで、完璧な健康のみをめざすことにより、どんな不調も許さない態度や、死（とくに若者の死）を私たちの人生の一部として受け入れることを許さない姿勢を世に広めてきた。しかし、こうした医療のあり方を批判する立場に立てば、どんな生物にとっても生と死は必至の経験であり、したがって、移植用臓器の必要性は絶対的なものではない。要するに、ある個人の残りの人生を引き伸ばすことだけでなく、環境への介入によってほかの生物に与える影響についても考えなければならないのである。ひとりの人間の命を救うのと救わないのとどちらがいいか、という迷う余地のない選択だけをすればいいのではない。あらゆる種が平等であるとは認めないとしても、あらゆる種が密接に関わり合っていることには注目しなければならない。

◎動物の臓器

現在、損傷した臓器は、透析器や薬物により機械的または化学的に処置されるか、死んだ人間や生きている人間（たいていは患者の親族）の臓器と取り替えられている。最近は臓器移植の技術を支えるための各種の組織や制度も整っている。それはたとえば、医師や看護師その他の医療技術者のための病院内の訓練施設、移植計画に資金を提供するための政府や民間による保険制度、免疫抑制剤改良のための研究計画、臓器受容予定者にできるだけ平等に臓器提供を行なうためのリストの管理システムなどである。

こうした組織や制度はいずれも、生物圏のほかの種に影響を与えている。記録作業を行なうだけでも、紙とコンピュータを使うため、伐採業、採掘業、化学工業の恩恵を受けており、そのために森や小川や空気の質や動物の個体数に影響を与えていることになる。とはいえ、こうした影響は、世界の一部の地域にとっては深刻だが、基本的に間接的な影響と言える。しかし、人間の提供臓器の不足を解消するために異種移植に取り組むとなれば、人間以外の生物に与える影響は直接的なものとなる。

実際、こうした直接の影響は、人間の医療のいくつかの分野ですでに起きている。人間の臓器が入手できるまでのあいだ、動物の臓器が試験的に一定期間使われるのに加えて、人間の心臓弁の修復にブタの心臓から採取した弁が使われるなど、各種の手術に動物の組織が使われているのである。しかし、私たちはこうした組織の移植に対しては、臓器移植に対してほど疑問を持ってこなかった。その最大の理由は、こうした移植は臓器移植に比べて人間にとってのリスクがはるかに小さいからだ。ブタの心臓弁は生体組織のまま使われるのでなく、化学的な処理が施されてから使われるため、免疫抑制剤を必要とせず、動物からの感染のリスクもない。

しかし異種移植は、従来の医療倫理の視点からは何も問題がないとしても、環境倫理の視点で見れば状況がまったく違う。異種移植は、それが動物の心臓弁の移植であるか動物の心臓そのものの移植であるかにかかわらず、双方の種の個体の生命に影響するだけでなく、双方の種のあり方に影響する可能性がある。また、人間のほかの動物種に対する今後の姿勢や行為に影響する可能性もある。

しかし、ブタの臓器を人間に移植したときの影響について考える前に、まずは現代の家畜のブタの役割と状況を知っておく必要があるだろう。なぜなら、この事例のなかでも言われているように、私たちの多くは、自分の食べるものがどのような過程を経て供給されているのかをよくわかっていないからだ。

ブタは少なくとも八〇〇〇年前から一万年前、つまり中石器時代か新石器時代から家畜化されてきた。ブタは世界の多くの地域で肥沃や豊かさの象徴であり、宗教的な意味を与えられることも多かった。雌ブタはたいてい子ブタをたくさん（八〜一二頭）産む。また、子ブタはきわめて成長が速く、すぐに離乳して自分で餌を食べるようになり、比較的早く繁殖する。ほかの食用家畜の多くは子供を一度の出産で一頭か二頭しか産まず、成長がブタよりはるかに遅い。

先進国でのブタの生産方法は過去一五〇年ほどのあいだに劇的に変化した。かつては九割を超えていた農業人口が一割を切り、世界人口が二倍を超えるまでのあいだに、ブタの生産方式は工場方式に変わった。同じことは、家禽類、ウシ、ヒツジ、サケなど蛋白源となるほかの家畜の生産方式についても言える。現代では放し飼いの動物は希少で高価である。食料となる動物はたいてい、特定の遺伝的特性を持たされ、厳密なスケジュールのもとに飼育されている。予防接種をされ、成長ホルモンや抗生物質を混ぜた飼料を与えられ、狭いところにほかのたくさんの動物といっしょに詰め込まれ、飼料価格に対する体重増加の割合や食肉処理場での肉の時価などをもとに決められるスケジュールにしたがって、まとめて屠殺されるのである。

　生態学者のあいだには、人間に動物を家畜化する権利はない——ほかの種を人間の生活に適合させる権利はない——という意見もある。一方、家畜化そのものはよいとしても、こうした「工場式畜産」への移行は疑問であるという声もある。また、工場式畜産の光景を見ると胸が悪くなるという人もいる。動物たちが最低限の自由を奪われて、動くことも、自分の意志でつがうことも、選んだ相手と関わることも許されていないからだ。もっと客観的に問題を指摘する人たちもいる。イギリスで狂牛病（牛海綿状脳症、ＢＳＥ）や口蹄疫《こうていえき》が急増し、[*1] 国内で管理しきれずに世界に広がったのも、工場式畜産が生態系にもたらす影響の例だというのである。生態学者の多くは、畜産業が「規模の経済」や「比較優位」などの経済の原則を重視しすぎており、「多様性の最大化」や「予防原則」などの生態系の保護の原則を軽視していると指摘している。「規模の経済」によって大量の動物が狭い場所に詰め込まれ、「比較優位」によってブタ（あるいは家禽、ウシ、ヒツジ）の畜産場が近くにまとめられる。また輸送コスト削減のために加工場も近くに配置されることが多い。こうした動物の個体密度の高さや畜産場の集約が、口蹄疫の感染を早期に抑えることができなかった第一の原因である。

動物の個体密度の高さは、排泄物の問題にもつながりやすい。たとえば一九九九年九月には、ハリケーン・フロイドで両カロライナ州のブタやシチメンチョウの巨大な畜産場が冠水し、動物の排泄物が近くの川や井戸や沿岸水に大量に流れ込んだ。これにより人間も動物も危険にさらされ、酸素濃度が下がり、植物が枯れ、動物が死んだ。

個体密度の高さは病気の流行の原因にもなる。飼料に抗生物質が混ぜられるのはその予防のためだ。[*2]しかし、抗生物質入りの飼料のせいで、現在では家畜集団全体が抗生物質に対する耐性を持ってしまうことが多くなっている。抗生物質に耐性ができるのはきわめて危険である。同系の抗生物質がどれも新しい感染症に効かなくなってしまうからだ。そうなれば感染症は容易に家畜集団全体に広がる。さらに、抗生物質入りの飼料で育てられた動物の肉を人間が食べたときの影響も懸念されている。抗生物質に対する耐性が食物連鎖を通してどの程度伝わるのかはわかっていない（第11章参照）。

家畜の体重増加率をできるだけ上げなければならないという経済上の必要によって、品種改良にも拍車がかかる。畜産場の多くが種ブタを一頭に絞っているだけでなく、畜産場が大きなネットワークをつくり、ごく少数の優良な雄ブタだけを種ブタとし、人工授精を行なっているのである。その結果、遺伝子の多様性が損なわれ、それによって食生活の多様性、生活全般の多様性、地理の多様性まで大幅に損なわれている。これでは疫学上の災難を呼び寄せているようなものである。

こうした背景を考えれば、新しいかたちのブタ生産工場ができるのも何ら不思議ではない。異種移植の開発に関わる企業は、できるだけ無菌に近い環境で動物を育てていると主張している。動物は一頭ずつ検査され、隔離期間を経たのちに工場に入れられる。工場でも動物は互いに隔離され、それぞれの小屋は外界から遮断され、定期的に消毒される。飼料に抗生物質が添加されることは言うまでもない。こうした努力が行なわれるのはひとえに、臓器を受け取る人間のためだ。

◎リスク評価

環境倫理が扱うさまざまな領域において、私たちには頼るべき同意済みの原則や基準がない。そのため、私たちは通常とは逆の方向から問題の解決を図らなければならない。つまり、特定の状況に原則や基準を当てはめるのではなく、まず特定の状況を検証し、それについてよく考えた結果から、何らかの原則や基準を引き出すことができるかどうかを確認するのである。この手法はそう悪いものではない。実際、一般に認められている原則や基準も、もともとはこの方法によって認められるようになったのである。要するに、過去の複数の特定の状況に対する優勢な考え方から、原則や基準がひとつひとつ導き出されてきたのである。原則を引き出すこの手法の最大の欠点は、膨大な時間がかかることだ。なぜなら、その原則が矛盾のない信頼できるものだと大多数の人から認められるまでに、それがさまざまな状況で試され、改良されなければならないからだ。しかも、そうしているあいだに状況は刻々と変わっていく。原則や基準に対する必要な改良がすべて終わったときには、悪い状況がすでに回復している可能性もある。しかし、対象が生態系である場合、回復はありえないこともある。環境問題ではさまざまな原因による破壊（もちろん、すべてが人間によるものではない）の回復が難しいからこそ、予防原則が必須なのである。知恵や知識はしだいに集積されていく。そのため、環境への介入は、知恵や知識の発達に見合うゆっくりとしたペースで行なわなければならない。

異種移植について言えば、未知のリスクがあまりにも多い。まず、食肉生産の場合と同様の工場式畜産に特有のリスク、すなわち多様性の減少や高密度生産によるリスク――動物種そのものへのリスクと人間に対するリスク――がある。それに加え、異種移植の臓器の生産の場合には、さらに少なくとも三つのリスクがある。それは臓器受容者がブタの病気にかかるリスク、人間の生殖細胞系に、ブタ特有の（病気を含む）異常を組み込むリスク、ブタや動物全般に対する人間の考え方や行動に悪影響が出るリスクの三つである。

私たちの社会では、人間に飼育される動物でも、種類によって扱われ方がまったく違う。食肉生産のために飼育されている動物と、ペットとして育てられている動物とでは、まったく違う扱われ方をするのである。わたしたちは、家庭のネコやイヌに対して行なえば罪になり、懲役何年という刑を言い渡されることを、食肉用や実験用の動物に対してはふつうに行なっている。動物を自由に動くこともできないほどぎっしりと詰め込むのは残酷ではないのだろうか？　太陽や空を見せることもなく屋内で飼育し、不必要な痛みを味わわせることは罪ではないのだろうか？　私たちの社会では、動物にも人間の要求や欲求を制限する権利があるのではないかという疑問はほとんど持たれることがない。私たちは、人がペットや野生の動物に故意に不必要な痛みを与えているのを見れば、ためらわず非難する。にもかかわらず、動物を人間のさほど重要でない欲求のために――たとえば化粧品の成分の試験などのために――殺すことも監禁することも痛みを与えることもいとわない科学のあり方にはほとんどと言っていいほど反対しない。

私たちが一般に動物虐待を嫌うのは、人間の道徳心や行動や特性や人間関係を考え合わせた結果、動物に危害を加えるような人間は人間にとっても危険だと判断しているからだ。したがって、動物虐待を禁じるのは基本的に、動物の権利を認めるからでも、動物を保護するためでも、人間同士の関係と人間と動物との関係の類似性を認めているからでもない。むしろ個々の動物の権利を強く主張すれば、感傷的と言われたり動物狂いと言われたり、さらにはくだらない主張をすると言われたりして、取り合ってもらえないことが多い。

とはいえ、おそらく環境保護運動のこれまでの大きな成果の影響で、人びとの多くが環境への計画性のある働きかけを高く評価するようになり、動物の権利に対する人びとの考え方も変わってきてはいる。たとえば絶滅危惧種法が（そのいくつかの適用例については議論を呼んでいるものの）実現したのは、アメリカ人がしだいに、どんな種もほかの種と関わり合って機能していることを、その関係性のすべてが解明されていないにもかかわらず、認めるようになってきたからだ。人類もほかのあらゆる種と同様に、生物圏全体の健康に依存しており、そのために生物圏を構成するすべての種に依存している。その意味で私たちは、すべての種のすべての個体に対して借りがあるとは必ずしも言えないが、少なくともすべての種に対しては借りがあることになる。どんな種も、あらゆる種が存続するために必要な全体のなかの一部として、それぞれに内在する権利を持っている。ある希少な種類のミミズを保護するのに大変な苦労が伴う場合、それをどうしても保護しなければならないかについては意見が分かれるだろう。しかし、ミミズやシロアリやカタツムリのほか、人間にとって重要でないと思われる動物やグロテスクでさえある動物も、生態系のなかで重要な役割を果たしているということに異を唱える人はいないだろう。

ここで注目したいのは、私たちが環境保護について考えるとき、考慮の対象になるのはたいてい「自然」や「原生自然」であって、家畜動物や工場式畜産は対象外であるという事実である。私たちは「人間」と「自然」を分けるとき、たいてい家畜を人間側に含める。人間とその他の自然とを分ける境界は絶対的なものではなく、人間が便宜上つくったものだ。それでも、ブタなどの家畜が自然界より人間界に近いところにいるという認識は、ある程度の真実を含んでいる。なぜなら、私たちは家畜化を通して、環境におけるブタとブタの役割を変えてしまったからだ。家畜のブタは、新石器時代の（または、現代の数少ない地域の）野や森にいるイノシシとは見た目もまったく違う。人工交配によって遺伝子を変えられ、生態系のなかでの機能をすっかり変えられてしまったからだ。工場式畜産への移行は、そして、今後おそらく起こる臓器用のブタの生産への移行は、ブタの初期の家畜化の方法が単に進歩したものと理解してよいのだろうか？　移行後も、私たちは人間界と自然界との区分を今までどおりに保つことができるのだろうか？　また、保つべきなのだろうか？　人間はすでに遠い過去にブタの家畜化に成功しているのだから、今さらブタをどう利用しようが、「自然」に影響を与えることはないと考えてよいのだろうか？

ブタを家畜だからという理由でほかの自然と区別する考え方に反論するには、どんな根拠を挙げればよいだろうか。まず、ここで話題にされている動物がブタであるのは偶然にすぎないという事実を挙げることができるだろう。免疫学上の問題さえなければ、チンパンジーなどの家畜化されていない類人猿が有力な「ドナー」候補となっただろう。その場合、私たちはチンパンジーが家畜動物でないことを問題にするだろうか？　野生のチンパンジーの個体数に深刻な影響を与えないかぎり、チンパンジーを臓器工場で飼育することは、チンパンジーを実験室で育てることと大差ないと考えるのではないだろうか？

しかし、ブタをほかの自然と区別しないための最大の根拠は、私たちの考えを決定づける言葉のパワーにある。私たちが使う言葉や言葉による分類は、環境という概念がなかったころの「環境」を反映している。私たちは「ブタ」を「動物」という分類に含まれるひとつの要素と理解しており、「動物」を万物の階層の途中にあるものと理解している。ピラミッドの頂点に神、そのすぐ下に人間――そうした宗教観のない人であれば頂点に人間――がいて、その下に動物、植物、生命のないものが続くと考えているのである。したがって私たちは今でも人間の下等な本能と考えるものを「動物性」と表現することがある。もっと生物学的に、人間を哺乳類や動物種に含めることもあるが、そうした分類が認められるようになったのは長い歴史のなかで見れば最近のことだ。一度手にした特権は、なかなか手放せないものなのである。

しかし、人間の態度は変わる。現に今も変わり続けている。私たちの態度を変えるものは、ひとつには、私たちの経験に影響を与える決定である。肉を食べる人と菜食主義の人とでは、動物に対する思いが違うことに異を唱える人はほとんどいないだろう。私たちがブタを食品としてだけでなく人間の移植臓器のパッケージとしても扱うようになれば、ブタという種に対する私たちの理解のしかたも変わってくると思われる。そして、物事を類似点にもとづいて判断する習慣のある私たちは、ブタに対する理解を、動物として分類されるほかの種にも広げていくだろう。そうなったときは、私たちはブタやその他の動物を自分の親戚と見なす方向に進んでいくだろうか？　それとも、それらを人間が利用する「物」と見なす方向に進んでいくだろうか？　また、こうした認識の変化によって、何が変わっていくだろうか？　変わるのは人間に特有で人間に限られた道徳や美意識だけだろうか？　それとも、生物圏に向ける人間の態度が変わり、結果として生物圏そのものが変わるのだろうか？

環境保護論者のあいだには、環境問題に取り組むときにはリスクの扱いについて考え直す必要があるという意見もある。リスク評価と言えば、よく耳にするのはビジネスにおけるリスク評価である。ビジネスのリスク評価では、資本の増減のリスクが測定され、比較される。私たちは個人的にもよく、与えられた状況で得るものの大きさと失うものの大きさとを秤にかけ、リスクがどれほどかを評価している。資本主義経済ではリスクをまったく負わずに大きな利益を得ることはありえないので、私たちはつねにある程度のリスクを負わなければならないと知っている。ビジネスのリスク評価では、たとえば製造物責任にもとづいて、人間の生命や健康に関わるコストが考慮されることもある。その場合、欠陥商品が引き起こす死傷による財政上の損失を、その商品の改良にかかる費用を下回る額に制限するのが目標である。

軍隊も昔からリスク評価の手法を用いてきた。ここでのリスクとは人員と物資の喪失のリスクであり、利益とは領土の支配権または敵の人員と物資の獲得である。戦時下では、行動しないことを含むどんな行動もリスクを伴ううえ、リスクの規模が破壊的であることが多い。将官は特定の目的を達成するためにはどれだけの命を危険にさらさなければならないか、あるいは犠牲にしなければならないかを見積もらなければならない。同様に公衆衛生の担当者も、周期的に攻撃してくる敵から人びとの命を守るために闘っており、その敵を撃退するのに必要な最低限のコストを見積もっている。しかし、見積もりは必ずしも正確ではないので、結果的に大惨事が起こることもある。

異種移植は、生殖細胞系の遺伝子操作と同じ問題（つまり、遺伝子の変化が未来の世代に引き継がれる問題）を引き起こすとも言われている。したがって、異種移植のリスクはあまりにも深刻である。なぜなら、マイナスの影響が計り知れないほど大きいというだけでなく、マイナスの影響が一度起きてしまったら、それが広がるのを止めるのは道徳的に不可能だからだ。というのは、異種移植を受けた人やその子孫がほかの人びとにリスクをもたらす感染源であると判明したとしても、その人たちの命を奪うことはできないのはもちろん、強制的に不妊手術を受けさせることもできないからである。生涯にわたって隔離することさえ、道徳的に疑問である。

戦時下の例に戻って言うなら、リスクには戦争そのものや病気による生命の喪失や金銭の喪失が含まれる。こうしたリスクももちろん深刻ではある。その影響が最初の決定（リスクを負う決定、金銭を投資する決定、戦争を始める決定、病気の治療への投資の決定など）をした人たちの時代を超えて残るかもしれないからだ。それでも、死者は埋葬され、伝染病は鎮まり、生者はやがて生活を立て直し、新たな資金がつくられ、新たな投資がなされる。

しかし環境を巻き込んだ問題はそうはいかない。人間にブタの臓器を移植する決定に関して言えば、新たな病気を受容者の世代だけでなく未来の世代にも広める可能性がある。私たちにはリスクの正体がわからないので、本当のリスク評価はできない。現在と未来の世代にとってのリスクは、ごくわずか、もしくはほとんどないかもしれないし、とてつもなく大きいかもしれないのである。

ビジネスのリスク評価では、数値を予測できるリスクだけに意味がある。異種移植をビジネスモデルとして考えるなら、企業はまず、ブタの臓器移植によって問題が発生したとしても訴訟を切り抜けることができるだけの保険をかけるだろう。そして、保険額のもとを取るだけの利益が見込めるならば、計画を進めるべきだということになる。しかし、これを環境モデルとして考えるなら、予防原則にしたがい、リスクの測定できない介入は避けるべきである。要するに、環境問題にリスク評価を用いる場合には、計画を正当と認めるためには、ビジネスの問題の場合よりもはるかに多くの知識が必要であり、予想されるリスクもはるかに低いレベルでなければならない。アメリカ人は、そして世界中の人びとは、介入のペースを遅くしても、より正確なリスク評価をするための知識を増やそうとするだろうか？　それとも、ペースの速い変化によって多くの人びとにもたらされる希望は、大きなリスクを負ってでも叶えようとするべきものなのだろうか？

◎宗教の視点

異種移植問題に対して世界の宗教はどのように反応するだろうか。世界の主要な宗教はいずれも、この新しい問題に対する公式な立場を定めていない。とはいえ、ほとんどの宗教は人類と動物種に対してそれぞれに複雑な見解と姿勢を示している。

土着の宗教の多くは、人間がほかの種に大きく依存していることを周囲の環境を通してつねに意識し、人間がほかの種と親戚であることを理解してきた。この章の事例では、動物を親戚と見なしながら動物の肉を食べることがありうるかという疑問が提示されているが、土着の宗教の多くの考え方からすれば、それは必ずしもありえないことではない。共同生活はつねに何らかの要素が犠牲にされることで成り立っている。たとえばイヌイットの文化では、人は年をとって体が衰え、もはや資源を消費するだけでコミュニティに何の貢献もできない存在となると、静かにコミュニティを去り、浮氷の上で死ぬのを待つものだった。また、ほとんどの文化が、社会を守るために（戦いなどで）自分の命を犠牲にする英雄を生み出してきた。さらに、狩猟社会にはたいてい、人間が生きるために人間の手で犠牲にした（人間のきょうだいである）動物に感謝を捧げる習慣がある。たとえばアメリカ北西海岸のクワキウトル族の社会などは、動物への敬意を表わすための新年の儀式――この一年間、人間の命を支えてくれた動物に敬意を表わすとともに、新たな年も動物の神から人間のもとへ動物が送られてくることを祈る儀式――を行なっている。

動物を臓器のドナーとして犠牲にすることも、これと同じ考え方によって理解される可能性もある。だが、拒絶される可能性もある。拒絶されるとすれば、それは動物を殺すからではなく、少なくともほかのふたつの理由による。ひとつは、動物をドナーに適するものとして育てなければならないという事実である。これはおそらく土着の宗教の多くにとって受け入れがたいことだろう。なぜなら、そうすることによって動物をめぐる環境や動物の性質が大きく変わると思われるからだ。もうひとつは、土着の宗教的な社会の多く（たとえばアメリカ南西部のナヴァホ族の社会）では、動物や人間の死体を利用するのはきわめて恐ろしい行為だとみなされているという事実である。そのようなことをすれば、死んだ動物や人間の魂は安らかに次の世界に向かわず、地上をさまよい、生きている人間につきまとうことになると考えられているのである。

世界の主要な宗教のなかでも仏教は、万物が相互に関係しているという理解が根本にあるために、考え方が土着の宗教と似ている部分がある。しかし、仏教はおもに輪廻《りんね》からの解放、すなわち生と死のサイクルから抜け出すことに関心があり、物質界にはあまり関心がない。物質界は幻と考えられているからだ。また、仏教は、東洋のほかの多くの宗教と同様に——そして、自然に対する積極的な働きかけを重視する西洋の態度とは対照的に——受動性に価値を見出している。さらに、仏教倫理の中心には、あらゆる生物に対する非暴力という思想もある。仏教徒すべてが菜食主義というわけではないが、少なくとも僧侶は動物を殺して食べることや自分のために殺された動物の肉を受け入れることを許されていない。しかし、仏教徒が異種移植に反対するとすればその最大の根拠は、採用される手段や双方の種に与える影響ではないだろう。仏教徒はそれよりむしろ、老人や病人が臓器を弱らせて死んでいくのを、どうしてそれほど大規模で破壊的になりかねない自然への介入をしてまで食い止めなければならないのか、と考えるのではないだろうか。仏教徒の理解によれば、人生の目的は命を引き伸ばすことではなく、この世での修行を通して涅槃《ねはん》すなわち理想の境地を見出し、輪廻から抜け出すことなのである。

ヒンドゥー教徒にとっては、異種移植に関わる最大の問題はおそらく「アヒンサー」すなわちあらゆる生物を傷つけないという思想だろう。インドの社会におけるウシの地位に象徴されるアヒンサーは、古くからヒンドゥー教徒個人の心に深く根づいているため、最近では必然的にインドにおける環境保護の中心思想になっている。だがその一方で、インドの社会は技術革新に対してきわめて寛容でもある。そのことはインドが多くのコンピュータ科学者やエンジニアを世界に輩出していることからも、超音波診断などの進歩的な診断手段を広く採用していることからも明らかだ。こうした技術はときとしてアヒンサーへの忠誠と対立する。超音波によって胎児の性別を診断し、女の子だとわかれば中絶してしまう人があとを絶たないのだ。しかし、まもなく一〇億人を超える［訳註：二〇〇五年にすでに一一億人を超えている］インド人全体で見ればおそらく、異種移植のドナーとして動物を殺すのは道徳的に疑問があると考える人が多いだろう。

イスラームは、人間がどれほど自然に依存しているかをつねに思い出させる自然環境のなかで発達したにもかかわらず、発祥時から自然を、人間が利用するためにアッラーから与えられたものとして理解してきた。イスラームでは、人間は「カリフ」すなわちアッラーの代理人と理解されているのである。イスラームの考え方によれば、カリフの役割を乱用してアッラーから託された資源を破壊することは許されない。イスラームの聖典であるクルアーン（コーラン）もアッラーと人間との関係にひたすら注目している。そのため、今日のムスリムの環境倫理は、人間はアッラーの代理人として自然を保護しなければならないという考え方にもとづいており、人間以外の生物に固有の価値を見出すようなものではない。したがって、倫理観そのものを見るかぎり、ムスリムは異種移植に賛成しそうだとも考えられる。また、イスラームでは、人は死後に受ける審判によって、永久の報酬または永久の罰が与えられるとされているものの、基本的に来世よりも現世における人間の物質的豊かさが重視されている。したがって、ムスリムは、病気や、移植臓器を必要としている人の差し迫る死を食い止めることに意義を見出す可能性が高い。

一方、ムスリムは豚肉を食べることを禁じられている。ブタは汚らわしい動物であり、体に取り入れるべきものではないと考えられているのである。したがって、イスラームの権威者は異種移植を理論上受け入れるとしても、現実にブタの臓器を受け入れることは考えにくい。イスラームの権威者は、イスラーム社会に大きな利益をもたらす可能性のある新技術（たとえば、不妊の問題を解決する新しい生殖技術など）が開発されると、それが西洋で開発されたというだけでなく、西洋ではイスラームでは受け入れがたい目的（たとえば、独身女性を妊娠させる目的など）で使われているとしても、受け入れる傾向がある。つまり、技術は受け入れながら、利用法はイスラームの価値観に合わせるのである。したがって、イスラームの指導者は、体外受精に使われる精子と卵子は、婚姻関係にある男女から採取したものでなければならないと主張している。一方、イスラームは、イスラーム社会にとって重要でないうえ、アッラーの創造に介入するような新技術（たとえばクローン技術）については、西洋の堕落したものと解釈し、拒絶することが多い。こうした反応は、異種移植の場合にも、利用する動物がブタであるだけに、じゅうぶんに考えられる。異種移植という手段に対する価値判断が、動物の種類によって歪められる可能性が高いのだ。

ユダヤ教の環境への姿勢も、キリスト教やイスラームと同様に、第一に信託管理《スチュワードシップ》の倫理にもとづいている。世界は神の所有物であり、人間は世界の管理と使用を神から託されたと考えられているのである。聖書には保全の倫理がきわめて詳しく書かれている（ただし基本的に農業という枠組みのなかで書かれており、農業以外の状況にはほとんど触れられていない）。ユダヤ教はもともと、豚肉を食べるのを禁止しているセム族の宗教だった。現在もユダヤ教の食物規定の遵守を要求しているのはひとつの教派だけだが、少なくともこの教派の人びとは――そして、おそらくこの教派でないユダヤ教徒の多くも――ブタの臓器を体に取り入れることに疑問を感じるだろう。とはいえ、ユダヤ教は技術全般に寛容で、とりわけ現代の救命医療を取り入れることに積極的である。そのため、救命に必要な行為は、たいていユダヤ教のどんな戒律よりも優先される。

このように、異種移植の利用に関してはさまざまな見解が考えられる。宗教団体や環境保護団体を含む多くの人びとの判断は、異種移植の利点や欠点が今よりも明確になった段階で、最終的に下されることになるだろう。とくに重要なのは、異種移植がどれだけの成功を収めるか（異種移植が受容者にもたらす命の長さと質がどれだけか）ということ、世界中の人びとが異種移植をどれだけ利用しやすいかということ、人間の遺伝物質がどれだけ動物に移され、動物の遺伝物質がどれだけ人間に移されるかということ、遺伝子を組み換えた動物と家畜動物をどう区分できるかということ、そして、動物がこの過程で必然的に味わう苦しみを私たちがどれだけ理解するかということなどだろう。

――ディスカッションのために

1．科学者たちは移植臓器のためになぜ人間以外の種、とくにブタに注目しているのだろうか？　動物種を用いる利点は何だろう？

2. 異種移植のさまざまなリスクを挙げてみよう。そのなかでもっとも重大だと思われるリスクは何だろうか？　また、そのリスクは、誰にとっての、または、何にとってのリスクだろうか？

3. あなたはリズの主張に賛成できるだろうか？　その理由についても説明してみよう。リズの主張とニロッドの主張との根本的な違いは何か？　双方の主張のなかで感情がどのような役割を果たしているだろうか？　道徳的な判断をするとき、どの程度感情を差し挟んでよいものだろうか？

4. この事例では人間の医療の問題と環境問題が複雑に絡み合っている。医療の問題に環境問題を持ち込むのは適切なことだろうか？　また、医師によるこの論争に環境保護主義者が参加するとすれば、どのような意見を加えるだろうか？

付録　教室で環境事例を活用するために

ケーススタディ（事例研究）という手法は西洋の倫理学で古くから用いられてきた。中世にキリスト教の道徳神学で発達した決疑論に始まり、二〇世紀に入ってからは宗教的・非宗教的な倫理学のさまざまな分野に広がった。[*1] 今日、ケーススタディは環境倫理を学ぶためのきわめて有効な方法として広く採用されているが、それにはいくつかの理由がある。まず、人はケーススタディによって、環境が危機にさらされている具体的な状況を知り、環境に対する意識を高めることができる。また、ケーススタディでは、具体的な状況をある程度深く探り、環境を構成する要素同士の関わりや、人間と環境との関わりを検証することになるので、生態系がどれほど複雑であるかを理解することができるようになる。そして、生態系のひとつの要素——あるいは生態系全体——を、ほかの要素に影響を与えずに扱うことがどれほど難しいかをより深く知ることができるようになる。したがって、環境倫理学におけるケーススタディは、アメリカの大学生のあいだに蔓延する個人主義的で統合性に欠ける問題解決法を払拭し、より社会的・体系的で、相互依存性に留意した問題解決法を広めるのに役立つのである。

しかし、環境倫理学にケーススタディが広く用いられている最大の理由はおそらく、この分野の若さだろう。倫理学のほとんどの分野では、具体的な状況に当てはめることのできる一連の原則が確立している。もちろん、原則さえ確立していれば、それを事例に当てはめるだけで問題がいつも同じように片づくというわけではない。複数の原則を事例に当てはめることで、解決策が複数の対立する方向に向かうこともある。一連の原則はたいてい階層的にランクづけされてはいないので、どの原則を優先させるかは、具体的な状況に合わせて決めなければならない。しかも、ある原則を特定の状況に当てはめるのが適切であるかどうかは必ずしも明確ではない。大多数の人にとっては当然かつ妥当な行動規準を、少数派の人びと、たとえば、精神疾患のある人や言語や文化などの理由によりコミュニケーション上の障害のある人などに当てはめなければならないときと同じである。このように、じゅうぶんに発達した倫理学の分野でさえ、集中的な議論を要するほど問題の解決が難しい場合もある。

ましてや、環境倫理学は生まれたての分野である。一九四〇年代末にすでにアルド・レオポルドが重要な著作[*2]を残しているとはいえ、一九六二年にレイチェル・カーソンの『沈黙の春』[*3]が出版されるまでは、一般の人びとが環境について考え、環境に対して倫理観を持つようになることはまれだった。ほかの倫理学、たとえば性の倫理学、戦争倫理学、医療倫理学などは、伝統的な宗教や哲学のなかで扱われるようになったが、環境倫理学はそれらよりもずっと新しいため、基本的な原則や概念がまだ発展途上である。したがって、現代の学生たちには、環境倫理学の原則そのものを考案・検証・改良する過程に参加するチャンスが与えられていることになる。現代の人たちがつくり出した原則が、今後数十年間、いや、ことによれば数百年間か数千年間の環境倫理学を特徴づけることになるのである。

原則——啓示されるものでなく、試行を通して認識するもの

人はよく、倫理上の決まりは意識的に学んで知る必要はなく、たとえば天から啓示されることによって自然に知ることができるものと思い込んでいる。しかし、人生のさまざまな局面での行動指針となる膨大な数の倫理原則を検証してみれば、人間が自然に身につけた知識など、まったくではないにしても、ほとんどないことがわかる。たいていの原則は、長い試行錯誤のプロセスを経て、苦労の末に学びとられた知恵である。確かに、きわめて基本的で普遍的な倫理規範（隣人愛を教える「黄金律」〔人にしてもらいたいと思うことを、人に対してなせ〕など）に限って言えば、世界中の宗教や哲学の教えのなかに共通して存在していることもある。けれども、そうした倫理規範が人生の具体的な局面に応じてかたちを変えたものが、無意識のうちに身につくことはめったにない。自然に得られる倫理規範はきわめて大まかなものにすぎない。だからこそ、それらには普遍性がある。

これまで見てきたように、環境問題を考えるうえで私たちは今、適切な原則や基準をつくる必要に迫られている。なぜなら、これまでは環境問題に既存のさまざまな人間中心主義の原則や基準が当てはめられてきたが、それらはどれも悲惨で破壊的なほどに、環境問題には適さなかったからである。とはいえ、人間中心主義の価値観や基準や原則や、それらが産業化した西洋に登場するもとになった神話や文学だけが、環境問題にとって特別に不適切なのかというと、必ずしもそうでもない。ほかの文化や時代においては、あらゆる生物の相互依存がたいていもっと深く認識されているにもかかわらず、そうした文化や時代の原則や基準でさえ、現代の環境問題には合わないことが多い。人間の社会

は経験のうえに成り立っているので、私たちは事例をひとつひとつ検証し、原則や基準を考え、改良していくしかないのである。環境問題のケーススタディは、現在までに提示されている原則や基準（第1章で紹介したような原則と基準）を検証し、改良するのに役立つだけでなく、のちの事例によって検証され、改良されるべき、新たな原則や基準を提示するのにも役立つ。ケーススタディには、仮説を検証し、改良して理論に昇格させる試みと、個々の理論を発展させ、環境を理解するためのパラダイムにする試みとが含まれている。

倫理学を教える教師の側から見れば、ケーススタディは明らかに学生の分析力や批判的思考力の育成に役立つ。しかし、ケーススタディでは学生たちが事例の細部に囚われるあまり、補足的な教材なしでは、結局その分野の理論大系をじゅうぶん把握できずに学習を終えてしまうことがある。ケーススタディのこうした欠点は、キリスト教をはじめとする宗教系の倫理学においてよく指摘されている。宗教系の倫理学は理論体系（キリスト教倫理学や道徳神学）が膨大すぎるからである。その点、新しい倫理学である環境倫理学の場合、環境そのものから与えられる情報は多いが、価値や優先順位に関する既存の理論はほとんどない。そのため、環境倫理学はケーススタディにじつに適した分野なのである。環境倫理学では、データとの照合が難しい巨大な理論体系がないだけでなく、むしろデータに関して系統的な疑問を持つこと自体が、新たな仮説を発見し、検証し、改良するプロセスとなる。現代の学生たちはケーススタディを通して、具体的な状況にどの原則をどのような優先順位で当てはめるかを決定する作業に参加することができ、さらには環境倫理学の基本体系の確立に参加することさえできるのである。学生がこれほど能動的に参加することのできる教科はめったにないだろう。

ケーススタディに適した事例

ケーススタディに適した事例は複雑な事例である。なぜなら、現実の状況は複雑だからだ。事例のなかの問題が容易に解決できてしまうのでは、没頭することはおろか、興味を持つこともできないだろう。解決策が誰の目にも明らかなのであれば、話し合うべきことなど何もない。そうした事例では、私たちが仮定したことや解釈したことに疑問が突きつけられることもないので、学ぶことも何もないだろう。複雑で難題を突きつけてくる事例こそ、有効な事例なのである。

環境をめぐる問題や議論は、環境とは直接関係のない対立や緊張や意見の相違のなかで発展する。事例に登場する人物たちは、そうしたものすべてに影響されている。魅力的な選択肢を支持している登場人物でも、その動機や意図が不純、あるいは不明確な場合もある。学生たちはケーススタディにおいて、ある立場が人間中心主義で、別の立場が生命中心主義だからということだけで、そのどちらかを支持するわけではない。事例のなかの人物や状況に対する学生の反応は、宗教、性別、階級、人種／民族、職業などの特徴にも左右される。また、環境倫理学による決定は、社会生活のさまざまな側面に影響を与える。製造や流通などの経済的側面や医療、さらには家庭の水洗トイレのデザインや機能といった身近な日常の問題にまで波紋が広がるのである。そのため、各自の決定は、予想される結果に大きく左右される。自分の収入や健康や生活様式に関わる問題を扱うときに、「べき論」だけを唱えていられる人などほとんどいないからだ。したがって、ケーススタディを利用する教師の重要な役割のひとつは、学生たちが各自の社会的な位置づけや、各自がその位置づけから身につけた姿勢がどれほど判断に影響するかに気づき、客観的に考えることができるよう導くことである。教師がケーススタディの途中で、「この立場に賛成する理由は?」というように学生に随時問いかけてみることは、学生たちに自分の考え方の限界に気づかせ、なじみのない考え方や経験を理解させるうえで、きわめて有効である。

とはいえ、人生経験や社会的立場に影響された考え方の傾向を、単純に「偏見」として退けるべきではない。「偏見」という言葉は、自分の経験だけを重視して、自分以上に重要な要求を持っているかもしれない他人の経験に耳を傾けない態度をさして使うべきだろう。誰かが自身の経験を打ち明けたおかげで、共通の利益を引き出すための社会的決定が可能になることもある。そのような可能性がある場合には、社会の構成員である誰もが、進んで自分の経験を話さなければならない。ただし、自分の経験だけを強調するのは避け、つねに先入観を抱くことなく他人の経験に耳を傾ける姿勢が重要である。

事例の活用法

よい事例は多様な内容を含んでいるため、教師が疑問の提示のしかたを変えることなどによって、さまざまに活用することができる。大学生は一般によく、事例のなかの個人的な人間関係に関心を持つ。その人間関係が性的関係や家族関係、友人関係といった、学生自身の生活のなかで重要な意味を持つ関係である場合はなおさらである。学生たちが個人的な人間関係に偏って注目しやすいのは、ひとつには、個人主義的な態度がアメリカ人全体に蔓延しているからであり、ひとつには、ほとんどの学生は、政治や経済や技術や生態系に関してより、個人的な人間関係に関してのほうが、知識も経験も豊富だからである。学生たちは、恋人や家族や上司とどうつき合うべきかといった個人に関わることを話し合うのが好きである。環境保護について話し合うにしても、車の燃費効率や家庭での節水のしかた、肉を食べるか食べないかといったことについて、「自分ならこうする」といった個人的な意見を交換したがる傾向にある。彼らは遺伝子組み換えトウモロコシを栽培したがるカイルの父親よりも、農学部の学生であるカイルに共感しやすいし、バリ島の役人や村民よりも、アメリカで教育を受けてサンゴ礁の回復に取り組むイスマイルに共感しやすい。

学生たちがこうした主観的な傾向を克服し、自分の立場を決めるには、ロールプレイングが有効である。第8章の川と水力発電に関する事例で言えば、立場が三つ――ダムを完全になくすべきだという立場、ダムを拡大するべきだという立場、ダムを拡大するのでなく効率的に使えるように修繕すべきだという立場――に分かれている。そして、いずれの立場にも利点があり支持者もいる。このような場合、自分の立場をすぐに決めることのできる学生もいるかもしれないが、おそらく学生の多くは、各選択肢をよく検討して初めて、中立の立場から、特定の立場に移行することができるだろう。ロールプレイングしながら、事例の続きをつくってみるのも効果的である。たとえばメディオス・ヌエボスの職員がPOP条約についての統一見解を決めるために、さらにもう一度会議を開くことにしたり、イスマイルのグループが、ビンギンのサンゴ礁の別の関係者たちともう一度話し合うことにしたりするのである。学生たちはさまざまな立場の人物を演じることを通して、それぞれの立場をより深く理解できるようになるだろう。

教師たちの多くは、学生たちが個人的な問題にばかり注目するのをやめ、もっと社会的・組織的・政治的な問題に目を向けるよう導かなければならないのを痛感している。「この状況において、環境に関する公共政策をどう決定するべきだと思いますか?」という教師の質問を、たいていの学生は難しいと感じるようだ。学生の多くは初めから議論に乗り気でない。「自分は自分、他人《ひと》は他人《ひと》でしょう? 誰の意見が正しいかなんて誰にもわかりませんよ。話し合ったって無駄だと思います。みんな意見が違っていいんじゃないですか?」と言ったりする。彼らは支持を集めるために自分の主張の利点を強調する「プロパガンダ」の手法に不信を抱いてもいる。こうした不信が教室でのディスカッションに役立つこともないわけではない。疑いを持つことは批判的なアプローチの第一歩だからだ。しかし、この不信が皮肉めいたふまじめな態度に変わり、ふざけた公共政策を提案するようになってしまうと大きな問題である。そんなときは、教師は学生の態度を引き締めるために、事例をもとに、アメリカ人だけでなく世界中の人びとの関心が、この五〇年のあいだにどれほど環境に向けられるようになったかを指摘するといいだろう。そのうえで、こうした関心の変化に貢献したのは、各種の研究や報告であり、科学者による学術会議であり、政府の会議であり、新聞や雑誌の記事であり、そして、これらすべてに圧力をかけ続けている市民団体であることを説明するといいだろう。実際、アメリカの空気と水の質は、規制の成果として一九七〇年代から大幅に改善されている。地球規模で言えば、二酸化炭素をはじめとする温室効果ガスについては改善が見られないものの、クロロフルオロカーボンの廃止を決めた一九八七年のモントリオール議定書のおかげで、オゾン層の破壊に歯止めがかかった。また、海洋投棄の問題もある程度は改善されている。発展途上国の多くは野生生物や動物の生息地の保護計画に取り組み始めており、一部の発展途上国は空気や水の汚染などの都市の産業問題に注意を向け始めている。五〇年前にはほとんど認識されていなかった環境問題が、今では地球の未来に深刻な脅威を与えるものとして広く理解されているのである。

学生たちが公共政策に関心を持たず、個人的な問題ばかりに注目するのは、確かに困ったことではある。しかし、個人や個人的な人間関係に対する関心は、じつは倫理学と深い関係がある。そのため、学生のこの傾向を教室での学習に利用する方法もある。実際、ケーススタディでは、公共の問題にだけでなく、人の性格特性にも注目してみたほうがよい場合が多い。このアプローチはよく徳の倫理と呼ばれる。私たちの誰もが公正で健全で平和で持続可能な社会に生きることを願っている。また、性格の優れた人、信頼して頼ることができる人、私たちが愛することができ、私たちを愛してくれると期待できる人によって構成される社会に生きたいと願ってもいる。そのため、私たちは、ケーススタディを通してであれ、現実の生活においてであれ、意思を決定するときには、「正しいこと」をしなければならないと同時に、自分を含む関係者全員が「善良な人」となるのを促すことをしなければならない。「正しいことをすること」と「善良な人びとをつくること」をすることは、たいてい重なり合っており、大きく異なるものではない。ただし、提案された計画を採用すること（たとえば異種移植を認めること）によって、人間の性格特性だけでなく、人間を除く生物圏に対する人間の態度がどれほど影響されるかについても考えなければならない事例もある。性格特性が重要なのは、性格特性は人の行為と切り離すことができないからだ。私たちが何をするかは私たちがどんな人間になるかに影響する。そして、私たちがどんな人間になるかは、私たちが何をするかに影響する。この循環が止まることはない。

性格の問題に注目したい場合もロールプレイングで容易に実現できる。また、事例のさらなる活用法として、学生にまず事例だけを読ませ、解説を読ませる前に一度討論させる方法もある。そのあとで解説を注意深く読ませることによって、自分が見落としていたことや、逆に自分が発見したことで解説では触れられていないことに気づかせるのである。その後もう一度討論させるといいだろう。

いくつかの事例を用いて学生を指導したあとで、今度は学生たち自身に事例を書かせている教師もいる。学生を数名ずつのグループに分け、グループごとに、現実の特定の地域の環境問題をもとにした事例を創作させるのである。具体的には、グループの各メンバーがその環境問題をめぐる論争に参加する団体の代表者であると仮定し、それぞれの意見を事例のなかに盛り込むかたちをとる。こうした演習を通して、学生たちは環境倫理と自分たちの生活がどれほど深く関わっているかを理解し、市民の新たな責任について考えるようになるだろう。

教室で用いる言葉の問題

教室で環境倫理をめぐる討論をするさい、学生たちが適切な言葉を見つけられずに途方に暮れていることがよくある。ある時点で突然、自分が使っている言葉に、意図しない意味まで含まれていることに気づくのである。そこで彼らは一瞬口をつぐみ、もっと適切な言葉はないかと探すのだが、結局、見つけることはできない。たとえば、人間と人間以外の種の対立する利益の狭間で決定を下すとき、学生たちはすぐに、人間同士の利益が対立する状況では権利という言葉や概念がよく用いられるけれど——そして「人間の権利」についてはよく知られた理論があるけれど——ほかの種や生態系全体の権利や価値については一致した見解が存在しないという事実に気づく。これまでのところ、どんな原則や理論にも、そしてそのなかで用いられている言葉にも、人間中心主義の倫理が染みわたっている。しかし、私たちは、ケーススタディを通して具体的な状況について話し合ってみるまでは、こうした言葉の不備に気づかないことが多い。結局、既存の倫理学のアプローチを用いて環境問題を扱うことには限界がある。したがって学生たちは、人間中心主義的な偏りを解消するために、新しい言葉や概念を、そして、より多くの地球の「住民」の要求に応えることのできる、より社会的で、種同士の関係をより重視した原則を構築しなければならない。

西洋における現実の認識のしかたは、神学の影響を強く受けてきた。西洋では、人間は神に似せてつくられたために、あらゆる被造物のなかで唯一無二の存在であると理解されてきたのである。人間の神との類似点は、精神性、理論的な思考能力、社会的傾向、自己意識的で主観的な傾向など、さまざまに説明されてきた。また、人間が神とでなくほかの被造物と共有していると考えられる性質、すなわち一時性や物質性は、神の永遠性や超越性に劣るのはもちろん、人間自身の魂／心にも劣ると理解されてきた。古典的な神学では、善と完璧性（を持つ神）の特徴は、永続性、静止状態、階層的な秩序、独立性だった。一方、一時的で物質的で、つねに変化し、相互に依存する存在は、欠陥のある重要でない存在であり、より高いものに奉仕するために創造された存在だった。一時的で物質的で変動的であればあるほど、そして、相互に依存し合っていればいるほど、現実の階層における地位が低かったのである。したがって、西洋の宗教的な伝統から受け継いだ世界観によれば、人類はほかの生物よりも高い価値と責任があることになる。キャロリン・マーチャントは『自然の死』〔団まりな・垂水雄二・樋口祐子訳、工作舎、一九八五年刊（以下引用は邦訳を使用）〕のなかで、この神学的な考え方が、フランシス・ベーコンをはじめとする思想家により築かれた近代科学の基盤にも現れていることを指摘している。

> （ひとりの女の誘惑が原因で）エデンの園から追われたために、人類は「被造物に対する支配」を失った。失楽園以前には、アダムとイヴはすべての他の被造物の支配者であったから、力や支配は必要でなかった。人類は、このような君臨状態にあっては、「神に近いもの」であった。ある人びとは、神の罰を恐れ、中世のいましめに従い、神の秘密をあまり深く探ることをひかえたが、ベーコンはこの抑制を是認に変えてしまった。「自然にかんする知識という鉱山を深く深く掘り進むことによって」のみ、人類は、失った支配をとりもどせるのであった。こうすることによって「人間の宇宙支配のせまい範囲」は、「約束された境界のはて」にまで拡大されうるのであった。

　神から授けられた支配の座から男を失墜させたのがひとりの女の好奇心であったのなら、その座をとりもどすために、もうひとりの女、すなわち自然を容赦なく尋問するという手があった。『時間の最大の誕生』で論じられているように「私は実のところ、自然と彼女のすべての子供たちを、あなたに仕え、あなたの奴隷にするために、あなたのもとへつれてきた」と彼［ベーコン］は断言した。*4

要するに、近代科学は救済だと考えられたのである。罪によって失われたもの、すなわち人間が自然を支配する権利が科学によって取り戻されたからだ。同時に、人間と神との支配者であるという類似性も、科学によって取り戻された。

初期の科学者や科学思想家の業績を振り返ってみると、とくにプロテスタントの人びとは、自然すなわちあらゆる被造物は、人間の罪によって秩序を乱され、かたちを歪められたのだと考えていたことがわかる。したがって驚くまでもなく、プロテスタントはカトリックよりも近代科学の初期の発達に貢献している。プロテスタントは科学を、無秩序な自然を支配し利用するためのものと理解していたからだ。カトリックは堕罪の影響をより保守的に解釈し、救済を、自然（人間とそれ以外のもの）という基盤のうえに神の恩寵が築いたものとして理解していた。プロテスタント、カトリック、ユダヤ教などの西洋の社会宗教的な団体の世界観は、科学革命の進行とともにかたちづくられていった。

自然は無秩序で混沌としており、それゆえに脅迫的であるというイメージは、西洋の思想に浸透した。切り開かれた土地、植物が栽培されている土地、人が住んでいる土地などの「文明化」した土地だけがよい土地と考えられ、自然のままの土地は、闇と危険と暴力のはびこる土地とみなされた。生物圏の基本的な特徴はほとんど価値のないものとみなされ、生物圏の活力は「淫らな豊穣」「無秩序」「不安定な一時性」などの言葉で解釈された。また、生物圏の相互依存は弱さや偶然性と解釈され、生物圏の複雑な多様性は無秩序の証明であるだけでなく、不合理な強情さの証明でもあると解釈された。今日では、この神学を基盤とした近代科学のパラダイム——すなわち、宇宙（なかでも生物圏）を見るための色眼鏡——は、地球環境への意識の高まりや地球環境に関するデータの集積に伴って崩れつつある。とはいえ、完全に消えてなくなったわけではない。このパラダイムは今も大きな力を持ち、とくに日常使われる言葉のなかに根づいて、その言葉を口にした人に、人間と自然との境界を意識させ続けている。たとえば、私たちは「人間（human）」や「人（human being）」という言葉を使うとき、あるいは「人類（human species）」という言葉を使うときでさえ、たいてい人間とほかの動物種とのあいだに（そして人間とほかの哺乳動物とのあいだにも）、明確な線を引いている。たいていの人が進化論を史実として少なくともある程度は認めているが、人間を生態系における動物の連続体（植物その他の連続体とは別の連続体）の一部と見なす進化論的な生命観を持ってはいない。また、私たちは進化論を認めているにもかかわらず、それを過去に遡って読み取るだけで、未来の予測に用いることはめったにない。そのため、私たちの多くは、環境保護という仕事を、自然の現在の状態を保つためにどんな変化も防ぐことだと理解しており、それが自然は進化するという事実を無視した戦略であることに気づいていない。

私たちは今、近代主義的なパラダイムを引きずっている言葉を見直し、パラダイムをつくり直すときにきている。今の社会にも、「原野（wilderness）」という言葉を、まだ利用されていない空間、利用されるべき商品、人間に役立つもの（郊外型住宅、高速道路、公園、農園、公益設備など）に変えられるべき資源と解釈している人がまだ大勢いる。とはいえ、原野を、豊かさや多様性、相互依存性、均衡の象徴と解釈している人も増えている。そうした人たちは、土地に手を加えるには正当な理由が必要だと考える。人びとはしだいに生態系に対する意識を高めており、地球に関わる政策決定をするときに人間の都合だけを決定要因とするのは、実際的にも道徳的にも問題であると考えるようになっている。自分の家の近くでオオカミの個体数を復活させるという計画を聞いて喜ぶ人はいないかもしれないが、頂点の捕食動物を排除すれば生態系のバランスは必ず崩れるという理解が人びとのあいだに広がりつつあることは確かである。

今日、私たちは環境倫理を考えるうえで、同じ言葉がこのように人によってまったく別の意味を持つことがあるという事実を知っておかなければならない。たとえば、「人間という動物」という表現を聞いたとき、神学的な発想から抜け切れず、「人間が持つ下等で野蛮な性質」という意味に解釈し、暴力や性的衝動を連想する人もいるだろう。一方、同じ表現を聞いて、人間がほかのあらゆる生物と依存し合っていることや、人間にはほかのあらゆる生物に対する責任があるということを思い出させる表現だと受け取る人もいるだろう。切り開かれ、耕された土地は、ある人の目には、美、秩序、肥沃、人間の生産力などの象徴と映るかもしれないが、別の人の目には、湿地やそこに生息していたたくさんの種の喪失と映るかもしれない。環境問題をめぐる討論は、言葉に喚起される多様なイメージや感情のせいで、複雑で合意の難しいものとなる。

教室でのケーススタディも、こうした事情のせいで、教師にとっては指導がきわめて難しくなることがある。そのようなときは、学生たちにときどき、彼らが苦労している問題の正体を説明してやるとうまくいくことが多い。ほとんどの学生は、自然をめぐるパラダイムが変わりつつあることや、そのせいで適切な言葉が存在しないこと、パラダイム変化のどの位置にいるかには人によってさまざまであることを理解すると、自分に対しても他人に対しても苛立つことが少なくなるようだ。

また、言葉の使い方について事前に協定を結んでおくと、新たな事例に取り組むたびに、言葉をめぐる同じ議論を繰り返さずに済む。たとえば、最近あるクラスでは、話し合いの末に、「人間(human)」という言葉について協定を結ぶことができた。その協定のもとでは「人間」という言葉には、人間には動物その他の生物より大きな価値があるという意味は含まれない。もちろん人間にはほかの生物より価値があると主張するのはかまわない。判断は、一般的な判断であれ、特定の状況における判断であれ、その都度下すべきものとする。その後、学生たちは、価値についての判断は、直接的な議論をしたうえで下さなければならないと理解し、どんな言葉も(完全には無理だと認めつつ)できるだけ特定の価値を込めずに使う努力をするようになった。

しかし、このクラスで友好的に解決できなかった言葉の問題もある。それは「生物圏(biosphere)」や「万物(universe)」という言葉の代わりに「被造物(creature)」という言葉を使ってよいかどうかという問題である。神による創造を支持しない学生は、「被造物」という言葉を使えば信仰や伝統的な価値観に引きずられてしまうと主張し、神を信じる学生は、計画的で確かな創造(creature)という概念こそ、物質界のあらゆる価値の究極の基盤であると主張したのである。とはいえ、クラスによっては、この問題についても難なく協定を結ぶことができた。

原　註

第１章

1. Holmes Rolston III, “Environmental Ethics: Values and Duties to the Natural World,” in *Ecology, Economics, Ethics: The Broken Circle*, ed. Herbert Bormann and Stephen R. Keller (New Haven, Conn.: Yale University Press, 1991), 73.
2. Ibid., 74.
3. Immanual Kant, *Lectures on Ethics*, trans. Louis Infield (New York: Harper and Row, 1963), 239. （『カント全集』坂部恵, 有福孝岳, 牧野英二編, 岩波書店）
4. John Passmore, *Man's Responsibility for Nature* (New York: Scribner's, 1974) 参照. （ジョン・パスモア『自然に対する人間の責任』間瀬啓允訳, 岩波書店, 1979, 1998）
5. Peter Singer, *Animal Liberation* (New York: Avon, 1976) 参照.（ピーター・シンガー『動物の解放』戸田清訳, 技術と人間, 1988）
6. Jeremy Bentham, *The Principles of Morals and Legislation* (New York: Columbia University Press, 1945), chap. 17, sec. 1, fn. to paragraph 4. （『世界の名著 49 ベンサム, J.S.ミル』関嘉彦責任編集, 中央公論社, 1979）
7. Donald VanDeVeer, “Interspecific Justice,” *Inquiry* 22 (summer 1979): 55-70. Donald VanDeVeer and Christine Pierce, eds., *The Environ-mental Ethics and Policy Book: Philosophy, Ecology, Economics* (Belmont, Calif: Wadsworth Publishing Co., 1998), 179-92, 参照.
8. Tom Regan, *The Case for Animal Rights* (Berkeley: University of California Press, 1983) 参照.
9. Paul Taylor, *Respect for Nature* (Princeton, N.J.: Princeton University Press, 1986) 参照.
10. Aldo Leopold, *Sand County Almanac with Essays on Conservation from Round River* (Oxford: Oxford University Press, 1953). （アルド・レオポルド『野生のうたが聞こえる』新島義昭訳, 講談社学術文庫, 1997）
11. 同上, 239.
12. 同上, 251.
13. 同上, 262.
14. 同上, 263.
15. J. Baird Callicott, “La nature est Morte, Vive la Nature,” *Hastings Center Report* 22 (September 1992): 19.

16. Murray Bookchin, *The Ecology of Freedom* (Palo Alto, Calif.: Cheshire Books, 1982), and *The Philosophy of Social Ecology* (Montreal: Black Rose Books, 1990) 参照.（マレイ・ブクチン『エコロジーと社会』藤堂麻理子＋戸田清＋萩原なつ子訳, 白水社, 1996）
17. Bryan G. Norton, *Toward Unity among Environmentalists* (New York: Oxford University Press, 1991) 参照.
18. Carol J. Adams, ed., *Ecofeminism and the Sacred* (New York: Continuum, 1993), and Rosemary R. Ruether, ed., *Women Healing Earth: Third World Women on Ecology, Feminism, and Religion* (Maryknoll, N.Y.: Orbis, 1996) などを参照.
19. Thomas Berry, *Thomas Berry and the New Cosmology* (Mystic, Conn.: Twenty-Third Publications, 1987), 17.
20. Rosemary Radford Ruether, *Gaia and God: An Ecofeminist Theology of Earth Healing* (New York: HarperCollins, 1992), 206.
21. 同上, 205-53.
22. Carol S. Robb and Carl J. Casebolt, *Covenant for a New Creation: Ethics, Religion and Public Policy* (Maryknoll, N.Y.: Orbis/GTU, 1991).
23. James A. Nash, *Loving Nature: Ecological Inquiry and Christian Responsibility* (Nashville, Tenn.: Abingdon, 1991).

第２章

1. Peter L. Berger and Thomas Luckmann, *The Social Construction of Reality: A Treatise in the Sociology of Knowledge* (New York: Anchor Books, Doubleday, 1966), 106.（ピーター・L・バーガー＆トーマス・ルックマン『現実の社会的構成：知識社会学論考』新版, 山口節郎訳, 新曜社, 2003）
2. Stephen S. Light, Lance H. Gunderson, and C. S. Hollings, "The Everglades: Evolution of Management in a Turbulent Ecosystem," in *Barriers and Bridges to the Renewal of Ecosystems and Institutions*, ed. Lance H. Gunderson (New York: Columbia University Press, 1995), 130.
3. Lao Tsu, *Tao Te Ching*, trans. Gia-Fu Feng, and Jane English (New York: Random House, 1972) 参照.

［文献案内］

Berger, Peter L., and Thomas Luckmann. *The Social Construction of Reality: A Treatise in the Sociology of Knowledge*. New York: Anchor Books, Doubleday, 1966.

Florida International University. Everglades Information Network, www.fiu.edu.

Fortin, Madeline. "Pariah, Florida: Hopelessness in the Face of Bureaucracy." Florida International University, 2002.（修士論文）

Light, Stephen S., Lance H. Gunderson, and C. S. Hollings. "The Everglades: Evolution of Management in a Turbulent Ecosystem." In *Barriers and Bridges to the Renewal of Ecosystems and Institutions*, edited by Lance H. Gunderson. New York: Columbia University Press, 1995, 103-68.

Lodge, Thomas E. *The Everglades Handbook: Understanding the Ecosystem*. Delray Beach, Fla.: St. Lucie Press, 1994.

Nelson, Robert H. "How Much Is Enough? An Overview of the Benefits and Costs of Environmental Protection." In *Taking the Environment Seriously*, edited by Roger E. Meiners and Bruce Yandle. New York: Rowman and Littlefield Publishers, 1993, 276-301.

Switzer, Jacqueline Vaughn, and Gary Bryner. *Environmental Politics: Domestic and Global Dimensions*, 2nd ed. New York: St. Martin's Press, 1997.

第３章

1. 1999年10月22日，ペルーのクスコ県タウカマルカの学校で，児童60名が殺鼠剤の混入したミルクをシリアルにかけて食べ，30名が死亡した．児童のひとりが，家畜を襲う野生犬を退治する目的で母親が用意した毒入りミルクを誤って学校へ持参し，給食用のミルクに混ぜたのである．毒は初め，殺虫剤であると報告された．
2. Joe Thornton, *Pandora's Poison: Chlorine, Health and a New Environmental Strategy* (Cambridge, Mass.: MIT Press, 2000).（ジョー・ソーントン『パンドラの毒：塩素と健康そして環境の新戦略』井上義雄訳，東海大学出版会，2004）

［文献案内］

Ashford, Nicolas, and Miller Claudia. *Chemical Exposures: Low Levels and High Stakes*. 2nd ed. Van Nostrand Reinhold, 1998.

Hallman, David C. *Ecotheology: Voices from South and North*. Maryknoll, N.Y.: Orbis/WCC, 1994.

Krimsky, Sheldon. *Hormonal Chaos*. Baltimore: Johns Hopkins University Press, 1999.（シェルドン・クリムスキー『ホルモン・カオス：「環境エンドクリン仮説」の科学的・社会的起源』松崎早苗＋斉藤陽子訳，藤原書店，2001）

O'Brien, Mary. *Making Better Environmental Decisions*. Cambridge, Mass.: MIT Press, 2000.

Peterson, Anna L. *Being Human: Ethics, Environment and Our Place in the World*. Berkeley: University of California Press, 2001.

Thornton, Joe. *Pandora's Poison: Chlorine, Health and a New Environmental*

Strategy. Cambridge, Mass.: MIT Press, 2000.（ソーントン『パンドラの毒』）

U. S. Environmental Protection Agency. "Priority: PTBs: Dioxins and Furans." Persistent Bioaccumulative and Toxic Chemical Initiative report, 15 November 2000. www.epa.gov/opptintr/pbt/dioxins.htm (accessed February 9, 2003).（訳註：現在リンク切れ．http://www.epa.gov/ に関連資料あり）

第４章

1. Harry T. Weight and Jean-Amie Rakotoariso, "Cultural Transformation and the Impact on the Environments of Madagascar," in *Natural Change and Human Impact in Madagascar*, ed. Steven M. Goodman and Bruce D. Patterson (Washington, D.C.: Smithsonian Institution Press, 1977), 309.
2. Claire Kremen, "Traditions that Threaten," www.pbs.org/edens/madagascar/paradise.html (accessed February 9, 2003) より入手可能．
3. Maurice Bloch, *Placing the Dead: Tombs, Ancestral Villages, and Kinship Organization in Madagascar* (London: Seminar Press, 1971), 163.

［文献案内］

Bloch, Maurice. *Placing the Dead: Tombs, Ancestral Villages, and Kinship Organization in Madagascar*. London: Seminar Press, 1971.

Goodman, Steven M., and Bruce D. Patterson, eds. *Natural Change and Human Impact in Madagascar*. Washington, D.C.: Smithsonian Institution Press, 1997.

Gradwohl, Judith, and Russell Greenberg. *Saving the Tropical Forests*. Washington, D.C.: Island Press, 1988.

Gupta, Avijit. *Ecology and Development in the Third World*. New York: Routledge, 1988.

Jeffery, Leonard H., et al. *Environment and the Poor: Development Strategies for a Common Agenda*. New Brunswick, N.J.: Transaction Publishers, 1989.

Jolly, Alison. *A World Like Our Own: Man and Nature in Madagascar*. New Haven, Conn.: Yale University Press, 1980.

Meyers, Norman. *The Primary Source: Tropical Forests and Our Future*. New York: Norton, 1984.

Nations, James D. *Tropical Rainforests, Endangered Environment*. New York: Franklin Watts, 1988.

Rolston, Holmes III. "Feeding People Versus Saving Nature," in *World Hunger and Morality*, ed. James Aiken and Robert Lafollete. Englewood Cliffs, N.J.: Prentice Hall, 1996, 143-65.

第5章

1. James Nash, *Loving Nature: Ecological Integrity and Christian Responsibility* (Nashville, Tenn.: Abingdon Press, 1992), 181.
2. John Hart, "Salmon and Social Ethics: Relational Consciousness in the Web of Life," *Journal of the Society of Christian Ethics* 22 (2002): 67-93.
3. Holmes Rolston III, *Conserving Natural Value* (New York: Columbia University Press, 1994), 106.
4. Nash, *Loving Nature*, 175.
5. Population Reference Bureau,1998 statistics. www.prb.org より入手可能.
6. 他の先進工業国の乳児死亡率はたいていアメリカの半分程度である.
7. Population Reference Bureau, 1998 statistics. www.prb.org より入手可能.
8. Soeryo Winoto, "Conserving Groundwater Easier Said Than Done," *Jakarta Post*, 22 March 2002, B13; "Seawater Intrusion Worsens Drinking Water Quality," *Jakarta Post*, 21 March 2002, A6.
9. Sudibyo Wiradhi, "Crowing Sales of Fake Bottled Water Raise Health Concerns," *Jakarta Post*, 22 March 2002, B13.

［文献案内］

Forests for the World Campaign, Environmental Investigation Agency. "The Final Cut: Illegal Logging in Indonesia's Orangutan Parks." Environmental Investigation; www.eia-international.org より入手可能.

Menotti, Victor. *Free Trade, Free Logging: How the World Trade Organization Undermines Global Forest Conservation*. San Francisco: International Forum on Globalization, 1999.

Nurbianto, Bambang, and Theresia Sufa. "Environmental Damage Unabated." *Jakarta Post*, 7 March 2002, A14.

Potter, Lesley, and Simon Bradcock. "Reformasi and Riau's Forests: A Weak Government Struggles with 'People Power,' Poverty and Pulp Companies." *Inside Indonesia* (January-March 2001); www.serve.com/inside/edit65/potter.htm (accessed February 10, 2003).（リンク切れ）

Potter, David. *NGOs and Environmental Policies: Asia and Africa*. London and Portland, Oreg.: F. Cass, 1996.

"Pulp Mills Put Heavy Pressure on Forests: Study." *Jakarta Post*, 9 February 2002, B11.

Sharp, Ilsa. *Green Indonesia: Tropical Forest Encounters*. Kuala Lumpur and New York: Oxford University Press, 1994.

第6章

1. Nuclear Energy Institute website, www.nei.org.
2. 同上.
3. Robert Heilbroner, "What Has Pasterity Ever Done for Me?" *New York Magazine*, 19 January 1975, 74-76.
4. Constantine Hadjilambrinos, "Ethical Imperatives and High-Level Radioactive Waste Policy Choice: An Egalitarian Response to Utilitarian Analysis," *Environmental Ethics* 22 (January 2000): 48.
5. Ibid., 60.

[文献案内]

De-Shalit, Avner. *Why Posterity Matters: Environmental Policies and Future Generations*. New York: Routledge, 1995.

Goldberg, Jonah. "Dead and Buried." *National Review* 54 (April 8, 2002): 36-38.

Hadjilambrinos, Constantine. "Ethical Imperatives and High-Level Radioactive Waste Policy Choice: An Egalitarian Response to Utilitarian Analysis." *Environmental Ethics* 22 (January 2000): 43-62.

Nuclear Energy Institute website, www.nei.org.

Partridge, Ernest, ed. *Responsibilities to Future Generations*. New York: Prometheus Books, 1981.

Routley Richard, and Val Routley. "Nuclear Power: Some Ethical and Social Dimensions." *In And Justice for All*, ed. Tom Regan and Donald VanDeVeer. Totowa, N.J.: Rowman and Littlefield, 1982, 98-110.

Shrader-Frechette, K. S. *Nuclear Power and Public Policy*. Boston: Reidel, 1989.

——. *Burying Uncertainty*. Berkeley: University of California Press, 1993.

White, G. F. "Socioeconomic Studies of High-Level Nuclear Waste Disposal." *Proceedings of the National Academy of Sciences* 91 (November 1994): 10786-89.

第7章

[文献案内]

Burke, Lauretta, Elizabeth Selig, and Mark Spaulding. *Reefs at Risk in Southeast Asia*. Washington, D.C.: World Resources Institute, 2002.

Committee on Ecosystem Management for Sustainable Marine Fisheries. *Sustaining Marine Fisheries*. Washington, D.C.: National Academy Press, 1999.

"Creation of Artificial Coral Reefs Begins." *Jakarta Post*, 15 November 2000.

Cropley, Ed. "Global Warming Hits Tropical Species All Around the World: Study." *Jakarta Post*, 2 Apri1 2002, 16.
Dursin, Richel. "Environment Indonesia: Coral and Fish Trade Reefs at Risk." *Environment Bulletin*, 13 March 2000.
Erdmann, Mark V. "Saving Bunaken." *Inside Indonesia* (January-March 2001); flotsam@manado.wasantara.net.id より入手可能.
Hittenger, Kerry. "Fears of Massive Coral Bleaching." Australian Institute of Marine Science report (January 30, 2002); www.aims.gov.au/pages/about/communications/backgrounders/20020130-coral-bleaching.html より入手可能.
Moreau, Ron. "Saving the Coral Reefs." *Newsweek International* (November 12, 2001), 58.
Sandilands, Ben. "Ozone Holes Set Freak Weather." *Jakarta Post*, 2 April 2002, 16.
Stoppard, Anthony. "Environment: Saving Coral Reefs from the Marine Trade." *Environment Bulletin*, 26 October 2000.
Weber, Peter K. "Saving the Coral Reefs." *The Futurist* 27, no.4 (July-August 1993): 28-34.
Yoong, Sean. "SE Asia's Reefs Threatened by Overfishing, Pollution." *Jakarta Post*, 2 April 2002, 15.

第8章

1. American Rivers website, www.americanrivers.org.
2. "Dams and Development: A New Framework for Decision-Making," World Commission on Dams report (November 16, 2000); www.dams.org/report より入手可能.

［文献案内］

American Rivers website, www.americanrivers.org.
Boyle Robert. "Can You Spare a Dam?" *Amicus Journal* 20 (fall 1998): 18-26.
"Dams and Development: A New Framework for Decision-Making." World Commission on Dams report, November 16, 2000. www.dams.org/report より入手可能.
Lowry, William. *Dam Politics: Restoring America's Rivers*. Washington, D.C.: Georgetown University Press, 2003.
Reisner, Marc. "Coming Undammed," *Audubon* 100 (September October, 1998): 58-66.
Robbins, Elaine. "Damning Dams." *E: The Environmental Magazine* 10 (January

1999): 14.
United States Society on Dams website, www.uscid.org/~uscold/.

第9章

1. 1998年に最高裁が上告を退けた時点で下級審の判決が有効となった. D. D. Ford, "State and Tribal Water Quality Standards under the Clean Water Act: A Case Study," *Natural Resources Journal* 35, no. 4 (1995): 771-802 参照.

［文献案内］

Bezlova, Antoaneta. "Environment-China: Desertification Eats Into Productive Land." *Environment Bulletin* (May 31, 2000); www.oneworld.net/ip52/may00/07-29-003.htm（リンク切れ. http://groups.yahoo.com/group/graffis-l/message/11106 より入手可能）or IAC Expanded Academic Index 1998-.
"China Tackles Environment-Damaged Longest Inland River." Xinhua News Agency (July 25, 2000); IAC Expanded Academic Index 1998- に収載.
"China's Ecological Environment Is Worsening." *Asiainfo Daily China News* (December 4, 2001); IAC Expanded Academic Index 1998- に収載.
Jing, Zhang. "Environment-China: Province Curbs 'Aggressive' Agriculture." *Environment Bulletin* (May 12, 2000); IAC Expanded Academic Index 1998- に収載.
Li, Changsheng. "China's Environment: A Special Report." *EPA Journal* 15, no.3 (May-June 1989): 44-47.
Ng, Isabella, and Mia Turner. "Toxic China." *Time International* 153, no.8 (March 1, 1999): 16-17.
Qi, Wu. "Environment-China: Sources of Great Rivers Under Threat." *Environment Bulletin* (October 15, 2000); IAC Expanded Academic Index 1998- に収載.
Wang, Chenggang. "China's Environment in the Balance." *The World and I* 14, no.10 (October 1999): 176ff.

第10章

［文献案内］

Callicott, J. Baird. *Beyond the Land Ethic: More Essays in Environmental Philosophy*. Albany, N.Y.: State University of New York Press, 1999.
Cronon, William, ed. *Uncommon Ground: Toward Reinventing Nature*. New York: W.W. Norton, 1995.

Eliot, Robert. "Faking Nature." *Inquiry* 25 (March 1982): 91-93. Louis J. Pojman, ed. *Environmental Ethics: Readings in Theory and Application*. Belmont, Calif.: Wadsworth, 1995, 81-85 に再録.

Katz, Eric. "The Ethical Significance of Human Intervention in Nature." *Restoration and Management Notes* 9 (1990): 235-47.

Oelschlaeger, Max. *The Idea of Wilderness from Prehistory to the Age of Ecology*. New Haven, Conn.: Yale University Press, 1991.

Peterson Anna. "Environmental Ethics and the Social Construction of Nature." *Environmental Ethics* 21 (winter 1999): 339-57.

Pojman, Louis P. *Global Environmental Ethics*. Mountain View, Calif.: Mayfield Publishing Co., 2000.

Scherer, Donald. "Evolution, Human Living, and the Practice of Ecological Restoration." *Environmental Ethics* 17 (winter 1995): 359-80.

Soule, Michael and Gary Lease, eds. *Reinventing Nature*. Washington, D.C.: Island Press, 1995.

Stone, Christopher. *Should Trees Have Standing*? Los Altos, Calif.: Kaufmann Publishing, 1974.

第11章

1. Marc Kaufman, "FDA Seeks to Limit New Antibiotics Used in Farm Animals," *Miami Herald*, 16 September 2002, 14A.
2. Herman E. Daly and John B. Cobb, Jr., *For the Common Good: Redirecting the Economy toward Community, the Environment and a Susttainable Future*. Boston: Beacon, 1989.

［文献案内］

Barling, David. "GM Crops, Biodiversity, and the European Agri-Environment: Regulatory Regime Lacunae and Revision." *European Environment* 10, no.4 (2000): 167-77.

Daly, Herman E., and John B. Cobb, Jr. *For the Common Good: Redirecting the Economy toward Community, the Environment and a Sustainable Future*. Boston: Beacon, 1989.

Firbank, Les G., and Frank Forcella. "Genetically Modified Crops and Farmland Biodiversity." *Science* 289, no. 5484 (2000):1481-82.

Hart, Kathleen. *Eating in the Dark: America's Experiment with Genetically Engineered Food*. New York: Pantheon Books, 2002.

Hunt, Stephen, and Lynn Brewer. "Impact of BSE on Attitudes to GM Food."

Risk Decision and Policy 6, no.2 (June 2001): 91-103.
Isaac, Grant. *Agricultural Biotechnology and Transatlantic Trade: Regulatory Barriers to GM Crops*. Wallingford, Oxon, U.K., and New York: CABI Publications, 2002.
Jauhar, Prem P. "Genetic Engineering and Accelerated Plant Improvement: Opportunities and Challenges." *Plant Cell, Tissue and Organ Culture* 64, nos.2-3 (2001): 87-91.
Jordon, Carl F. "Genetic Engineering, the Farm Crisis, and World Hunger." *Bioscience* 52, no.6 (2002): 523-29.
Kaufman, Marc. "FDA Seeks to Limit New Antibiotics Used in Farm Animals." *Miami Herald*, 16 September 2002, 14A.
Martens, M. A. "Safety Evaluation of Genetically Modified Foods." *International Archives of Occupational and Environmental Health* 73, no. 9 (2000): 14-18.
Matthews, J. H., and M. Campbell. "The Advantages and Disadvantages of the Application of Genetic Engineering to Forest Trees: A Discussion." *Forestry* 73, no.4 (2000): 371-80.
Peters, Christian. "Genetic Engineering in Agriculture: Who Stands to Benefit?" *Journal of Agricultural and Environmental Ethics* 13, no. 4 (2000): 313-27.
Pinstrup-Andersen, Per, and Ebbe Schioler. *Seeds of Contention: World Hunger and the Global Controversy over GM Crops*. Baltimore: Johns Hopkins University Press, 2001.
Poitras, Manuel. "Globalization and the Social Control of Genetic Engineering." *Peace Review* 12, no.4 (2000): 587-93.
Uzogara, Stella G. "The Impact of Genetic Modification of Human Foods in the 21st Century: A Review." *Biotechnology Advances* 18, no.3 (May 2000): 179-206.
Watkinson, A. R., R. P. Freckleton, R. A. Robinson, and W. J. Sutherland. "Predictions of Biodiversity Response to Genetically Modified Herbicide-Tolerant Crops." *Science* 289, no. 5448 (2000): 1554-57.
Willis, Lynn. "Who Regulates Genetically Modified Crops?" *Today's Chemist at Work* 9, no.6 (June 2000): 59-66.

第12章

1. James A. Swan, *In Defense of Hunting* (San Francisco: HarperCollins, 1995), 3.
2. Walt Whitman, "Song of the Broad-Axe," in *Leaves of Grass* (New York: Literary Classics of the United States, 1982), 330-31.（ウォルト・ホイットマン『草の葉』上・中・下, 酒本雅之訳, 岩波書店，1998）

3. Swan, *In Defense of Hunting*, 8.
4. 同上, 8.
5. 同上, 266.
6. *The Animal Rights Handbook* (Venice, Calif.: Living Planet Press, 1990), 83.
7. Paul Taylor, *Respect for Life* (Princeton, N.J.: Princeton University Press, 1986), 174.
8. Swan, *In Defense of Hunting*, 159.
9. Holmes Rolston III, *Environmental Ethics: Duties and Values in the Natural World* (Philadelphia: Temple University Press, 1988), 78-93.

[文献案内]

Leopold, Aldo. “The Varmint Question.” In *The River of the Mother of God and Other Essays by Aldo Leopold*, ed. Susan Flader and J. Baird Callicott. Madison: University of Wisconsin Press, 1991, 101-12.

Lofton, Robert. “The Morality of Hunting.” *Environmental Ethics* 6 (fall 1984): 241-49.

Posewitz, Jim. *Fair Chase, The Ethic and Tradition of Hunting*. Helena, Mont.: Falcon Press, 1994.

Regan, Tom. *The Case for Animal Rights*. Berkeley: University of California Press, 1983.

Rolston, Holmes III. *Environmental Ethics: Duties and Values in the Natural World*. Philadelphia: Temple University Press, 1988.

Swan, James A. *In Defense of Hunting*. San Francisco: HarperCollins, 1995.

Taylor, Paul. *Respect for Life*. Princeton, N.J.: Princeton University Press, 1986.

Western, Samuel. “Fair Game.” *E: The Environmental Magazine* 10 (July/August 1999): 16.

第13章

1. BSE蔓延の原因は精製加工した動物食品を動物の飼料に混ぜる習慣にある. BSEを持つ動物が精製加工され, 動物の飼料に用いられれば, その飼料を与えられた動物がBSEに感染する可能性があり, そうした動物（たいていは健全に発育しておらず, それゆえ何らかの病気を持っている可能性の高い動物）がこの病気を広め続けることになる. 飼料に動物食品を用いるようになったのは, 蛋白質の摂取量を増やして成長を加速することにより, 解体処理までの期間の短縮（と経費の削減）を図るためである.
2. デンマークでは近年の食用動物の抗生物質濃度への懸念から, 政府の出資により, 工場式畜産場で飼育される動物のうち, 予防用抗生物質摂取群と非摂取群とで病

気への対処にかかる費用を比較する実験が行なわれた．その結果，家畜小屋の徹底した消毒・洗浄を行なうと同時に，作業者が病原菌を家畜小屋から家畜小屋へ持ち込まないよう防塵服を着用した場合，抗生物質非摂取群も，死亡率と体重増加率においては抗生物質摂取群と変わりがなく，他の数項目においては抗生物質非摂取群のほうが良好であることがわかった．

［文献案内］

Almond, Brenda. “Commodifying Animals: Ethical Issues in Genetic Engineering of Animals.” *Health, Risk and Society* 2, no.1 (2000): 95-105.

Balzer, Philipp, Klaus Rippe, and Peter Schaber. “Two Concepts of Dignity for Humans and Non-Human Organisms in the Context of Genetic Engineering.” *Journal of Agricultural and Environmental Ethics* 13, no.1. (2000): 7-27.

Center for Bioethics and Human Dignity. On Human Ethics and Stem Cell Research: An Appeal for Legally and Ethically Responsible Science and Public Policy. 1999. Do No Harm website: www.stemcellresearch.org.

Fisher, Lawrence M. “Down on the Farm, A Donor: Breeding Pigs that Can Provide Organs for Humans.” *New York Times,* 5 January 1996.

Heeger, Robert. “Genetic Engineering and the Dignity of Creatures.” *Journal of Agricultural and Environmental Ethics* 13, no.1 (2000): 43-51.

Kaplan, A. L. “Is Xenografting Morally Wrong?” *Transplantation Proceedings* 24, no.2 (April 1992): 722-27.

Munro, Lyle. “Future Animal: Environmental and Animal Welfare Perspectives on the Genetic Engineering of Animals.” *Cambridge Quarterly of Healthcare Ethics* 10, no. 3 (2001): 314-24.

Parker, William, Shu S. Lin, and Jeffrey L Platt. “Antigen Expression in Xenotransplantation: How Low Must It Go?” *Transplantation: Baltimore* 71, no.2 (January 27, 2001): 313-19.

Singer, Peter. “Transplantation and Speciesism.” *Transplantation Proceedings* 24, no.2 (April 1992): 728-32.

Stolberg, Sheryl Gay. “Company Using Cloning to Yield Stem Cells.” *New York Times*, 13 July 2001.

Takefman, Daniel M., Gregory T. Spear, Mohammad Saifuddin, and Carolyn A. Wilson. “Human CD59 Incorporation into Porcine Endogenous Retrovirus Particles: Implications for the Use of Transgenic Pigs for Xenotransplantation.” *Journal of Virology* 76, no.4 (February 2002): 1999-2002.

付　録

1. Richard B . Miller, *Casuistry and Modern Ethics: A Poetics of Practical Reasoning* (Chicago: University of Chicago Press, 1996).
2. Aldo Leopold, "The Land Ethic," in *A Sand County Almanac* (New York: Ballantine, 1970 [1949]).（アルド・レオポルド『野生のうたが聞こえる』新島義昭訳，講談社学術文庫，1997）
3. Rachel Carson, *Silent Spring* (New York: Fawcett, 1962).（レイチェル・カーソン『沈黙の春』62刷改版，青樹簗一訳，新潮文庫，2004）
4. Carolyn Merchant, *The Death of Nature: Women, Ecology, and the Scientific Revolution* (San Francisco: Harper and Row, 1980).（キャロリン・マーチャント『自然の死』団まりな＋垂水雄二＋樋口祐子訳，工作舎，1985）

いのちと環境
ライブラリー

世界はいま、地球温暖化をはじめとする環境破壊や、人間の尊厳を脅かす科学的な生命操作という、次世代以降にもその影響を及ぼしかねない深刻な問題に直面しています。それらが人間中心・経済優先の価値観の帰結であるのなら、私たち人類は自らのあり方を根本から見直し、新たな方向へと踏み出すべきではないでしょうか。

そのためには、あらゆる生命との一体感や、大自然への感謝など、本来、人類が共有していたはずの心を取り戻し、多様性を認め尊重しあう、共生と平和のための地球倫理をつくりあげることが喫緊の課題であると私たちは考えます。

この「いのちと環境ライブラリー」は、環境保全と生命倫理を主要なテーマに、現代人の生き方を問い直し、これからの世界を持続可能なものに変えていくうえで役立つ情報と新たな価値観を、広く読者の方々に紹介するために企画されました。

本シリーズの一冊一冊が、未来の世代に美しい地球を残していくための実践的な一助となることを願ってやみません。

❖著者・訳者紹介

クリスティン・E・グドーフ（Christine E. Gudorf）

フロリダ国際大学宗教学部教授. 著書に*Body, Sex, and Pleasure: Reconstructing Christian Sexual Ethics,* 共著に*Christian Ethics: A Case Method Approach* がある.

ジェイムズ・E・ハッチンソン（James E. Huchingson）

フロリダ国際大学宗教学部教授. 著書に*Pandemonium Tremendum: Chaos and Mystery in the Life of God,* 編著に *Religion and the Natural Sciences: The Range of Engagement* がある.

千代美樹（せんだい・みき）

青山学院大学理工学部経営工学科卒業。コンピューターメーカー勤務を経て、現在は翻訳業。訳書に『胎児は知っている母親のこころ』（日本教文社）、『デトックスマニュアル』（バベル・プレス）、翻訳協力書に『世界の怪物・神獣事典』『シンボル・コードの秘密』『ケンブリッジ世界宗教百科』（いずれも原書房）などがある。

〈いのちと環境ライブラリー〉

自然《しぜん》への介入《かいにゅう》はどこまで許《ゆる》されるか
——事例《じれい》で学《まな》ぶ環境倫理《かんきょうりんり》

初版第1刷発行　平成20年6月25日

著者　クリスティン・E・グドーフ、ジェイムズ・E・ハッチンソン
訳者　千代美樹
発行者　岸　重人
発行所　株式会社日本教文社
〒107-8674　東京都港区赤坂9-6-44
電話　03-3401-9111（代表）　03-3401-9114（編集）
FAX　03-3401-9118（編集）　03-3401-9139（営業）
振替　00140-4-55519
装丁　HOLON
印刷・製本　凸版印刷

ISBN978-4-531-01556-6 Printed in Japan

●日本教文社のホームページ　http://www.kyobunsha.co.jp/
乱丁本・落丁本はお取り替えします。定価はカバー等に表示してあります。

＊本書（本文）の紙は植林木を原料とし、無塩素漂白（ECF）でつくられています。また、印刷インクに大豆油インク（ソイインク）を使用することで、環境に配慮した本造りを行なっています。

PRINTED WITH SOYINK